U0196584

教育部2007年度普通高等教育精品教材

普通高等教育"十一五"国家级规划教材

普通高等教育土建学科专业"十二五"规划教材

全国高职高专教育土建类专业教学指导委员会规划推荐教材

建筑与装饰材料

（第四版）

（工程造价与工程管理类专业适用）

宋岩丽　编著

贾福根　主审

中国建筑工业出版社

图书在版编目（CIP）数据

建筑与装饰材料/宋岩丽编著. —4版. —北京：中国建筑工业出版社，2015.8

教育部2007年度普通高等教育精品教材. 普通高等教育"十一五"国家级规划教材. 普通高等教育土建学科专业"十二五"规划教材. 全国高职高专教育土建类专业教学指导委员会规划推荐教材.（工程造价与工程管理类专业适用）

ISBN 978-7-112-18330-2

Ⅰ. ①建… Ⅱ. ①宋… Ⅲ. ①建筑材料-高等学校-教材 ②建筑装饰-装饰材料-高等学校-教材 Ⅳ. ①TU5②TU56

中国版本图书馆CIP数据核字（2015）第175473号

本书共分十四章，主要内容包括：建筑与装饰材料的基本性质，天然石材，建筑玻璃，建筑陶瓷，气硬性胶凝材料，水泥，普通混凝土和砂浆，墙体材料，金属材料，木材，建筑塑料、涂料、胶粘剂，建筑防水材料，绝热材料与吸声材料，建筑与装饰材料试验等。

本书采用最新的标准和规范编写，力求内容新颖。本书可作为高等职业教育工程造价专业及建筑工程管理专业教材，也可供高等学校相关专业和工程造价人员学习参考。

责任编辑：张　晶　王　跃
责任校对：赵　颖　党　蕾

教育部2007年度普通高等教育精品教材
普通高等教育"十一五"国家级规划教材
普通高等教育土建学科专业"十二五"规划教材
全国高职高专教育土建类专业教学指导委员会规划推荐教材

建筑与装饰材料
（第四版）
（工程造价与工程管理类专业适用）

宋岩丽　编著
贾福根　主审

＊

中国建筑工业出版社出版、发行（北京西郊百万庄）
各地新华书店、建筑书店经销
北京红光制版公司制版
北京君升印刷有限公司印刷

＊

开本：787×1092毫米　1/16　印张：17¾　字数：441千字
2016年2月第四版　　2018年12月第二十八次印刷
定价：35.00元
ISBN 978-7-112-18330-2
（27596）

修订版教材编审委员会名单

教材编审委员会名单

主　任：吴　泽

副主任：陈锡宝　范文昭　张怡朋

秘　书：袁建新

委　员：（按姓氏笔画排序）

马纯杰　王武齐　田恒久　任　宏　刘　玲

刘德甫　汤万龙　杨太生　何　辉　但　霞

宋岩丽　迟晓明　张小平　张凌云　陈东佐

项建国　秦永高　耿震岗　贾福根　高　远

蒋国秀　景星蓉

修 订 版 序 言

    住房和城乡建设部高职高专教育土建类专业教学指导委员会工程管理类专业分委员会（以下简称工程管理类分指委），是受教育部、住房和城乡建设部委托聘任和管理的专家机构。其主要工作职责是在教育部、住房和城乡建设部、全国高职高专教育土建类专业教学指导委员会的领导下，按照培养高端技能型人才的要求，研究和开发高职高专工程管理类专业的人才培养方案，制定工程管理类的工程造价专业、建筑经济管理专业、建筑工程管理专业的教育教学标准，持续开发"工学结合"及理论与实践紧密结合的特色教材。

    高职高专工程管理类的工程造价、建筑经济管理、建筑工程管理等专业教材自2001年开发以来，经过"专业评估"、"示范性建设"、"骨干院校建设"等标志性的专业建设历程和普通高等教育"十一五"国家级规划教材、教育部普通高等教育精品教材的建设经历，已经形成了有特色的教材体系。

    通过完成住建部课题"工程管理类学生学习效果评价系统"和"工程造价工作内容转换为学习内容研究"任务，为该系列"工学结合"教材的编写提供了方法和理论依据。使工程管理类专业的教材在培养高素质人才的过程中更加具有针对性和实用性。形成了"教材的理论知识新颖、实践训练科学、理论与实践结合完美"的特色。

    本轮教材的编写体现了"工程管理类专业教学基本要求"的内容，根据2013年版的《建设工程工程量清单计价规范》内容改写了清单计价和合同管理等方面的内容。根据"计标〔2013〕44号"的要求，改写了建筑安装工程费用项目组成的内容。总之，本轮教材的编写，继承了管理类分指委一贯坚持的"给学生最新的理论知识、指导学生按最新的方法完成实践任务"的指导思想，让该系列教材为我国的高职工程管理类专业的人才培养贡献我们的智慧和力量。

住房和城乡建设部高职高专教育土建类专业教学指导委员会

工程管理类专业分委员会

2013 年 5 月

第 二 版 序 言

高职高专教育土建类专业教学指导委员会（以下简称教指委）是在原"高等学校土建学科教学指导委员会高等职业教育专业委员会"基础上重新组建的，在教育部、建设部的领导下承担对全国土建类高等职业教育进行"研究、咨询、指导、服务"责任的专家机构。

2004 年以来教指委精心组织全国土建类高职院校的骨干教师编写了工程造价、建筑工程管理、建筑经济管理、房地产经营与估价、物业管理、城市管理与监察等专业的主干课程教材。这些教材较好地体现了高等职业教育"实用型""能力型"的特色，以其权威性、科学性、先进性、实践性等特点，受到了全国同行和读者的欢迎，被全国高职高专院校相关专业广泛采用。

上述教材中有《建筑经济》、《建筑工程预算》《建筑工程项目管理》等 11 本被评为普通高等教育"十一五"国家级规划教材，另外还有 36 本教材被评为普通高等教育土建学科专业"十一五"规划教材。

教材建设如何适应教学改革和课程建设发展的需要，一直是我们不断探索的课题。如何将教材编出具有工学结合特色，及时反映行业新规范、新方法、新工艺的内容，也是我们一贯追求的工作目标。我们相信，这套由中国建筑工业出版社陆续修订出版的、反映较新办学理念的规划教材，将会获得更加广泛的使用，进而在推动土建类高等职业教育培养模式和教学模式改革的进程中、在办好国家示范高职学院的工作中，做出应有的贡献。

高职高专教育土建类专业教学指导委员会
2008 年 3 月

第 一 版 序 言

全国高职高专教育土建类专业教学指导委员会工程管理类专业指导分委员会（原名高等学校土建学科教学指导委员会高等职业教育专业委员会管理类专业指导小组）是建设部受教育部委托，由建设部聘任和管理的专家机构。其主要工作任务是，研究如何适应建设事业发展的需要设置高等职业教育专业，明确建设类高等职业教育人才的培养标准和规格，构建理论与实践紧密结合的教学内容体系，构筑"校企合作、产学结合"的人才培养模式，为我国建设事业的健康发展提供智力支持。

在建设部人事教育司和全国高职高专教育土建类专业教学指导委员会的领导下，2002年以来，全国高职高专教育土建类专业教学指导委员会工程管理类专业指导分委员会的工作取得了多项成果，编制了工程管理类高职高专教育指导性专业目录；在重点专业的专业定位、人才培养方案、教学内容体系、主干课程内容等方面取得了共识；制定了"工程造价"、"建筑工程管理"、"建筑经济管理"、"物业管理"等专业的教育标准、人才培养方案、主干课程教学大纲；制定了教材编审原则；启动了建设类高等职业教育建筑管理类专业人才培养模式的研究工作。

全国高职高专教育土建类专业教学指导委员会工程管理类专业指导分委员会指导的专业有工程造价、建筑工程管理、建筑经济管理、房地产经营与估价、物业管理及物业设施管理等6个专业。为了满足上述专业的教学需要，我们在调查研究的基础上制定了这些专业的教育标准和培养方案，根据培养方案认真组织了教学与实践经验较丰富的教授和专家编制了主干课程的教学大纲，然后根据教学大纲编审了本套教材。

本套教材是在高等职业教育有关改革精神指导下，以社会需求为导向，以培养实用为主、技能为本的应用型人才为出发点，根据目前各专业毕业生的岗位走向、生源状况等实际情况，由理论知识扎实、实践能力强的双师型教师和专家编写的。因此，本套教材体现了高等职业教育适应性、实用性强的特点，具有内容新、通俗易懂、紧密结合工程实践和工程管理实际、符合高职学生学习规律的特点。我们希望通过这套教材的使用，进一步提高教学质量，更好地为社会培养具有解决工作中实际问题的有用人材打下基础。也为今后推出更多更好的具有高职教育特色的教材探索一条新的路子，使我国的高职教育办的更加规范和有效。

全国高职高专教育土建类专业教学指导委员会
工程管理类专业指导分委员会
2004 年 5 月

第 四 版 前 言

本书是根据教育部、住房和城乡建设部高职高专土建类专业教育指导委员会制定的《建筑工程管理专业教学基本要求》进行编制的。《建筑与装饰材料》是工程管理类专业的一门主要专业基础课,教材内容依照材料员、造价员等相关岗位所要求的知识与技能进行组织与编写。以每一种材料或一类材料作为一个教学项目,从材料的基本知识、材料性质、材料技术要求、材料检测到材料应用等几方面进行阐述,力求体现"教学做"合一的教学理念。

本书是在《建筑与装饰材料》第三版基础上修订的。本次修订重点内容是针对2010年新颁布的设计规范、施工验收规范、材料标准而进行修订的。本书修订涉及大量新标准,如《普通混凝土配合比设计规程》JGJ 55—2011、《混凝土质量控制标准》GB 50164—2011、《混凝土强度检验评定标准》GB 50107—2010、《屋面工程技术规范》GB 50345—2012。再如:《烧结空心砖和空心砌块》GB/T 13545—2014、《建筑生石灰》JC/T 479—2013、《蒸压粉煤灰砖》JC/T 239—2014 等。

本书由山西建筑职业技术学院宋岩丽教授主编,陈立东任副主编。其中1、3~5、13章由宋岩丽编写;绪论和2、12章由范文昭编写;第7~9、11章由范红岩编写;6、10、14章由陈立东编写。

本书由太原理工大学贾福根教授和山西建筑科学研究院耿震岗高级工程师主审。主审认真审阅了书稿,并提出许多宝贵意见和建议。在编写过程中参考了有关文献资料和教材,得到编、审所在院校的大力支持,在此一并表示感谢。

由于我国建筑业的迅速发展,新材料、新工艺、新技术不断涌现,本书未能涵盖所有建筑与装饰材料,同时由于编者自身水平有限,时间仓促,书中缺点和错误在所难免,欢迎广大读者批评指正,在此表示感谢!

2015 年 10 月

第 三 版 前 言

本书是根据教育部、建设部高职高专教育土建类专业教学指导委员会工程管理类专业指导分委员制定的工程造价与建筑工程管理类专业教育标准、培养方案及主干课程教学大纲编写的。

建筑与装饰材料课程，是工程造价类专业一门主要的专业基础课。教材内容根据造价员、材料员等相关岗位的职业标准来界定，以每一类材料作为一个教学项目，从材料基本知识、材料性质、材料技术要求、材料检测到材料的应用等几个方面进行阐述，力求体现出"教学做"合一的教学理念。

本教材第二版被评为普通高等教育"十一五"国家规划教材。在使用了几年后，很多材料如通用硅酸盐水泥、热轧钢筋、加气混凝土砌块等材料颁布了新标准或重新修订了原有标准。本版主要是针对材料标准的变化进行修订的。

本书由山西建筑职业技术学院宋岩丽主编，陈立东任副主编。其中第一、三、四、五、十三章由宋岩丽编写；绪论和第二、十二章由范文昭编写；第七、八、九、十一章由范红岩编写；第六、十、十四章由陈立东编写。

本书由太原理工大学贾福根教授和山西建筑科学研究院耿震岗高级工程师主审。主审认真审阅了书稿，并提出许多宝贵意见和建议。在编写过程中参考了有关文献资料和教材，得到编、审所在院校的大力支持，在此一并表示感谢。

近年来由于我国建筑业的迅速发展，新材料、新工艺、新技术不断涌现，本书未能涵盖所有建筑材料，同时由于编者自身水平有限，时间仓促，书中缺点和错误在所难免，欢迎广大读者批评指正，在此表示感谢！

2010 年 8 月

第 二 版 前 言

　　本书是根据教育部、建设部高职高专教育土建类专业教学指导委员会工程管理类专业指导分委员会制定的工程造价与建筑工程管理类专业教育标准、培养方案及主干课程教学大纲编写的。

　　建筑与装饰材料课程，是一门主要的专业基础课，编写中力求体现高等职业技术教育的特色和培养高等技术应用型专门人才的目标，注重理论与工程实践的结合，注重专业能力的培养，对过去的教学内容体系作了必要的调整，增加了新型建筑装饰材料的介绍和绿色建材的理念。编写中采用了最新标准和规范。

　　本教材经过几年的使用，在第一版基础上做了较大的修改，并被教育部评为普通高等教育"十一五"国家级规划教材。

　　本书由山西建筑职业技术学院宋岩丽主编，陈立东任副主编。其中第一、三、四、五、十三章由宋岩丽编写；绪论和第二、十二章由范文昭编写；第七、八、九、十一章由范红岩编写；第六、十、十四章由陈立东编写。

　　本书由太原理工大学贾福根副教授和山西建筑科学研究院耿震岗高级工程师主审。主审认真审阅了书稿，并提出了许多宝贵的意见和建议。在编写过程中参考了有关文献资料和教材，得到编、审所在院校的大力支持，在此一并表示感谢。

　　限于编者水平有限，书中错漏不妥之处，恳请读者批评指正。

2007 年 1 月

第 一 版 前 言

本书是根据教育部、建设部高职高专教育土建类专业教学指导委员会工程管理类专业指导分委员会制定的工程造价与建筑工程管理类专业培养目标和培养方案及主干课程教学基本要求编写的。

建筑与装饰材料课程，是一门主要的专业基础课，编写中力求体现高等职业技术教育的特色和培养高等技术应用型专门人才的目标，注重理论与工程实践的结合，注重专业能力的培养，对过去的教学内容体系作了必要的调整，增加了新型建筑装饰材料的介绍和绿色建材的理念。编写中采用了最新技术标准和规范。

本书由山西建筑职业技术学院宋岩丽主编，陈立东任副主编。其中第一、三、四、五、十三章由宋岩丽编写；绪论和第二、十二章由范文昭编写；第七、八、九、十一章由范红岩编写；第六、十、十四章由陈立东编写。

本书由太原理工大学贾福根副教授主审。主审认真审阅了书稿，并提出了许多宝贵的意见和建议。在编写过程中参考了有关文献资料和教材，得到编、审所在院校的大力支持，在此一并表示感谢。

限于编者水平有限，书中错漏不妥之处，恳请读者批评指正。

2005 年 1 月

目　录

绪　论

1. 建筑与装饰材料的定义和分类

建筑与装饰材料是指构成建筑物或构筑物本身所使用的材料。在施工过程中还必须使用和消耗的其他材料，诸如脚手架、模板、板桩等，建筑物内安装的给水排水、采暖、通风空调、供电、供燃气、信息通信、智能控制等设施和器材将在相关的专业课程中讲述。本教材讲述的是狭义的建筑与装饰材料，是建造基础、梁、板、柱、墙体、屋面、地面以及室内外装饰工程所用的材料。

建筑与装饰材料有多种分类方法，通常采用按化学成分或按使用功能分类。

按照化学成分不同，将建筑与装饰材料分为无机材料、有机材料和复合材料三大类，如表0-1。

建筑与装饰材料按化学成分分类　　　　　　　　　　表 0-1

分　　类		举　　例
无机材料	金属材料	铁、钢、不锈钢、铝和铜及其合金
	非金属材料　天然石材	砂、石子、砌筑石材、装饰板材
	烧土制品	砖、瓦、陶瓷、琉璃制品
	玻璃及熔融制品	玻璃、玻璃纤维、矿棉、岩棉
	胶凝材料	石灰、石膏、水泥
	混凝土及硅酸盐制品	砂浆、混凝土、硅酸盐制品
有机材料	植物材料	竹材、木材、植物纤维及其制品
	沥青材料	石油沥青、煤沥青、沥青制品
	合成高分子材料	塑料、涂料、胶粘剂、合成高分子防水材料
复合材料	无机非金属材料与有机材料复合	玻璃纤维增强塑料、聚合物混凝土、沥青混凝土
	金属材料与无机非金属材料复合	钢筋混凝土、钢纤维增强混凝土
	金属材料与有机材料复合	彩色夹芯复合钢板、塑钢门窗材料

按使用功能将建筑与装饰材料分为结构材料、围护材料和功能材料三大类。

（1）结构材料　指构成建筑物受力构件和结构所用的材料，如梁、板、柱、基础、框架等构件或结构使用的材料。结构材料要求具有足够的强度和耐久性，常用的有砖、石、钢筋混凝土、钢材等。

（2）围护材料　是用于建筑物围护结构的材料，如墙体、门窗、屋面等部位使用的材料。围护材料不仅要求具有一定的强度和耐久性，还要求同时具有保温隔热或防水、隔声等性能，常用的围护材料有砖、砌块、混凝土和各种墙板、屋面板等。

（3）功能材料　主要是担负建筑物使用过程中所必需的建筑功能的材料，如防水材料、绝热材料、吸声隔声材料、采光材料和室内外装饰材料等。

2. 建筑与装饰材料在建筑工程中的地位

建筑与装饰材料是建筑工程和装饰工程的物质基础，材料的性能、质量和价格，直接影响到建筑的适用、安全、经济和美观性。每一种新型的高性能材料的出现和应用，都会推动建筑在设计、施工生产、使用功能和美观等方面的进步和发展。因此建筑与装饰材料在建筑工程中占有极其重要的地位。

在建筑工程和装饰工程造价中，材料费用所占的比例很大，一般都在 50%～60% 或更高，所以必须加强材料管理，科学合理地使用材料，减少浪费和损失，降低工程造价，提高建设投资的经济效益。

建筑材料的性能、材料质量直接影响建筑物的安全性和耐久性。在建筑工程的实践中，从材料的选择、储运、检测试验到施工生产使用等，任何环节的失误都会造成工程质量的缺陷，甚至造成重大质量事故。因此要求工程技术人员必须熟练地掌握各种建筑材料的性能和应用知识，做到正确选择、合理使用建筑材料。

建筑材料的发展与建筑工程科学技术的进步之间相互依存、相互制约和相互推动。新型高效能材料的诞生和应用，必将推动建筑与结构设计方法和施工生产工艺的进步。而新的工程设计方法和施工技术对建筑材料的品种、质量和功能又提出更高和更多样化的要求。例如：水泥、钢材的大量应用和性能的逐步改善，取代了砖、石、木材，使钢筋混凝土结构、预应力钢筋混凝土结构成了建筑工程的主要结构形式。而现代高层建筑、超高层建筑和大跨度建筑结构，采用质量更轻、强度更高的钢结构材料。再如采用现代加工和制造工艺生产的石材、陶瓷、玻璃、不锈钢材、铝合金型材、建筑塑料、涂料等装饰材料的大量应用，将建筑物装饰得更加光彩美丽。

3. 我国建筑材料的发展概况

我国古代劳动人民在生产和使用建筑材料方面有着悠久和辉煌的历史。据考证，早在西周早期（公元前 1060～公元前 711 年）的陕西凤雏遗址已采用三合土（石灰、黄砂、黏土混合）抹灰，当时已生产和使用石灰。在秦和汉朝时期，我国烧制砖瓦的技术已相当高超，被誉为秦砖汉瓦。

我国古代建造了许多举世瞩目的建筑，如采用砖、石、石灰等材料修建的万里长城；隋朝河北用石材建造的拱形桥赵州桥；建成于唐代的山西五台山斗拱式木结构大殿佛光寺；明清两代的皇宫建筑群故宫等，都闪耀着我国人民非凡的聪明和才智。

新中国成立以来，特别是改革开放以后，我国的建筑材料工业得到迅速发展。近年来，钢材、水泥、钢筋混凝土、平板玻璃、建筑和卫生陶瓷等产量一直位居世界第一。虽然从总体上我们与发达国家相比尚有差距，但我们许多建材产品的科技水平已名列世界前茅。

随着我国社会生产力和科学技术水平的发展，我国建材工业正向着研制、开发高性能建筑材料和绿色建材方向发展。

所谓高性能建筑材料是指性能、质量更加优异的轻质、高强、多功能和更加耐久、更富装饰效果的材料，是便于机械化施工和更有利于提高施工生产效率的材料。

绿色建筑材料是指采用清洁生产技术，不用或少用天然资源和能源，大量使用工农业或城市固态废弃物生产的无毒害、无污染、无放射性，达到使用周期后可回收利用，有利于环境保护和人体健康的建筑材料。

　　绿色建材代表了 21 世纪建筑材料的发展方向，是符合世界发展趋势和人类要求的建筑材料，是符合可持续科学发展观和以人为本理念的建筑材料，必然在建筑业中占主导地位，成为今后建筑材料发展的必然趋势。

　　4. 建筑材料的技术标准

　　建筑材料的技术标准是材料的生产、使用和流通单位检验、确定产品质量是否合格的技术文件。为了确保建筑材料产品的技术质量，进行现代化生产和科学管理，必须对建材产品的技术要求制定统一的执行标准。其主要内容有产品规格、分类、技术要求、检验方法、验收规则、包装及标志、运输与储存等。我国建筑材料的技术标准分为国家标准、行业标准、地方标准、企业标准等，分别由相应的标准化管理部门批准并颁布。中国国家质量监督检验检疫总局是国家标准化管理的最高机构。国家标准和行业标准属于全国通用标准，是国家指令性技术文件，各级生产、设计、施工等部门必须严格按照执行，不得低于此标准；地方标准是地方主管部门发布的地方性技术文件。凡没有制定国家标准、行业标准、地方标准的产品应制定企业标准，而企业标准所制定的技术要求应高于类似（或相关）产品的国家标准。各级标准均有相应的代号，如表 0-2 所示。

各级标准代号　　　　　　　　　　　表 0-2

标准种类	代　号	表示内容	表　示　方　法
国家标准	GB GB/T	国家强制性标准 国家推荐性标准	由标准名称、部门代号、标准编号、颁布年份等组成，例如：《通用硅酸盐水泥》GB 175—2007；《建设用砂》GB/T 14684—2011；《普通混凝土配合比设计规程》JGJ 55—2011
行业标准	JC JGJ YB JT DL	建材行业标准 建筑工程行业标准 冶金行业标准 交通标准 电力标准	
地方标准	DB DB/T	地方强制性标准 地方推荐性标准	
企业标准	QB	适用于本企业	

　　5. 本课程的内容和任务

　　本课程主要讲述常用建筑与装饰材料的品种、规格、技术性能、技术标准、试验检测方法、储运保管和应用等方面的知识。

　　本课程是一门专业基础课，通过学习使学生在今后的实际工程中能够正确地选用、鉴别、管理建筑材料，同时也为学习相关专业课程打好基础。

　　试验课是本门课程的重要学习内容，其任务是验证基本理论、掌握试验方法、了解材料性能。做试验之前应认真预习，做试验时须严格按照操作程序进行，填写试验报告。要了解试验条件对试验结果的影响，并对试验数据做出正确的计算、分析和判断。

1 建筑与装饰材料的基本性质

建筑与装饰材料在工程中所起的作用，从根本上讲就是材料性质在工程中的具体表现。正确选择和合理使用材料也都是以其性质为依据，使用材料就必须掌握其性质。本章所指的建筑与装饰材料的基本性质是指材料处于不同使用条件和使用环境时，通常必须考虑的最基本的共有性质。

材料所处环境不同、所使用的部位不同，人们对材料的使用功能要求就不同。如：结构材料应具有一定的力学性质；屋面材料应具有一定的防水、保温、隔热等性质；地面材料应具有较高的强度、耐磨、防滑等性质；墙体材料应具有一定的强度、保温、隔热等性质。掌握建筑与装饰材料的基本性质是正确选择与合理使用建筑与装饰材料的基础。

1.1 材料的基本物理性质

1.1.1 与质量有关的性质

1. 密度

密度是指材料在绝对密实状态下，单位体积的质量，其计算式为：

$$\rho = \frac{m}{V} \tag{1-1}$$

式中　　ρ——密度（g/cm³）；

m——材料在干燥状态下的质量（g）；

V——材料在绝对密实状态下的体积（cm³）。

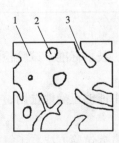

图 1-1　固体材料的
体积构成

1—固体物质体积 V；2—闭口孔隙体积 V_B；3—开口孔隙体积 V_K

材料在绝对密实状态下的体积是指不包括材料孔隙在内的固体实体积。在建筑工程材料中，除了钢材、玻璃及沥青等极少数材料可认为不含孔隙外，绝大多数材料内部都存在孔隙。如图1-1所示，孔隙按常温、常压下水能否进入分为开口孔隙和闭口孔隙。开口孔隙是指在常温、常压下水可以进入的孔隙；闭口孔隙是指在常温、常压下水不能进入的孔隙。

为了测定有孔材料的密实体积，通常把材料磨成细粉（粒径小于0.2mm）以便去除其内部孔隙，干燥后用李氏瓶（密度瓶）通过排液体法测定其密实体积。材料磨得越细，细粉体积越接近其密实体积，所测得的密度值也就越精确。

工程中常用的散粒状材料，如砂、石等材料内部有些与外部不连通的孔隙，使用时既无法排除，又没有物质进入，在密度测定时直接用排水法测出的颗粒体积（材料的密实体积与闭口孔隙体积之和，但不包括开口孔隙体积）与其密实体积基本相同，并按上述公式计算，这时所求得的密度称为视密度。

密度是材料的基本物理性质，与材料的其他性质存在着密切关系。

2. 表观密度

表观密度是指多孔固体材料在自然状态下单位体积的质量，其计算式为：

$$\rho_0 = \frac{m}{V_0} \tag{1-2}$$

式中　ρ_0——表观密度（kg/m^3 或 g/cm^3）；

　　　m——材料的质量（kg 或 g）；

　　　V_0——材料在自然状态下的体积（m^3 或 cm^3）。

材料在自然状态下的体积是指构成材料的固体物质体积与全部孔隙体积（包括闭口孔隙体积和开口孔隙体积）之和。对于形状规则的体积可以直接量测计算而得（比如各种砌块、砖）；形状不规则的体积可将其表面蜡封以后用排水法或排油法测得。

当材料孔隙内含有水分时，其质量和体积均有所变化，因此测定材料表观密度时，必须注明其含水状态。一般情况下，表观密度是指气干状态下的表观密度，而在烘干状态下的表观密度，称为干表观密度。

3. 堆积密度

堆积密度是指粉状、颗粒状材料在堆积状态下单位体积的质量，其计算式为：

$$\rho_0' = \frac{m}{V_0'} \tag{1-3}$$

式中　ρ_0'——堆积密度（kg/m^3）；

　　　m——材料质量（kg）；

　　　V_0'——材料的堆积体积（m^3）。

材料的堆积体积包括颗粒体积（颗粒内有开口孔隙和闭口孔隙）和颗粒间空隙的体积，如图 1-2 所示。砂、石等散粒状材料的堆积体积，可通过在规定条件下用所填充容量筒的容积来求得，材料堆积密度大小取决于散粒材料的视密度、含水率以及堆积的疏密程度。在自然堆积状态下称松散堆积密度，在振实、压实状态下称为紧密堆积密度。除此之外，材料的含水程度也影响堆积密度，通常指的堆积密度是在气干状态下的，称为气干堆积密度，简称堆积密度。

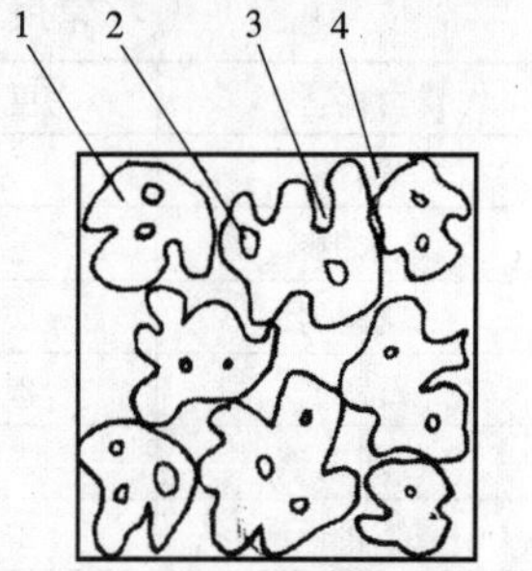

4. 密实度与孔隙率

多数建筑材料内部含有孔隙，这些孔隙的存在会影响材料的性能。反映材料内部孔隙结构的参数有密实度、孔隙率和孔隙构造特征等。

1）密实度

密实度是指材料体积内，被固体物质所充实的程度，其计算式为：

图 1-2　散粒材料的堆积体积示意图

1—颗粒中固体物质体积；2—颗粒中的闭口孔隙；3—颗粒中的开口孔隙；4—颗粒间空隙

$$D = \frac{V}{V_0} \times 100\% = \frac{\frac{m}{\rho}}{\frac{m}{\rho_0}} \times 100\% = \frac{\rho_0}{\rho} \times 100\% \tag{1-4}$$

对于绝对密实材料，因 $\rho_0=\rho$，故 $D=1$ 或 100%，对于大多数建筑材料，因 $\rho_0<\rho$，故 $D<1$ 或 $D<100\%$。

2）孔隙率

孔隙率是指材料内部孔隙体积占材料总体积的百分率，其计算式为：

$$P=\frac{V_0-V}{V_0}\times100\%=\left(1-\frac{V}{V_0}\right)\times100\%=\left(1-\frac{\rho_0}{\rho}\right)\times100\%=1-D \quad (1\text{-}5)$$

由式（1-5）可见：

$$P+D=1 \quad (1\text{-}6)$$

孔隙率由开口孔隙率和闭口孔隙率两部分组成。开口孔隙率指材料内部开口孔隙体积与材料在自然状态下体积的百分比，即被水饱和的孔隙体积所占的百分率，其计算式为：

$$P_K=\frac{V_K}{V_0}=\frac{m_2-m_1}{V_0}\cdot\frac{1}{\rho_w}\times100\% \quad (1\text{-}7)$$

式中　P_K——材料的开口孔隙率（%）；

m_1——干燥状态下材料的质量（g）；

m_2——吸水饱和状态下材料的质量（g）；

ρ_w——水的密度（g/cm³）。

闭口孔隙率指材料总孔隙率与开口孔隙率之差，用下式表示：

$$P_B=P-P_K \quad (1\text{-}8)$$

材料的密实度和孔隙率是从两个不同侧面反映材料的密实程度，通常用孔隙率来表示。

材料内部孔隙率是影响材料性质的主要因素，除此之外，材料内部孔隙构造也是影响其性质的重要因素之一。在孔隙率一定的前提下，孔隙结构和孔径尺寸及其分布对材料的性能影响较大。建筑材料的许多性质如强度、吸水性、抗渗性、抗冻性、导热性及吸声性等都与材料的孔隙率大小及孔隙构造有关。

在建筑工程中，计算材料的用量经常用到材料的密度、表观密度和堆积密度等数据，常用材料的密度参数见表1-1所示。

常用建筑材料的密度、视密度、表观密度和堆积密度数值　　　　表 1-1

材料名称	密度（g/cm³）	视密度（g/cm³）	表观密度（kg/m³）	堆积密度（kg/m³）
钢材	7.85	—	7850	—
水泥	3.2	—	—	1200~1300
花岗岩	2.6~2.9	—	2500~2850	—
石灰岩	2.4~2.6	—	2000~2600	—
普通玻璃	2.5~2.6	—	2500~2600	—
烧结普通砖	2.5~2.7	—	1500~1800	—
建筑陶瓷	2.5~2.7	—	1800~2500	—
普通混凝土	2.6~2.8	—	2300~2500	—
普通砂	2.6~2.8	2.55~2.75	—	1450~1700
碎石或卵石	2.6~2.9	2.55~2.85	—	1400~1700
木材	1.55	—	400~800	—
泡沫塑料	1.0~2.6	—	20~50	—

5. 填充率与空隙率

1) 填充率

填充率是指散粒材料的堆积体积中，被其颗粒所填充的程度，以 D' 表示，用下式计算：

$$D' = \frac{V_0}{V_0'} \times 100\% = \frac{\rho_0'}{\rho_0} \times 100\% \qquad (1\text{-}9)$$

2) 空隙率

空隙率是指散粒材料的堆积体积中，颗粒之间空隙体积占材料堆积体积的百分率，以 P' 表示，用下式计算：

$$P' = \frac{V_0' - V_0}{V_0'} \times 100\% = \left(1 - \frac{\rho_0'}{\rho_0}\right) \times 100\% = 1 - D' \qquad (1\text{-}10)$$

即

$$D' + P' = 1$$

填充率和空隙率是从两个不同侧面反映散粒材料的颗粒互相填充的疏密程度。空隙率可以作为控制混凝土骨料级配及计算砂率的依据。

【例 1-1】 已知某卵石的密度为 2.65g/cm^3，表观密度为 2610kg/m^3，堆积密度为 1680 kg/m^3。求石子的孔隙率和空隙率。

【解】 孔隙率：$P = \left(1 - \frac{\rho_0}{\rho}\right) \times 100\% = \left(1 - \frac{2.61}{2.65}\right) \times 100\% = 1.5\%$

空隙率：$P' = \left(1 - \frac{\rho_0'}{\rho_0}\right) \times 100\% = \left(1 - \frac{1680}{2610}\right) \times 100\% = 35.6\%$

1.1.2 材料与水有关的性质

1. 亲水性与憎水性

材料在与水接触时，有些材料能被水润湿，而有些材料则不能被水润湿。根据材料表面被水润湿的情况，分为亲水性材料和憎水性材料。

润湿是水在材料表面被吸附的过程。当材料在空气中与水接触时，在材料、水、空气三相交点处，沿水滴表面作切线与材料表面所夹的角，称为润湿角 θ。若材料分子与水分子间相互作用力大于水分子之间作用力时，材料表面就会被水润湿，此时 $\theta \leqslant 90°$（图 1-3a），这种材料称为亲水

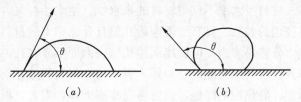

图 1-3 材料的润湿角
(a) 亲水材料；(b) 憎水材料

性材料。反之，若材料分子与水分子之间相互作用力小于水分子间作用力时，则认为材料不能被水润湿，此时 $90° < \theta < 180°$（图 1-3b），这种材料称为憎水性材料。很显然 θ 越小，材料的亲水性越好，$\theta = 0°$ 时表明材料完全被水润湿。

多数建筑材料，如石料、砖、混凝土、木材等都属于亲水性材料。沥青、石蜡、塑料等属于憎水性材料，这类材料能阻止水分渗入材料内部，降低材料吸水性。因此，憎水性材料经常作为防水、防潮材料或用作亲水性材料表面的憎水处理。

2. 吸水性

吸水性是指材料在水中吸收水分的性质，其大小用吸水率表示。吸水率有质量吸水率和体积吸水率之分。

质量吸水率：材料在饱和水状态下，吸收水分的质量占材料干燥质量的百分率，其计算式为：

$$W_质 = \frac{m_吸 - m_干}{m_干} \times 100\% \tag{1-11}$$

式中　$W_质$——材料的质量吸水率（%）；

　　　$m_吸$——材料吸水饱和后的质量（g）；

　　　$m_干$——材料在干燥状态下的质量（g）。

体积吸水率：材料吸水饱和后，吸入水的体积占干燥材料自然体积的百分率，其计算式为：

$$W_体 = \frac{m_吸 - m_干}{V_干} \cdot \frac{1}{\rho_w} \times 100\% \tag{1-12}$$

式中　$m_吸$——材料吸水饱和后的质量（g）；

　　　$m_干$——材料在干燥状态下的质量（g）；

　　　$W_体$——材料的体积吸水率（%）；

　　　ρ_w——水的密度（通常情况下 $\rho_w = 1g/cm^3$）；

　　　$V_干$——干燥材料在自然状态下的体积（cm^3）。

由式（1-11）和式（1-12）可知，质量吸水率与体积吸水率的关系为：

$$W_体 = W_质 \cdot \rho_0 \tag{1-13}$$

计算材料吸水率时，一般用质量吸水率，但对于某些轻质多孔材料比如加气混凝土、软木等，由于具有很多开口且微小的孔隙，其质量吸水率往往超过 100%，此时常用体积吸水率来表示其吸水性。如无特别说明，吸水率通常指质量吸水率。

材料吸水率不仅与材料的亲水性、憎水性有关，而且与材料的孔隙率和孔隙构造特征有密切的关系。具有细微连通孔隙且孔隙率大的材料吸水率大；具有粗大孔隙的材料，虽然水分容易渗入，但仅能润湿孔壁表面而不易在孔内存留，因而其吸水率不高；密实材料以及仅有封闭孔隙的材料是不吸水的。材料吸收水分后，不仅表观密度增大、强度降低，保温、隔热性能降低，且更易受冰冻破坏，因此，材料吸水后对材质是不利的。

3. 吸湿性

干燥材料在空气中，吸收空气中水分的性质，称为吸湿性。吸湿性大小可用含水率表示，其计算式为：

$$W_含 = \frac{m_含 - m_干}{m_干} \times 100\% \tag{1-14}$$

式中　$W_含$——材料的含水率（%）；

　　　$m_含$——材料含水时的质量（g）；

　　　$m_干$——材料干燥至恒重时的质量（g）。

当材料的含水率与空气湿度相平衡时，其含水率称为平衡含水率，当材料吸水达到饱和状态时的含水率即为吸水率。吸湿对材料性能有显著的影响。例如，木制门窗在潮湿环境中往往不易开关，就是由于木材吸湿膨胀而引起的；而保温材料吸湿后，其导热系数增大，保温性能会降低。

【例 1-2】 烧结普通砖的尺寸为 240mm×115mm×53mm，已知其孔隙率为 37%，干燥质量为 2487g，浸水饱和后质量为 2984g。求该砖的密度、干表观密度、吸水率、开口孔隙率及闭口孔隙率。

【解】 密度　$\rho=\dfrac{m}{V}=\dfrac{2487}{24\times11.5\times5.3\times(1-37\%)}=2.70\text{g/cm}^3$

干表观密度　$\rho_0=\dfrac{m}{V_0}=\dfrac{2.487}{0.24\times0.115\times0.053}=1700\text{kg/m}^3$

吸水率　$W_质=\dfrac{m_吸-m_干}{m_干}\times100\%=\dfrac{2984-2487}{2487}=20\%$

开口孔隙率　$P_k=\dfrac{V_吸}{V_0}\times100\%=\dfrac{2984-2487}{24\times11.5\times5.3}\times100\%=34\%$

闭口孔隙率　$P_B=P-P_K=37\%-34\%=3\%$

4. 耐水性

材料抵抗水的破坏作用的能力称为材料的耐水性。材料的耐水性应包括水对材料的力学性质、光学性质、装饰性质等多方面性质的劣化作用，但习惯上将水对材料的力学性质及结构性质的劣化作用称为材料的耐水性，即材料长期处于饱和水作用下不被破坏，其强度也不显著降低的性质。材料的耐水性用软化系数来表示，计算式为：

$$K_软=\frac{f_饱}{f_干} \tag{1-15}$$

式中　$K_软$——软化系数；

　　　$f_饱$——材料在饱和水状态下的强度（MPa）；

　　　$f_干$——材料在干燥状态下的强度（MPa）。

材料处于饱和水状态下，水分浸入材料内部毛细孔，减弱了材料内部的结合力，使强度有不同程度的降低，不同建筑材料的耐水性差别很大，软化系数的波动范围为 0～1。用于严重受水侵蚀或潮湿环境的材料，其软化系数应不低于 0.85；用于受潮较轻的或次要结构物的材料，则不宜小于 0.7。软化系数值越大，耐水性越好，通常认为软化系数大于 0.80 的材料为耐水材料。

5. 抗渗性

渗透是指水在压力作用下，通过材料内部毛细孔的迁移过程。抗渗性是指材料抵抗压力水渗透的性质。材料的抗渗性可以用如下指标表示：

1）渗透系数

按照达西定律，在一定时间 t 内，透过的水量 Q，与材料垂直于渗水方向的渗水面积 A 和材料两侧的水压差 H 成正比，与材料的厚度 d 成反比，以公式表示为：

$$Q=K\frac{AtH}{d} \tag{1-16}$$

渗透系数 K 为：

$$K = \frac{Qd}{AtH} \tag{1-17}$$

式中　K——渗透系数（cm/h）；

　　　Q——渗水量（cm^3）；

　　　d——材料厚度（cm）；

　　　t——渗水时间（h）；

　　　A——渗水面积（cm^2）；

　　　H——静水压力水头（cm）。

渗透系数反映了材料在单位时间内，在单位水头作用下通过单位面积及厚度的渗透水量。K值越大，材料的抗渗性越差。

2）抗渗等级

材料的抗渗等级是指材料用标准方法进行透水试验时，规定的试件在透水前所能承受的最大水压，并以符号"P"及可承受的水压力值（以 0.1MPa 为单位）表示。如混凝土的抗渗等级为 P6、P8、P10 分别表示材料能承受 0.6MPa、0.8MPa、1.0MPa 的水压而不渗水。

材料的抗渗性与材料的孔隙率及孔隙特征有关。密实的材料及具有闭口微细小孔的材料，实际上是不透水的；具有较大孔隙及细微连通的毛细孔的亲水性材料往往抗渗性较差。工程中一般采用对材料进行憎水处理，减少孔隙率、改善孔隙特征、防止产生裂缝及其他缺陷等方法来增强抗渗性能。

6. 抗冻性

抗冻性是指材料在吸水饱和状态下，经过多次冻融循环作用而不被破坏，强度也不显著降低的性质。材料经过多次冻融循环作用后，表面将出现裂纹、剥落等现象，造成质量损失及强度降低。这是由于材料孔隙内饱和水结冰时，其体积增大对孔壁产生很大的冰胀应力，使孔壁受到相应的拉应力，当拉应力超过材料的抗拉强度时，孔壁将出现局部裂纹或裂缝。随着冻融循环次数的增多，裂纹或裂缝不断扩展，最终使材料受冻破坏。

材料的抗冻性常用抗冻等级来表示。如混凝土材料用 FN 表示其抗冻等级。其中 N 表示混凝土试件经受 N 次冻融循环试验后，强度及质量损失不超过国家规定标准值时，所对应的最大冻融循环次数，如 F25、F50 等。

材料的抗冻性取决于材料的孔隙特征、吸水饱和程度以及抵抗冰胀应力的能力。一般说来，在相同冻融条件下，材料含水率越大，材料强度越低及材料中含有开口的毛细孔越多，受到冻融循环的损伤越大。在严寒地区和环境中的结构设计和材料选用，必须考虑材料的抗冻性能，如严寒地区海港工程的水位升降部位的混凝土必须考虑其抗冻性。据统计我国北方地区一些海港码头潮涨潮落部位的混凝土，每年要经受数十次冻融循环。

抗冻性虽是衡量材料抵抗冻融循环作用的能力，但经常作为无机非金属材料抵抗大气物理作用的一种耐久性指标。抗冻性良好的材料，对于抵抗温度变化、干湿交替等风化作用的能力也强。所以，对于温暖地区的建筑物，虽无冰冻作用，但为抵抗大气的作用，确保建筑物耐久，对材料往往也提出一定的抗冻性要求。

1.1.3　材料的热工性质

在建筑物中，建筑与装饰材料除需满足强度、耐久性等要求外，还需使室内维持一定的温度，为人们的工作和生活创造一个舒适的环境，同时要降低建筑物的使用能耗。因此在选用围护结构材料时，要求建筑材料具有一定的热工性质。

1. 导热性

当材料两侧存在温度差时，热量从材料的一侧传递至材料另一侧的性质，称为材料的导热性。导热性大小可以用导热系数 λ 表示，其计算式为：

$$\lambda = \frac{Qd}{A(T_1 - T_2) \cdot t} \tag{1-18}$$

式中 λ——导热系数 [W/ (m·K)]；

     Q——传导的热量 (J)；

     d——材料的厚度 (m)；

     A——传热面积 (m^2)；

$(T_1 - T_2)$——材料两侧的温度差 (K)；

     t——传热时间 (s)。

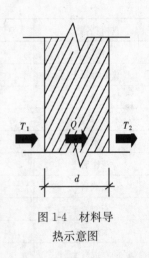

导热系数 λ 的物理意义：表示单位厚度的材料，当两侧温差为 1K 时，在单位时间内通过单位面积的热量。导热系数是评定建筑材料保温隔热性能的重要指标，导热系数愈小，材料的保温隔热性能愈好。通常把 $\lambda < 0.23$W/ (m·K) 的材料称为绝热材料。

材料的导热系数与其结构、组成、表观密度、含水率、孔隙率及孔隙特征有关。一般非金属材料的绝热性优于金属材料；材料的表观密度小、孔隙率大、闭口孔多、孔分布均匀、孔尺寸小、材料含水率小时，则表现出导热性差、绝热性好。通常所说的材料导热系数是指干燥状态下的导热系数。当材料吸水或受潮时，导热系数会显著增大，绝热性明显变差。

图 1-4   材料导热示意图

2. 热容量和比热容

材料在受热时吸收热量，冷却时放出热量的性质称为材料的热容量。

质量一定的材料，温度发生变化时，则材料吸收或放出的热量与质量成正比，与温差成正比，用公式表示即为：

$$Q = cm(T_2 - T_1) \tag{1-19}$$

式中 Q——材料吸收或放出的热量 (J)；

     c——材料比热容[J/(g·K)]；

     m——材料质量 (g)；

$(T_2 - T_1)$——材料受热或冷却前后的温差 (K)。

比热容 c 表示 1g 材料温度升高或降低 1K 时所吸收或放出的热量，比热容与材料质量的乘积为材料的热容量值。由式 (1-19) 可看出，热量一定的情况下，热容量值愈大，温差愈小。作为墙体、屋面等围护结构材料，应采用导热系数小、热容量值大的材料，这对于维护室内温度稳定，减少热损失，节约能源起着重要的作用。几种典型材料的热工性质指标见表 1-2 所示。

3. 材料的温度变形性

材料的温度变形性是指温度升高或降低时材料的体积变化程度。多数材料在温度升高时体积膨胀，温度降低时体积收缩。这种变化在单向尺寸上表现为线膨胀或线收缩。对应的技术指标为线膨胀系数（α）。材料的单向线膨胀量或线收缩量计算公式为：

$$\Delta L = (T_1 - T_2) \cdot \alpha \cdot L \tag{1-20}$$

式中　ΔL——线膨胀或线收缩量（mm）；

$(T_1 - T_2)$——材料升降温前后的温度差（K）；

　　α——材料在常温下的平均线膨胀系数（1/K）；

　　L——材料原来的长度（mm）。

材料线膨胀系数表示在单向尺寸上，单位长度温度变化 1K 时材料的线膨胀量或线收缩量。其大小与建筑物温度变形的产生有着直接的关系，在工程中需选择合适的材料来满足工程对温度变形的要求。几种常见建筑材料的热物理参数见表 1-2。

常见建筑材料的热物理参数 表 1-2

材料名称	导热系数[W/(m·K)]	比热容[J/(g·K)]	线膨胀系数($\times 10^{-6}$/K)
钢材	58	0.48	10～20
普通混凝土	1.28～1.51	0.48～1.0	5.8～15
烧结普通砖	0.4～0.7	0.84	5～7
木材（横纹）	0.17	2.51	—
水	0.60	4.187	—
花岗岩	2.91～3.08	0.716～0.787	5.5～8.5
玄武岩	1.71	0.766～0.854	5～7.5
石灰岩	2.66～3.23	0.749～0.846	3.64～6.0
大理石	3.45	0.875	4.41
沥青混凝土	1.05	—	20（负温下）

1.2　材料的力学性质

材料受到外力作用后，都会不同程度产生变形，当外力超过一定限度后，材料将被破坏，材料的力学性质是指材料在外力作用下，产生变形和抵抗破坏方面的性质。

1.2.1　材料的强度

1. 材料强度

强度是指材料在外力（荷载）作用下，抵抗破坏的能力。当材料受到外力作用时，在材料内部产生相应的应力，外力增大，应力也随之增大，直到应力超过材料内部质点所能抵抗的极限时，材料就发生破坏，此时的极限应力值即材料强度，也称极限强度。根据外力作用方式不同，材料强度有抗压、抗拉、抗剪、抗折（抗弯）强度等（图 1-5）。

1）材料的抗压、抗拉、抗剪强度

材料的抗压、抗拉、抗剪强度的计算式为：

$$f = \frac{P}{A} \tag{1-21}$$

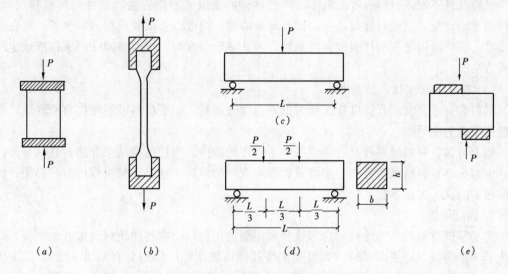

图 1-5　材料所受外力示意图

(*a*) 压缩；(*b*) 拉伸；(*c*)、(*d*) 弯曲；(*e*) 剪切

式中　f——材料的强度（MPa）；

P——材料破坏时最大荷载（N）；

A——试件的受力面积（mm^2）。

2）材料的抗弯强度（或称抗折强度）

材料的抗弯强度与试件受力情况、截面形状及支承条件有关。一般试验方法是将矩形截面的条形试件放在两支点上，中间作用一集中荷载（如图 1-5*c*），则抗弯强度计算式为：

$$f_弯 = \frac{3Pl}{2bh^2} \qquad (1-22)$$

当在三分点上加两个集中荷载（如图 1-5*d*），则抗弯强度计算式为：

$$f_弯 = \frac{Pl}{bh^2} \qquad (1-23)$$

式中　f——抗弯强度（MPa）；

P——弯曲破坏时最大集中荷载（N）；

l——两支点间距离（mm）；

b、h——试件截面的宽与高（mm）。

3）影响材料强度的因素

（1）影响材料强度的主要因素是材料的组成及构造

不同材料由于其组成、构造不同，其强度不同；同一种材料，即使其组成相同，但构造不同，材料的强度也有很大差异。凡是构造越密实、越均匀的材料，其强度越高。

对于内部构造非匀质的材料，其不同方向的强度也不同。例如木材内部为纤维状结构，其顺纹方向的抗拉强度很高，横纹方向的抗拉强度很低；水泥、混凝土、砂浆等有较高的抗压强度，而抗拉、抗折强度却很低。工程中为弥补非匀质材料某些强度的不足，常利用多种材料复合的方法来满足工程的需要。

（2）试验条件

试验条件不同，材料强度值就不同。如试件的采取或制作方法，试件的形状和尺寸，试件的表面状况，试验时加荷速度，试验环境的温、湿度以及试验数据的取舍等，均在不同程度上影响所得数据的代表性和准确性，因此测定强度时，应严格遵守国家标准规定的试验方法。

(3) 材料的含水状态及温度

材料含有水分时，其强度比干燥时低；温度升高时，一般材料的强度将有所降低，沥青混凝土尤为明显。

由上可知，材料的强度是在特定条件下测定的数值。为使试验结果准确，且具有可比性，国家标准对材料试验方法、步骤及设备有统一的规定，在测定材料强度时，必须严格按照规定的试验方法进行。

2. 强度等级

为了掌握材料的力学性质，合理选择和正确使用材料，常将建筑材料按其强度值，划分为若干个等级，即强度等级。如混凝土按其抗压强度标准值划分有 C15、C20、C25 等14 个强度等级；普通水泥按其规定龄期的抗压和抗折强度划分成 32.5、42.5 等 6 个强度等级。强度值与强度等级不能混淆，强度值是表示材料力学性质的指标，强度等级是根据强度值划分的级别。

对于不同强度的材料进行比较，可采用比强度这个指标。比强度是按单位体积质量计算的材料强度指标，其值等于材料的强度与其表观密度之比。比强度是评价材料是否轻质高强的指标，其数值大，表明材料轻质高强，表 1-3 是几种主要材料的比强度值。

几种主要材料的比强度值　　　　　　　　　　　表 1-3

材　料	表观密度（kg/m³）	强度（MPa）	比　强　度
普通混凝土	2400	40	0.017
低碳钢	7850	420	0.054
松木（顺纹抗拉）	500	100	0.200
烧结普通砖	1700	10	0.006
铝材	2700	170	0.063
铝合金	2800	450	0.160
玻璃钢	2000	450	0.225

1.2.2 弹性和塑性

弹性是指材料在外力作用下产生变形，外力撤掉后能恢复为原来形状和大小的性质。相应的变形称为弹性变形（或瞬时变形）。

弹性变形大小与其所受外力大小成正比，其比例系数对某理想的弹性材料来说为一常数，这个常数被称为该材料的弹性模量，以符号"E"来表示，其表达式为：

$$E = \frac{\sigma}{\varepsilon} \tag{1-24}$$

式中　σ——材料所受的应力（MPa）；

ε——在应力 σ 作用下的应变。

弹性模量反映材料抵抗变形能力的指标。E 值愈大，表明材料的刚度愈大，外力作用下的变形愈小。几种常用建筑材料的弹性模量值见表 1-4。

常用建筑材料的弹性模量值 E（$\times 10^4$ MPa）   表 1-4

材　　料	低碳钢	普通混凝土	烧结普通砖	木　材	花岗石	石灰石	玄武石
弹性模量	21	1.45～360	0.6～1.2	0.6～1.2	200～600	600～1000	100～800

塑性是指材料在外力作用下产生变形，若除去外力后仍保持变形后的形状和尺寸，并且不产生裂缝的性质，相应的变形称为塑性变形（或残余变形）。

单纯的弹性材料是没有的。有的材料受力不大时产生弹性变形；受力超过一定限度后即产生塑性变形，如钢材；有的材料在受力后，弹性变形和塑性变形同时存在。如果取消外力后，弹性变形可以恢复，而塑性变形不能恢复，通常将这种材料称为弹塑性材料，如混凝土。

1.2.3　脆性和韧性

脆性指材料在外力达到一定程度时，突然发生破坏，并无明显塑性变形的性质。具有这种性质的材料称为脆性材料。大部分无机非金属材料均属脆性材料，如天然石材、烧结普通砖、陶瓷、普通混凝土、砂浆等。脆性材料的破坏是突然的，危害比较大，其抵抗变形或冲击振动荷载的能力差，所以仅用于承受静压力作用的结构或构件，如柱子、墩座等。

韧性指材料在冲击或动力荷载作用下，能吸收较大能量而不破坏的性质。材料的韧性用冲击韧性指标值 α_k 来表示的，α_k 是指用带缺口的试件做冲击破坏试验时，断口处单位面积所吸收的功，α_k 值越大，材料的韧性越好。如低碳钢、低合金钢、木材、钢筋混凝土、橡胶、玻璃钢等都属于韧性材料。在工程中，对于要求承受冲击和振动荷载作用的结构，如吊车梁、桥梁、路面及有抗震要求的结构均要求所用材料具有较高的冲击韧性。

1.2.4　硬度和耐磨性

1. 硬度

硬度指材料表面的坚硬程度，是抵抗其他物体刻划、压入其表面的能力。建筑与装饰材料在其使用过程中，为保持建筑物的使用性能或外观，常要求材料具有一定的硬度，以防止其他物体对材料的磕碰、刻划造成材料表面破损或外观缺陷。硬度的测定方法有刻划法、回弹法、压入法等，不同材料其硬度的测定方法不同。

回弹法用于测定混凝土表面硬度，并间接推算混凝土的强度，也用于测定砖、砂浆等的表面硬度；刻划法用于测定天然矿物的硬度；压入法是用硬物压入材料表面，通过压痕的面积和深度测定材料的硬度。钢材、木材的硬度，常用钢球压入法测定。

通常，硬度大的材料耐磨性较强，不易加工。在工程中，常利用材料硬度与强度间的关系，间接测定材料强度。

2. 耐磨性

材料受外界物质的摩擦作用而减小质量和体积的现象称为磨损。

耐磨性是材料表面抵抗磨损的能力，材料的耐磨性用磨损率表示，计算公式如下：

$$N = \frac{m_1 - m_2}{A} \tag{1-25}$$

式中　N——材料的磨损率（$\mathrm{g/cm^2}$）；

m_1——试件磨损前的质量（g）；

m_2——试件磨损后的质量（g）；

A——试件受磨面积（cm²）。

试件的磨损率表示一定尺寸的试件，在一定压力作用下，在磨损试验机上磨一定次数后，试件每单位面积上的质量损失。

材料的耐磨性与材料组成、结构及强度、硬度等有关。建筑中用于地面、踏步、台阶、路面等处的材料，应适当考虑硬度和耐磨性。

1.3 材料的声学性与装饰性

1.3.1 材料的声学性质

声音起源于物体的振动，发出声音的发声体称为声源。当声源振动时，使邻近空气随之振动并产生声波，通过空气介质向周围传播。当声波入射到建筑材料表面时会产生三种现象：

（1）反射 声波在材料表面按照一定的规律被反射，使声音又返回到声源一侧；

（2）透射 声波穿过材料继续向另一侧传播；

（3）吸收 声波到达材料表面后，其振动能量被材料所吸收形成其他能量，而不再存在声波。

反射容易使建筑物内产生杂声，影响室内音响效果；而声音透射后容易对相邻空间产生噪声干扰，影响室内环境的安静。为减少环境中的噪声，在各种装饰工程中所用的材料应选择吸声性能和隔声性能良好的材料，来防止声音的透射与反射。

1.3.2 材料的吸声性能

吸声性能是指材料吸收声波的能力。吸声系数（α）是评定材料吸声性能的主要指标，它是指被材料吸收的声能（包括穿透材料的声能在内）与原先传递给材料的全部声能之比，用下式表示：

$$\alpha = \frac{E}{E_0} \tag{1-26}$$

式中 α——吸声系数；

E——吸收的声能；

E_0——入射总声能。

当声波遇到材料表面时，一部分被反射，一部分穿透材料，其余部分则被材料所吸收，在材料的孔隙中引起空气分子与孔壁的摩擦和黏滞阻力，使相当一部分声能被吸收。

材料的吸声性能与声波的方向及频率有关，同一材料，对于高、中、低不同频率的吸声系数不同，为了全面反映材料的吸声性能，通常用对 125、250、500、1000、2000、4000Hz 等 6 个频率的平均吸声系数来表示材料吸声的频率特性。

从材料角度来考虑，吸声性能好坏主要与材料的孔隙率及孔隙构造有关。通常是开口孔隙率越大，则吸声效果越好。对某些含闭口孔较多的材料，即使有较大的孔隙率，其吸声性能也较差。另外，不同尺寸的孔隙对不同波长声波的吸收能力也不同。当材料表面只有一种尺寸的孔隙时只能吸收波长在一定范围内的声波。因此，在实际工程中常使材料表面具有不同孔径的孔隙以便增强对各种声波的吸收能力。

1.3.3 材料的隔声性能

声波传到材料表面时，因材料吸收会失去一部分声能，透过材料的声能总是小于到达材料表面的声能，这样，材料就起到了隔声作用。材料的隔声能力可通过材料对声波的透射系数（τ）大小来衡量。

$$\tau = \frac{E_\tau}{E_0} \tag{1-27}$$

式中　τ——声波透射系数；

E_τ——透过材料的声能；

E_0——入射总声能。

隔声可分为隔绝空气声和隔绝固体声。对于隔绝空气声，主要是通过反射，因此主要取决于墙或板的单位面积质量，质量越大，越不易振动，则隔声效果越好；对于隔绝固体声，主要是通过吸声。因此，最有效的措施是采用不连续结构处理，即在墙壁和承重梁之间，房屋的框架和墙壁及楼板之间加毛毡、软木等弹性衬垫，将固体声转换成空气声后而被吸声材料吸收。

1.3.4 材料的装饰性

装饰性是指材料对所覆盖建筑物外观美化的效果。人们除了要求建筑物具备安全与实用功能外，还会追求其外观的美观性。对建筑物外露的表面进行适当的装饰，既起到了美化建筑物的作用，也对建筑物的主体起到保护作用，有时还兼有防水、保温等功能。建筑物对材料的装饰效果的要求主要体现在材料的色彩、质感、光泽、外观形状等方面。

1. 色彩

色彩本质上是属于材料对光反射所产生的一种效果，它是由材料本身及其所接受光谱共同决定的。建筑色彩是由颜色的基调、色相、明度、彩度等相互作用的结果。色彩对建筑物的装饰效果实质上是人的视觉对颜色的生理反应，这种反应能够对人的生理或心理产生影响，装饰材料的色彩就是利用这种影响达到所期望的艺术效果。对于同一种装饰材料来说，不同的颜色、甚至同一种颜色在深浅不同时也可以产生不同的艺术效果，如蓝色、绿色使人联想到大海、森林，给人一种宁静、清凉、寂静的感觉；淡黄、橙黄、红色使人联想到秋天、火焰，给人一种温暖、热烈的感觉。为此可通过选取不同的色彩来丰富建筑物的装饰效果。

2. 质感

质感是材料的表面组织结构、花纹图案、颜色、光泽、透明性等给人的一种综合感觉。例如，光滑、细腻的材料富有优美、雅致的感觉，同时也会给人以一种冷漠、傲然的心里感觉；金属能使人产生坚硬、沉重、寒冷的感觉；皮毛、丝织品会使人想到柔软、轻盈和温暖；石材可使人感到稳重、坚实和富有力度。因此，在选择装饰材料时，必须正确把握材料的性格特征，使其与建筑装饰的特点相吻合，从而赋予材料以生命。

3. 尺寸、形状、纹理

材料的形状和尺寸能给人带来空间尺寸的大小和使用上是否舒适的感觉。设计人员进行装饰设计时，一般要考虑到人体尺寸的需要，对装饰材料的形状和尺寸做出合理的规定。如大理石及彩色水磨石板材用于厅堂，可以取得很好的效果，但若用于居室，则由于规格太大，会失去魅力。纹理是材料本身固有的天然纹样、图样、底色等装饰效果。要善于利用材料的纹理以求在装饰中获得或朴素、或淡雅、或高贵、或凝重的各种装饰效果。

1.4 材料的耐久性与环境协调性

1.4.1 材料的耐久性

材料的耐久性是指材料在使用期间，受到各种内在的或外来因素的作用，能经久不变质、不破坏，尚能保持原有性能，不影响使用的性质。

材料在建筑物使用期间，除受到各种荷载作用之外，还受到自身和周围环境各因素的破坏作用。这些破坏因素对材料的作用往往是复杂多变的，它们或单独或相互交叉作用，一般可将其归纳为物理作用、化学作用、生物作用等。

物理作用包括干湿变化、温度变化、冻融循环、磨损等，这些作用使材料发生体积膨胀、收缩或导致内部裂缝的扩展，长期的反复多次的作用使材料逐渐破坏；化学作用包括有害气体以及酸、碱、盐等液体对材料产生的破坏作用；生物作用包括昆虫、菌类的作用，使材料虫蛀、腐朽破坏。

材料的耐久性是材料抵抗上述多种作用的一种综合性质，它包括抗冻性、抗腐蚀性、抗渗性、抗风化性、耐热性、耐酸性、耐腐蚀性等各方面的内容。

一般情况下，矿物质材料如石材、混凝土、砂浆等直接暴露在大气中，受到风霜雨雪的物理作用，主要表现为抗风化性和抗冻性；当材料处于水中或水位变化区，主要受到环境水的化学侵蚀、冻融循环作用；钢材等金属材料在大气或潮湿条件下，易遭受电化学腐蚀；木材、竹材等植物纤维质材料常因腐朽、虫蛀等生物作用而遭受破坏；沥青以及塑料等高分子材料在阳光、空气、水的作用下逐渐老化。

为提高材料的耐久性，应根据材料的特点和使用情况采取相应措施，通常可以从以下几方面考虑：

(1) 设法减轻大气或其他介质对材料的破坏作用，如降低温度、排除侵蚀性物质等。

(2) 提高材料本身的密实度，改变材料的孔隙构造。

(3) 适当改变成分，进行憎水处理或防腐处理。

(4) 在材料表面设置保护层，如抹灰、做饰面、刷涂料等。

耐久性是材料的一项长期性质，需对其在使用条件下进行长期的观察和测定。近年来已采用快速检验法，即在试验室模拟实际使用条件，进行有关的快速试验，根据试验结果对耐久性做出判定。

提高材料的耐久性，对保证建筑物的正常使用，减少使用期间的维修费用，延长建筑物的使用寿命，起着非常重要的作用。

1.4.2 材料的环境协调性

材料产业支撑着人类社会的发展，为人类带来了便利和舒适。但同时在材料的生产、处理、循环、消耗、使用、回收和废弃过程中也带来了沉重的环境负担。传统的建筑与装饰材料矿产资源消耗大、能源消耗高和环境污染严重是制约建筑装饰与材料工业可持续发展的几大障碍。研究材料与环境的相互作用，定量评价材料生命周期对环境的影响，研究开发环境协调性的新型材料是建材工业走可持续发展之路的重要举措。

材料的环境协调性主要体现在降低建筑与装饰材料生产过程中天然和矿产资源的消耗；降低建筑与装饰材料生产过程中能源的消耗；降低建筑与装饰材料生产过程中对环境的污染；减少建筑与装饰材料运输过程中对环境的影响，促进当地经济发展；鼓励使用可回收利用的旧建筑材料；提供优良的室内环境质量。

今后建筑与装饰选材的新趋向为：返璞归真，贴近自然，尽量利用自然材料或健康无害材料，尽量利用废弃物生产的材料，从源头上防止和减少污染，尽量展露材料本身，少用油漆、涂料等覆盖层或大量的装饰。这一观点已被我国的建筑设计师们认可并采纳，在一些绿色建筑中逐渐实施。

思 考 题

1. 简述材料的孔隙率和孔隙特征与材料的表观密度、强度、吸水性、抗渗性、抗冻性及导热性等性质的关系。

2. 材料的孔隙率与空隙率有何区别？

3. 韧性材料和脆性材料在外力作用下，其变形性能有何区别？

4. 何谓材料的抗冻性？材料冻融破坏的原因是什么？

5. 何谓材料的抗渗性？如何表示抗渗性的好坏？

6. 评价材料热工性能的常用指标有哪几个？欲保持建筑物内温度的稳定并减少热损失，应选择什么样的建筑材料？

7. 在生产材料时，在组成一定的情况下，可采取什么措施来提高材料的强度和耐久性？

8. 某石灰岩的密度为 $2.60g/cm^3$，孔隙率为 1.20%。今将该石灰岩破碎成碎石，碎石的堆积密度为 $1580kg/m^3$。求此碎石的表观密度和空隙率。

9. 烧结普通砖进行抗压试验，测得浸水饱和后的破坏荷载为 185kN，干燥状态的破坏荷载为 207kN（受压面积为 115mm×120mm），问此砖的饱水抗压强度和干燥抗压强度各为多少？是否适用于常与水接触的工程结构物？

10. 已测得陶粒混凝土的导热系数为 $0.35W/(m \cdot K)$，普通混凝土的导热系数为 $1.40W/(m \cdot K)$，在传热面积、温差、传热时间均相同的情况下，问要使和厚 20cm 的陶粒混凝土墙所传导的热量相同，则普通混凝土墙的厚度应为多少？

11. 何谓材料的耐久性？若提高材料的耐久性，可采取哪些措施？

2 天 然 石 材

天然石材是建筑工程中使用历史悠久，应用范围广泛的建筑材料之一。凡采自天然岩石，未经加工或者经过人工或机械加工的石材都称为天然石材。

天然石材具有抗压强度高、耐久性好，生产成本低等优点，是古今中外建筑工程中修建城垣、房屋、园林、桥梁、道路和水利工程的常用建筑材料。天然石材经加工后具有良好的装饰性，也是装饰工程中常用的一种装饰材料。

2.1 岩石的形成与分类

天然石材采自地壳表层的岩石。岩石根据生成条件，按地质分类法可分为火成岩、沉积岩和变质岩三大类。

2.1.1 火成岩

火成岩又称岩浆岩，是由地壳内部熔融岩浆上升冷却而成的岩石。它根据冷却条件不同，又可分为深成岩、喷出岩和火山岩三类。

1. 深成岩

深成岩是岩浆在地壳深处，受上部覆盖层的压力作用，缓慢且均匀地冷却而成的岩石。深成岩的特点是结晶完全、晶粒较粗，呈致密块状结构。因此，深成岩的表观密度大、强度高、吸水率小、抗冻性好。工程中常用的深成岩有花岗岩、正长岩、闪长岩和辉长岩。

2. 喷出岩

喷出岩为熔融的岩浆喷出地壳表面，迅速冷却而成的岩石。由于岩浆喷出地表时压力骤减且迅速冷却，结晶条件差，多呈隐晶质或玻璃体结构。如喷出岩凝固成很厚的岩层，其结构接近深成岩；若喷出岩凝固成比较薄的岩层时，常呈多孔构造。工程中常用的喷出岩有玄武岩、安山岩和辉绿岩等。

3. 火山岩

火山岩是火山爆发时岩浆喷到空中，急速冷却后形成的岩石。火山岩为玻璃体结构而且呈多孔构造，如火山灰、火山砂、浮石和凝灰岩。火山砂和火山灰常用作水泥的混合材料。

2.1.2 沉积岩

地表岩石经长期风化后，成为碎屑颗粒状，经风或水的搬运，通过沉积和再造作用而形成的岩石称为沉积岩。沉积岩大都呈层状构造、表观密度小、孔隙率大、吸水率大、强度低、耐久性差。而且各层间的成分、构造、颜色及厚度都有差异。沉积岩可分为机械沉积岩、化学沉积岩和生物沉积岩。

1. 机械沉积岩

机械沉积岩是各种岩石风化后，经过流水、风力或冰川作用的搬运及逐渐沉积，在覆盖层的压力作用下自然胶结而成，如页岩、砂岩和砾岩等。

2. 化学沉积岩

化学沉积岩是岩石中的矿物溶解在水中，经沉淀沉积而成，如石膏、菱镁矿、白云岩及部分石灰岩等。

3. 生物沉积岩

生物沉积岩是由各种有机体残骸经沉积而成的岩石，如石灰岩、硅藻土等。

2.1.3 变质岩

岩石由于强烈的地质活动，在高温和高压作用下，矿物再结晶或生成新矿物，使原来岩石的矿物成分及构造发生显著变化而成为一种新的岩石，称为变质岩。

一般沉积岩形成变质岩后，材料性能有所提高，如石灰岩和白云岩变质后成为大理岩，砂岩变质成为石英岩，都比原来的岩石坚固耐久。相反，原为深成岩经变质后产生片状构造，材料性能反而恶化。如花岗岩变质成为片麻岩后，易于分层剥落，耐久性差。

2.2 石材的主要技术性质

2.2.1 表观密度

石材的表观密度与矿物组成及孔隙率有关。致密的石材如花岗石和大理石等，其表观密度接近于密度，约为 $2500 \sim 3100 kg/m^3$。孔隙率较大的石材，如火山凝灰岩、浮石等，其表观密度较小，约为 $500 \sim 1700 kg/m^3$。天然石材根据表观密度可分为轻质石材和重质石材。表观密度小于 $1800 kg/m^3$ 的为轻质石材，一般用作墙体材料；表观密度大于 $1800 kg/m^3$ 的为重质石材，可作为建筑物的基础、贴面、地面、房屋外墙、桥梁和水工构筑物等。

2.2.2 吸水性

石材的吸水性主要与其孔隙率和孔隙特征有关。孔隙特征相同的石材，孔隙率愈大，吸水率也愈高。深成岩以及许多变质岩孔隙率都很小，因而吸水率也很小。如花岗石吸水率通常小于 0.5%，而多孔贝类石灰岩吸水率可高达 15%。石材吸水后强度降低，抗冻性变差，导热性增加，耐水性和耐久性下降。表观密度大的石材，孔隙率小，吸水率也小。

2.2.3 耐水性

石材的耐水性以软化系数来表示。根据软化系数的大小，石材的耐水性分为高、中、低三等，软化系数大于 0.90 的石材为高耐水性石材；软化系数在 $0.75 \sim 0.90$ 之间的石材为中耐水性石材；软化系数为 $0.60 \sim 0.75$ 之间的石材为低耐水性石材。建筑工程中使用的石材，软化系数应大于 0.80。

2.2.4 抗冻性

抗冻性是指石材抵抗冻融破坏的能力，是衡量石材耐久性的一个重要指标。石材的抗冻性与吸水率大小有密切关系。一般吸水率大的石材，抗冻性能较差。另外，抗冻性还与石材吸水饱和程度、冻结温度和冻融次数有关。石材在水饱和状态下，经规定次数的冻融循环作用后，若无贯穿裂缝且质量损失不超过 5%，强度损失不超过 25% 时，则为抗冻性合格。

2.2.5 耐火性

石材的耐火性取决于其化学成分及矿物组成。由于各种造岩矿物热膨胀系数不同，受热后体积变化不一致，将产生内应力而导致石材崩裂破坏。另外，在高温下，造岩矿物会产生分解或晶型转变。如含有石膏的石材，在 100℃ 以上时即开始破坏；含有石英和其他矿物结晶的石材，如花岗石等，当温度在 573℃以上时，由于石英受热膨胀，强度会迅速下降。

2.2.6 抗压强度

天然石材的抗压强度取决于岩石的矿物组成、结构、构造特征、胶结物质的种类及均匀性等。如花岗石的主要造岩矿物是石英、长石、云母和少量暗色矿物，若石英含量高，则强度高；若云母含量高，则强度低。

石材是非均质和各向异性的材料，而且是典型的脆性材料，其抗压强度高，抗拉强度比抗压强度低得多，约为抗压强度的 1/20～1/10。测定岩石抗压强度的试件尺寸为 70mm×70mm×70mm 的立方体。按吸水饱和状态下的抗压极限强度平均值，天然石材的强度等级分为 MU100、MU80、MU60、MU50、MU40、MU30、MU20、MU15、MU10 等九个等级。

2.2.7 硬度

天然石材的硬度以莫氏或肖氏硬度表示。它主要取决于组成岩石的矿物硬度与构造。凡由致密、坚硬的矿物所组成的岩石，其硬度较高；结晶质结构硬度高于玻璃质结构；构造紧密的岩石硬度也较高。岩石的硬度与抗压强度有很好的相关性，一般抗压强度高的其硬度也大。岩石的硬度越大，其耐磨性和抗刻划性能越好，但表面加工越困难。

2.2.8 耐磨性

石材耐磨性是指石材在使用条件下抵抗摩擦、边缘剪切以及撞击等复杂作用而不被磨损（耗）的性质。耐磨性包括耐磨损性和耐磨耗性两个方面。耐磨损性以磨损度表示，它是石材受摩擦作用，其单位摩擦面积的质量损失的大小。耐磨耗性以磨耗度表示，它是石材同时受摩擦与冲击作用，其单位质量产生的质量损失的大小。

石材的耐磨性与岩石组成矿物的硬度及岩石的结构和构造有一定的关系。一般而言，岩石强度高，构造致密，则耐磨性也较好。用于建筑工程中的石材，应具有较好的耐磨性。

2.3 砌筑用石材

用于砌筑工程的石材主要有以下类型：

2.3.1 毛石

毛石是在采石场将岩石经爆破等方法直接得到的形状不规则的石块。按外形毛石分为乱毛石和平毛石两类。乱毛石是表面形状不规则的石块；平毛石是石块略经加工，大致有两个平行面的毛石。建筑用毛石一般要求中部厚度不小于 150mm，长度为 300～400mm，质量约为 20～30kg，抗压强度应在 MU10 以上，软化系数应大于 0.80。毛石主要用于砌筑基础、勒脚、墙身、挡土墙、堤岸及护坡等，也可用于配制片石混凝土。

2.3.2 料石

料石是指经人工或机械加工而成的，形状比较规则的六面体石材。按照表面加工的平整程度分为毛料石、粗料石、半细料石和细料石四种。毛料石是表面不经加工或稍加凿琢修整的料石，叠砌面凹凸深度应不大于 25mm；粗料石表面经加工后凹凸深度应不大于 20mm；半细料石表面加工凹凸深度应不大于 15mm；细料石表面加工凹凸深度应不大于 10mm。

料石根据加工程度可用于砌筑基础、石拱、台阶、勒角、墙体等处。

2.3.3　广场地坪、路面、庭院小径用石材

广场地坪、路面、庭院小径用石材主要有石板、条石、方石、拳石、卵石等，这些石材要求具有较高的强度和耐磨性，良好的抗冻和抗冲击性能。

2.4　建筑饰面板材

饰面板材是指用于建筑物表面起装饰和保护作用的石材。主要用于建筑物内外墙面、柱面、地面、台阶、门套、台面等处，石材用作建筑表面装饰尤显庄重华贵、典雅自然的效果。常用的天然饰面板材主要有大理石和花岗石板材。

2.4.1　天然大理石板材

天然大理石是石灰岩或白云岩在高温、高压等地质条件下重新结晶变质而成的变质岩，其主要成分为碳酸钙及碳酸镁，因我国云南大理盛产大理石故而得名。建筑装饰材料中所说的大理石范围较广，除了大理岩加工的石材外还包括变质岩中部分蛇纹岩和石英岩，以及质地致密的部分沉积岩，如白云岩等。

质地纯的大理石为白色，俗称汉白玉。汉白玉产量较少，是大理石中的优良品种。多数大理石因混有杂色物质，故有各种色彩或花纹，形成众多品种。

天然大理石结构比较致密，表观密度 $2500 \sim 2700 \mathrm{kg/m^3}$，抗压强度高达 $60 \sim 150 \mathrm{MPa}$，硬度不高，莫氏硬度 $3 \sim 4$，耐磨性好而且易于抛光或雕琢加工，表面可获得细腻光洁的效果。

装饰工程中用的天然大理石板材是用大理石荒料经锯解、研磨、抛光等工序加工而成。按形状分为以下两种：

普型板（PX）指正方形或长方形板材；

圆弧板（HM）指装饰面轮廓线的曲率半径处处相同的板材。

《天然大理石建筑板材》（GB/T 19766—2005）按照板材加工规格尺寸的精度和外观质量划分为优等品（A 级）、一等品（B 级）和合格品（C 级）三个质量等级，见表 2-1 和表 2-2。并要求同一批板材的花纹色调应基本一致。

普型大理石板材的规格尺寸及允许偏差（mm）　　　　　　　　　表 2-1

规　　格			允　许　偏　差		
			优等品	一等品	合格品
规格尺寸允许偏差	长、宽		0 −1.0	0 −1.0	0 −1.5
	厚度	≤12	±0.5	±0.8	±1.0
		>12	±1.0	±1.5	±2.0
平面度允许公差	≤400		0.20	0.30	0.50
	>400～≤800		0.50	0.60	0.80
	>800		0.70	0.80	1.00
角度允许公差	≤400		0.30	0.40	0.50
	>400		0.40	0.50	0.70
干挂板材厚度			+2.0 0	+2.0 0	+3.0 0

大理石板材正面外观缺陷质量要求　　　　表 2-2

名　称	规　定　内　容	优等品	一等品	合格品
裂　纹	长度超过 10mm 的不允许条数（条）		0	
缺　棱	长度不超过 8mm，宽度不超过 1.5mm（长度≤4mm，宽度≤1mm 不计），每米长允许个数（个）	0	1	2
缺　角	沿板材边长顺延方向，长度≤3mm，宽度≤3mm（长度≤2mm，宽度≤2mm 不计），每块板允许个数（个）			
色　斑	面积不超过 6cm² （面积小于 2cm² 不计），每块板允许个数（个）			
砂　眼	直径在 2mm 以下	不明显	有，不影响装饰效果	

我国国内生产的普通型大理石板材，其命名与标记如下：

板材命名顺序：荒料产地地名、花纹色调特征名称，大理石（M）。

板材标记顺序：命名、类别、规格尺寸、等级、标准号。

例如：用北京房山白色大理石荒料生产的普通型规格尺寸为 600mm×400mm×20mm 的一等品板材示例为：

命名：房山汉白玉大理石

标记：房山汉白玉大理石（M）PX 600×400×20 B GB/T 19766－2005

我国常用大理石品种、产地及其花色特征见表 2-3。

常用大理石品种及特征　　　　表 2-3

名　称	产　地	特　征
汉白玉	北京房山	玉白色，微有杂点和脉纹
	湖北黄石	
晶　白	湖　北	白色晶粒，细致而均匀
雪　花	山东掖县	白间淡灰色，有均匀中晶，有较多黄杂点
雪　云	广东云浮	白和灰白相间
影晶白	江苏高资	乳白色有微红至深赭色的脉纹
墨晶白	河北曲阳	玉白色，微晶，有黑色脉纹或斑点
风　雪	云南大理	灰白间有深灰色晕带
冰　琅	河北曲阳	灰白色均匀粗晶
黄花玉	湖北黄石	淡黄色，有较多稻黄色脉纹
凝　脂	江苏宜兴	猪油色底，稍有深黄细脉，偶带透明杂晶
碧　玉	辽宁连山关	嫩绿或深绿和白色絮状相渗
彩　云	河北获鹿	浅翠绿色底，深线绿絮状相渗，有紫斑或脉纹
斑　绿	山东莱阳	灰白色底，有深草绿色点斑状堆积
云　灰	北京房山	白或浅灰底，有烟状或云状黑灰纹带
晶　灰	河北曲阳	灰色微赭，均匀细晶，间有灰条纹或赭色斑
驼　灰	江苏苏州	土灰色底，有深黄赭色浅色疏脉
裂　玉	湖北大冶	浅灰带微红色底，有红色脉络或青灰色斑

名 称	产 地	特 征
海 涛	湖 北	浅灰底，有深浅间隔的青灰色条状斑带
象 灰	浙江潭浅	象灰底，杂细晶斑，并有红黄色细纹络
艾叶青	北京房山	青底，深灰间白色叶状斑云，间有片状纹缕
残 雪	河北铁山	灰白色，有黑色斑带
螺 青	北京房山	深灰色底，满布青白相间螺纹状花纹
晚 霞	北京顺义	石黄间土黄斑底，有深黄叠脉，间有黑晕
蟹 青	河 北	黄灰底，遍布深灰或黄色砾斑，间有白灰层
虎 纹	江苏宜兴	赭色底，有流纹状石黄色经络
灰黄玉	湖北大冶	浅黑灰底，有焰红色、黄色和浅灰脉络
锦 灰	湖北大冶	浅黑灰底，有红色和灰白色脉络
电 花	浙江杭州	黑灰底，满布红色间有白色脉络
桃 红	河北曲阳	桃红色，粗晶，有黑色缕纹或斑点
银 河	湖北下陆	浅灰底，密布粉红脉络杂有黄脉
秋 枫	江苏南京	灰红底，有血红晕脉
砾 红	广东云浮	浅红色，满布白色大小碎石块
桔 络	浙江长兴	浅灰底，密布粉红和紫红叶脉
岭 红	辽宁铁岭	紫红底
紫螺纹	安徽灵璧	灰红底，满布红灰相间的螺纹
螺 红	宁金县	绛红底，夹有红灰相间的螺纹
红花玉	湖北大冶	肚红底，夹有大小浅红碎石块
五 花	江苏、河北	绛紫底，遍布深青灰色或紫色大小砾石
黑 壁	河北获鹿	黑色，杂有少量浅黑陷斑或少量黄缕纹
墨 叶	江苏苏州	黑色，间有少量白络或白斑
莱阳黑	山东莱阳	灰黑底，间有黑斑灰白色点
黑 玉	贵州、广西	黑色
山 水	山东平度	白色底，间有规律走向的灰黑色絮状条纹

大理石的抗风化能力较差。由于大理石的主要组成成分 $CaCO_3$ 为碱性物质，当受到酸雨或空气中酸性氧化物（如 CO_2、SO_3 等）遇水形成的酸类侵蚀，表面会失去光泽，甚至出现斑孔现象，从而降低了建筑物的装饰效果，特别是大理石中的有色物质很容易在大气中溶出或风化。因此除了汉白玉等少数纯正品种外，多数大理石不宜用于室外装饰。

另外镜面磨光或抛光的装饰薄板，在粘贴施工后表面局部易出现返碱、起霜、水印（洇湿阴影）等现象，称为潮华。为防止该现象发生，应选用吸水率低，结构致密的石材。粘贴用的胶凝材料应选用阻水性好的材料，或在施工后及时勾缝、打蜡。

2.4.2 天然花岗石板材

花岗岩是典型的深成岩，是全晶质岩石，其主要成分是石英、长石及少量暗色矿物和云母。按照花岗岩结晶颗粒的大小，分为细粒、中粒和斑状结晶结构。花岗岩的品质取决于矿物成分和结构，品质优良的花岗岩晶粒细且均匀，构造紧密，云母含量少，不含黄铁矿等杂质，光泽明亮无风化迹象。建筑装饰材料中所说的花岗石是广义的，是指具有装饰功能，并可磨平、抛光的各类岩浆岩及少量变质岩。这类岩石组织构造十分致密，表面经研磨抛光后富有光泽并呈现不同色彩的斑点状花纹。花岗石的色彩有灰白、黄色、蔷薇色、红色、绿色和黑色等。

与其他石材相比，天然花岗石表观密度大，抗压强度高，吸水率很低，材质硬度大（莫氏硬度 6～7），耐腐蚀性强。所以它是建造永久性建筑的高耐久性材料，耐久年限可高达 200 多年。在建筑工程中主要用于地面、外墙面、踏步、勒脚等处。

1. 天然花岗石板材

天然花岗石板材是用花岗石荒料经锯解、切削、表面进一步加工制成。按照形状分为毛光板（MG）、普型板（PX）、圆弧板（HM）以及其他形状的异型板（YX）。按照表面加工程度分为：

粗面板（CM） 饰面粗糙规则有序，端面锯切整齐的板材，如机刨板、剁斧板、锤击板、烧毛板等，适用于建筑物勒脚、台阶、路面等处。

细面板（YG） 饰面平整细腻，能使光线产生漫反射现象。

镜面板（JM） 饰面平整光滑具有镜面光泽。是经过研磨、抛光加工制成的，其晶体裸露，色泽鲜明，主要用于外墙面、柱面和室内人流较多处的地面。

2. 花岗石板材的规格和质量要求

综合考虑花岗石板材的加工、运输、施工以及对建筑结构荷载的影响。目前大量生产使用的板材的厚度以 20mm 为主，其常用规格尺寸见表 2-4。

常用花岗石板材规格尺寸（mm） 表 2-4

长	宽	长	宽	长	宽	长	宽
300	300	400	400	600	600	900	600
305	305	600	300	640	610	600	305

天然岩石加工的板材属于非均质材料，在外观花色和加工的规格尺寸方面可能有较大差别。为保证装饰施工的效果，事前必须进行选择。国家标准《天然花岗石建筑板材》GB/T 18601－2009 对花岗石板材的尺寸及外观质量都有具体要求，见表 2-5、表 2-6。

普型花岗石板材尺寸允许偏差（mm） 表 2-5

项 目			镜面和细面板材			粗面板材		
			优等品	一等品	合格品	优等品	一等品	合格品
尺寸允许偏差	长度 宽度		0～ −1.0		0～ −1.5	0～ −1.0		0～ −1.5
	厚度	≤12	±0.5	±1.0	+1.0～ −1.5	—		
		>12	+1.0	±1.5	±2.0	+1.0～ −2.0	±2.0	+2.0～ −3.0

续表

项 目			镜面和细面板材			粗 面 板 材		
			优等品	一等品	合格品	优等品	一等品	合格品
平面度允许公差	平板长度	≤400	0.20	0.35	0.50	0.60	0.80	1.00
		400~800	0.50	0.65	0.80	1.20	1.50	1.80
		>800	0.70	0.85	1.00	1.50	1.80	2.00
角度允许公差		≤400	0.30	0.50	0.80	0.30	0.50	0.80
		>400	0.40	0.60	1.00	0.40	0.60	1.00

花岗石板材正面外观缺陷质量要求　　　　　　　　　表 2-6

名　称	缺　陷　含　义	优 等 品	一等品	合格品
缺　棱	长度不超过 10mm，宽度不超过 1.2mm（长度小于 5mm，宽度小于 1.0mm 不计），周边每米长允许个数（个）	不允许	1	2
缺　角	沿板材边长，长度≤3mm，宽度≤3mm（长度≤2mm，宽度≤2mm 不计），每块板允许个数（个）			
裂　纹	长度不超过两端顺延至板边总长度的 1/10（长度小于 20mm 的不计），每块板允许条数（条）			
色　斑	面积不超过 15mm×30mm（面积小于 10mm×10mm 不计），每块板允许个数（个）		2	3
色　线	长度不超过两端顺延至板边总长度的 1/10（长度小于 40mm 的不计），每块板允许条数（条）			

注：干挂板材不允许有裂纹存在。

3. 我国天然花岗石品种及产地

我国天然花岗石蕴藏量丰富，花色种类繁多，可以满足不同工程的需求，主要品种及产地如表 2-7 所示。

国产主要花岗石品种及产地　　　　　　　　　　表 2-7

名　称	产　地	名　称	产　地	名　称	产　地
黑芝麻	福建莆田	菊花青	河南偃师	柳埠红	山东历城
	福建长乐	雪花青	河南偃师	青灰色	山东栖霞
左山红	福建惠安	云里梅	河南偃师	豆绿色	安徽太平
峰白石	福建惠安	五龙青	河南偃师		江西上高
笔山石	福建惠安	梅花红	河南偃师	白底黑点	江苏赣榆
大黑白点	福建同安	芝订白	河南淅川		江西星子
厦门白	福建厦门	绿　色	河南淅川		山东掖县
	福建寿宁	墨黑色	河北平山	黑　色	浙江洞头
灰白色	山东平度		山西大同		江西上高
	山东栖霞	墨　玉	河北曲阳		江苏赣榆
	山东青岛	浅灰色	山东青岛		江苏东海
	湖南望城		江西上高	莱州青	山东掖县
黑底小红花	山东栖霞	泰山青	山东济南	红　色	山西五台
田中石	福建惠安		山东泰安	橘红色	山西五台

名　称	产　地	名　称	产　地	名　称	产　地
红花岗石	四川石棉	济南青	山东济南	浅红色	安徽太平
	四川天全	黄冈黑		浅红色	安徽怀宁
黑白花	黑龙江汤原	黄冈灰			湖南桃江
黑金花	黑龙江汤原	黑底白花	江西南昌	浅绿色	江西上高
青底绿花	安徽宿县	黑白花	江西南昌	黄褐色	江西上高
红　白	江苏东海	黑　白	湖北桃江	灰紫色	江西上高
黑白细花	浙江文成		北京房山	浅红色	江西上高
灰黑色	浙江平阳	肉红色	浙江洞头	灰　红	江苏东海
黑色细花	浙江洞头		江西上高	雪　花	江苏东海
黑底红花	山东莒南		浙江瓯海	大芦花	江苏赣榆
肉红黑花	山东莒南		安徽太平	紫　红	北京昌平
绿色木纹	湖南桃江	白底黑花	山西灵邱	南口红	北京昌平
粉红（白底）	北京昌平		山东海阳	花岗石	广东汕头
	河北涞水	白　色	安徽怀远		山东日照
	河北涞源	浅红色	福建南安		山东牟平
红色（贵妃红）	山西灵邱		江西星子		山东青岛
长清花	山东济南		江苏赣榆		
泰安绿	山东泰安		北京密云		

花岗石因含大量石英，耐火性差，石英在 573℃ 以上会发生晶态转变，产生体积膨胀会形成开裂破坏，所以不得用于高温场合。另外石材属于脆性材料，加工好的石材在运输保管中边角部位须加以保护以免损坏。

建筑装饰工程中使用的石材，除了各种天然石材外，现在各种人造饰面石材应用也逐渐增多。与天然石材相比人造石材质量轻、强度高、耐腐蚀性好、施工方便，并且色彩、花纹、图案可以人为设计，甚至胜于天然石材。人造石材主要类型有：水泥型、树脂型、复合型、烧结型等。

思　考　题

1. 简述火成岩、沉积岩、变质岩的形成、主要特征和种类。
2. 石材的主要技术性质有哪些？
3. 砌筑石材常用哪些类型？
4. 大理石饰面板为何不宜用于室外？
5. 花岗石饰面板材主要用途有哪些？

3 建 筑 玻 璃

玻璃是构成现代建筑的主要材料之一，随着现代建筑的发展，建筑玻璃的品种日益增多，其功能日渐优异。除了过去单纯的透光、围护等最基本功能外，还具有控制光线、调节热量、节约能源、控制噪声、提高装饰艺术等功能。多功能的玻璃制品为现代建筑设计和装饰设计提供更大的选择余地。

玻璃作为一种典型的非晶态结构材料，具有一系列优异的性能：①玻璃具有极高的透光性，是理想的透明材料，并且随添加物的不同，可以具有各种不同的颜色；②玻璃质地坚硬、致密，具有较高的机械强度和气密性；③玻璃具有极高的化学稳定性，其耐腐蚀性能较金属材料要高得多；④玻璃具有很好的成型性能和加工性能，可以很容易地制作成各种特殊形状的玻璃器件；⑤一般情况下，玻璃具有电绝缘性，同时也具有较好的热稳定性和隔热性能；⑥通过改变玻璃成分和玻璃制作工艺，可以得到具有不同特殊性能的玻璃；⑦玻璃的制备原料来源广泛，价格低廉。

3.1 玻璃的基本知识

3.1.1 玻璃的原料及生产

玻璃是以石英砂（SiO_2）、纯碱（Na_2CO_3）、长石（$R_2O \cdot Al_2O_3 \cdot 6SiO_2$，式中 R_2O 指 Na_2O 或 K_2O）和石灰石（$CaCO_3$）等为主要原料，在 1500～1650℃高温下熔融、成型后冷却固化而成的非结晶体的均质材料。为了改善玻璃的某些性能和满足特种技术要求，常在玻璃生产中加入某些辅助原料如助熔剂、脱色剂、着色剂，或经特殊工艺处理，得到具有特殊性能的玻璃。

3.1.2 玻璃的组成

玻璃的组成甚为复杂，其主要成分为 SiO_2（含量为 72%左右）、Na_2O（含量 15%左右）、CaO（含量 9%左右），此外还有少量的 Al_2O_3、MgO 及其他化学成分，它们对玻璃的性质起着十分重要的作用，改变玻璃的化学成分、相对含量和制备工艺，可获得不同性能的玻璃制品，玻璃中主要化学成分的作用见表 3-1 所示。

玻璃中主要氧化物对玻璃性质的影响   表 3-1

氧化物名称	对玻璃性质的影响	
	增　加	降　低
SiO_2	化学稳定性、耐热性、机械强度	密度、热膨胀系数
Na_2O	热膨胀系数	化学稳定性、耐热性、熔融温度、析晶倾向、退火温度、韧性
CaO	化学稳定性、韧性、强度、硬度、析晶倾向、退火温度	耐热性

氧化物名称	对玻璃性质的影响	
	增 加	降 低
Al_2O_3	熔融温度、化学稳定性、强度	析晶倾向
MgO	化学稳定性、耐热性、强度、退火温度	韧性、析晶倾向

3.1.3 玻璃的分类

玻璃的种类很多，通常按其化学成分和功能进行分类。

1. 按化学成分分类

1) 钠玻璃

又名钠钙玻璃或普通玻璃，主要由 Na_2O、SiO_2 和 CaO 等组成。由于所含杂质较多，制品多带绿色，它的软化点较低，其力学性质、光学性质和化学稳定性均较差。多用于制造普通建筑玻璃和日用玻璃制品。

2) 钾玻璃

以 K_2O 代替钠玻璃中的 Na_2O，并提高 SiO_2 含量，又称硬玻璃。钾玻璃的光泽度、透明度、耐热性均好于钠玻璃，可用来制造高级日用器皿和化学仪器。

3) 铝镁玻璃

降低钠玻璃中碱金属和碱土金属氧化物的含量，引入 MgO，并以 Al_2O_3 代替 SiO_2 而制成的一类玻璃。它的软化点低，力学、光学性能和化学性能强于钠玻璃，常用于制造高级建筑玻璃。

4) 铅玻璃

又称铅钾玻璃或重玻璃、晶质玻璃，是由 PbO、K_2O 和少量 SiO_2 所组成。它光泽透明、力学性能、耐热性、绝缘性和化学稳定性较好，主要用于制造光学仪器和高级器皿。

5) 硼硅玻璃

也称耐热玻璃，由 B_2O_5、SiO_2 及少量 MgO 组成。它具有较好的光泽和透明度，较强的力学性能、耐热性能、绝缘性能和化学稳定性，用以制造高级化学仪器和绝缘材料。

6) 石英玻璃

石英玻璃由纯 SiO_2 制成，具有优良的力学性能、光学性能和热学性能，并能透过紫外线。可用于制造耐高温仪器及杀菌灯等特殊用途的仪器。

2. 按玻璃在建筑上功能分类

1) 平板玻璃

平板玻璃是建筑工程中应用量比较大的建筑材料之一，其中普通平板玻璃主要用于建筑物的门窗，起采光作用。

2) 建筑装饰玻璃

建筑装饰玻璃包括深加工平板玻璃，如：压花玻璃、彩釉玻璃、镀膜玻璃、磨砂玻璃、镭射玻璃等和熔铸制品，如：玻璃马赛克、玻璃砖、微晶玻璃和槽型玻璃等。

3) 安全玻璃

安全玻璃是指与普通玻璃相比，具有力学强度高、抗冲击能力好的玻璃，可有效地保障人身安全，即使损坏了，其破碎的玻璃碎片也不易伤害人体。主要品种有钢化玻璃、夹层玻璃、夹丝玻璃和贴膜玻璃等。

4）节能型玻璃

为满足对建筑玻璃节能的要求，玻璃业界研究开发了多种建筑节能玻璃。分涂层型节能玻璃，如热反射玻璃、低辐射玻璃；结构型节能玻璃，如中空玻璃、真空玻璃和多层玻璃；吸热玻璃等。

5）其他功能玻璃

主要有隔声玻璃、增透玻璃、屏蔽玻璃、电加热玻璃、液晶玻璃等。

6）玻璃质绝热、隔音材料

主要有泡沫玻璃、玻璃棉毡、玻璃纤维等。

3.1.4 玻璃的性质

1. 玻璃的密度

玻璃内部几乎无孔隙，属于致密材料。其密度与化学成分有关，含有重金属氧化物时密度较大，普通玻璃密度为 $2.45\sim2.55g/cm^3$。另外玻璃的密度随温度的升高而降低。

2. 玻璃的光学性质

光线入射玻璃时，表现有透射、反射和吸收的性质。

透射是指光线能透过玻璃的性质，以透光率表示。它是透过玻璃的光能与入射光能的比值。透光率是玻璃的重要性能，清洁的玻璃透光率达 $85\%\sim90\%$。其值随玻璃厚度增加而减小，因此厚玻璃和重叠多层的玻璃不易透光，另外玻璃的颜色及其少量杂质也会影响透光，彩色玻璃的透光率有时低至 19%，紫外线透不过大多数玻璃。

反射是指光线被玻璃阻挡，按一定角度反射出去，以反射率表示。是反射光能与入射光能的比值，这是评价热反射玻璃的一项重要指标。

吸收是指光线通过玻璃后，一部分光能被损失在玻璃中，以吸收率表示。吸收率是玻璃吸收光能与入射光能的比值。

玻璃反射、吸收和透过光线的能力与玻璃表面状态、折射率、入射光线的角度以及玻璃表面是否有膜层和膜层的成分、厚度有关。3mm 厚的普通窗玻璃在太阳光直射下，反射系数为 7%，吸收系数为 8%，透过系数为 85%。

3. 玻璃的热工性质

玻璃的热工性质主要包括热容量、导热性和热稳定性。

玻璃的比热容随温度而变化，在 $15\sim100℃$ 范围内，一般在 $0.33\sim1.05J/(g\cdot K)$ 之间，在低于玻璃软化温度和高于流动温度的范围内，玻璃比热容几乎不变，但在软化温度与流动温度之间，其值随温度的升高而增加。玻璃比热容与玻璃的化学组成有关，如含 PbO 高时，其值降低。

玻璃的导热性很小，在常温中，导热系数仅为铜的 1/400，但随温度的升高导热系数增大。此外，玻璃的导热系数还受玻璃的化学组成、颜色及密度等影响。

玻璃在受热或冷却时，内部会产生温度应力，温度应力可以使玻璃破碎。玻璃经受剧烈的温度变化而不破坏的性能称为玻璃的热稳定性。热膨胀系数反映玻璃的热稳定性，玻璃的热膨胀系数越小，其热稳定性就越好，所能承受的温度差越大。玻璃的表面出现擦痕或裂纹以及各种缺陷都能使热稳定性变差。

4. 玻璃的化学性质

玻璃具有较高的化学稳定性。化学稳定性是指玻璃抵抗水、酸、碱、盐类、气体及各种有害气体和液体的侵蚀能力。玻璃的化学稳定性决定于玻璃的组成、热处理及侵蚀介质的性质，此外，侵蚀的温度、压力等环境因素也有很大影响。在一般情况下，硅酸盐玻璃对多数酸（氢氟酸和磷酸例外）、碱、盐及化学试剂和气体均有良好的抗侵蚀能力，但长期受到侵蚀性介质的腐蚀，化学稳定性变差，也能导致变质和破坏。

玻璃组成中加入 Na_2O、K_2O、PbO 等氧化物时都会显著地降低玻璃的硬度，因而凡碱性氧化物含量高的玻璃硬度就低。玻璃的硬度在无机非金属材料中是属于比较高的，因而使其得到广泛的应用。

此外，玻璃属于脆性材料，脆性是指当负载超过玻璃极限强度时突然破坏的特性。脆性是玻璃的致命缺陷，使其使用价值受到很大的局限。脆性与玻璃组成、热处理程度等因素有关。提高玻璃强度是改善玻璃脆性的最好途径，此外在玻璃组成中适量引入离子半径小的氧化物如 Li_2O、MgO、BaO 等都可以改善其脆性。

3.2 平 板 玻 璃

平板玻璃是指未经其他加工的平板状玻璃制品，也称白片玻璃或净片玻璃。平板玻璃是建筑玻璃中生产量最大、使用最多的一种，其产量占到平板玻璃总产量的70％以上。主要用于门窗，起采光、围护、保温、隔声等作用，也是进一步加工成其他技术玻璃的原片。我国平板玻璃的深加工率在20％左右，而国外工业发达国家普遍已超过50％。深加工玻璃提高了建筑玻璃的功能效果，所以平板玻璃的深加工率反映了建筑玻璃工业的水平，提高深加工率是我国玻璃工业发展的一个重要量化指标。

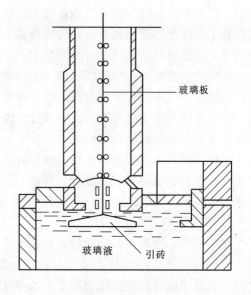

图 3-1 无槽垂直引拉法成型示意图

3.2.1 平板玻璃的生产

玻璃的生产主要由选料、混合、熔融、成型、退火等工序组成，又因制造方法的不同分为引拉法和浮法。引拉法是我国生产玻璃的传统方法，它是利用引拉机械从玻璃溶液表面垂直向上引拉玻璃带，经冷却变硬而成玻璃平板的方法。图 3-1 是一种无槽垂直引拉法成型示意图。

浮法是目前较先进的生产技术。将玻璃的各种组成原料在熔窑里熔融后，使处于熔融状态的玻璃液从熔窑内连续流出并漂浮在相对密度较大的干净锡液表面上，玻璃液在自重及表面张力的作用下在锡液表面上铺开、摊平，再由玻璃上表面受到火磨区的抛光，从而使玻璃的两个表面均很平整。最后进入退火炉经退火冷却后，引到工作台进行切割处理。

浮法生产过程如图 3-2 所示。浮法生产玻璃的最大特点是玻璃表面光滑平整、厚薄均匀、不变形。

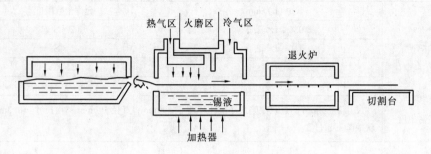

图 3-2 浮法玻璃生产示意图

3.2.2 平板玻璃的技术要求

1. 平板玻璃的规格

根据《平板玻璃》GB 11614—2009 的规定，玻璃按其厚度可分为：2mm、3mm、4mm、5mm、6mm、8mm、10mm、12mm、15mm、19mm、22mm、25mm 十二种。

平板玻璃的厚度偏差和厚薄差见表 3-2。

平板玻璃的厚度偏差和厚薄差（mm） 表 3-2

公 称 厚 度	厚 度 偏 差	厚 薄 差
2～6	±0.2	0.2
8～12	±0.3	0.3
15	±0.5	0.5
19	±0.7	0.7
22～25	±1.0	1.0

注：厚薄差指同一片玻璃厚度的最大值和最小值之差。

平板玻璃应为正方形或长方形，其长度和宽度尺寸偏差应符合表 3-3 要求。

平板玻璃尺寸偏差（mm） 表 3-3

公 称 厚 度	尺 寸 偏 差	
	尺寸≤3000	尺寸＞3000
2～6	±2	±3
8～10	+2，−3	+3，−4
12～15	±3	±4
19～25	±5	±5

2. 平板玻璃的等级及技术要求

根据《平板玻璃》GB 11614—2009 的规定，平板玻璃技术要求包括尺寸偏差、对角线差、厚度偏差、厚薄差、外观质量、弯曲度和光学性能，其中尺寸偏差、对角线差、厚度偏差、厚薄差外观质量和弯曲度要求为强制性的。平板玻璃按其外观质量分为优等品、一等品和合格品三个等级。其中合格品的外观质量要求见表 3-4，一等品和优等品的外观质量要求见表 3-5。

合格品的外观质量要求 表 3-4

缺陷种类	质 量 要 求		
点状缺陷*	尺寸(L)/mm		允许个数限度
	0.5≤L≤1.0		2×S
	1.0<L≤2.0		1×S
	2.0<L≤3.0		0.5×S
	L>3.0		0
点状缺陷密集度	尺寸≥0.5mm 的点状缺陷最小间距不小于 300mm;直径 100mm 圆内尺寸≥0.3mm 的点状缺陷不超过 3 个		
线道	不允许		
裂纹	不允许		
划伤	允许范围		允许条数限度
	宽≤0.5mm,长≤60mm		3×S
光学变形	公称厚度	无色透明平板玻璃	本体着色平板玻璃
	2mm	≥40°	≥40°
	3mm	≥45°	≥40°
	≥4mm	≥50°	≥45°
断面缺陷	公称厚度不超过 8mm 时,不超过玻璃板的厚度;8mm 以上时,不超过 8mm		

注:S 是以平方米为单位的玻璃板面积数值,按 GB/T 8170 修约,保留小数点后两位。点状缺陷的允许个数限度及划伤的允许条数限度为各系数与 S 相乘所得的数值,按 GB/T 8170 修约至整数。

* 光畸变点视为 0.5mm~1.0mm 的点状缺陷。

一等品和优等品的外观质量要求 表 3-5

缺陷种类	质 量 要 求			
	一等品		优等品	
点状缺陷	尺寸(L)/mm	允许个数限度	尺寸(L)/mm	允许个数限度
	0.3≤L≤0.5	2×S	0.3≤L≤0.5	1×S
	0.5<L≤1.0	0.5×S	0.5<L≤1.0	0.2×S
	1.0<L≤1.5	0.2×S	L>1.0	0
	L>1.5	0		
点状缺陷密集度	尺寸≥0.3mm 的点状缺陷最小间距不小于 300mm;直径 100mm 圆内尺寸≥0.2mm 的点状缺陷不超过 3 个		尺寸≥0.3mm 的点状缺陷最小间距不小于 300mm;直径 100mm 圆内尺寸≥0.1mm 的点状缺陷不超过 3 个	
线道	不允许		不允许	
裂纹	不允许		不允许	
划伤	允许范围	允许条数限度	允许范围	允许条数限度
	宽≤0.2mm,长≤40mm	2×S	宽≤0.1mm,长≤30mm	2×S
光学变形	公称厚度	无色透明玻璃 / 本体着色玻璃	公称厚度	无色透明玻璃 / 本体着色玻璃
	2mm	≥50° / ≥45°	2mm	≥50° / ≥50°
	3mm	≥55° / ≥50°	3mm	≥55° / ≥50°
	4mm~12mm	≥60° / ≥55°	4mm~12mm	≥60° / ≥55°
	≥15mm	≥55° / ≥50°	≥15mm	≥55° / ≥50°
断面缺陷	公称厚度不超过 8mm 时,不超过玻璃板的厚度;8mm 以上时,不超过 8mm。			

在玻璃的外观质量评定时，涉及不同的外观缺陷，以下对常见缺陷进行介绍：

1）波筋

波筋又称水线，是一种光学畸变现象。其形成原因有两个方面：一是玻璃厚度不匀或表面不平整；二是由于玻璃局部范围内化学成分及物质密度等存在差异。判断平板玻璃波筋是否严重的简单方法，是根据观察者视线与玻璃平面的角度大小而定。

2）气泡

气泡指玻璃中的气体夹杂物玻璃制品常以气泡的直径及单位体积内的气泡个数来划分等级。制品中气泡的形状可呈球形、椭圆形、细长形，它的形成与玻璃生产工艺有关。气泡影响玻璃的透光度、降低玻璃的机械强度。

3）线道

线道是玻璃原板上出现的很细很亮连续不断的条纹，它破坏了玻璃的整体美感。

4）点状缺陷

点状缺陷是气泡、夹杂物、斑点等缺陷的统称。

5）断面缺陷

玻璃板边部凸出或残缺等现象。

3. 平板玻璃的计量方法

平板玻璃产品以重量箱作为计量单位，50kg 为一重量箱。通常以密度为 $2.5g/cm^3$、厚度为 2mm 的平板玻璃 $10m^2$ 为一重量箱。各种不同厚度的平板玻璃换算成相当于 2mm 厚度玻璃所用系数见表 3-6。

重量箱折算系数 表 3-6

玻璃厚度/mm	2	3	4	5	6	8	10	12
折算系数	1.0	1.5	2.0	2.5	3.0	4.0	5.0	6.0

4. 平板玻璃的贮运

平板玻璃属易碎品，一般用木箱或集装箱包装。玻璃包装上应有标志或标签，标明产品名称、生产厂、注册商品、厂址、质量等级、颜色、尺寸、厚度、数量、生产日期、拉引方向和本标准号，并印有"轻搬轻放、易碎品、防水防湿"字样或标志。包装应便于装卸运输，应采取防护和防霉措施，包装数量应与包装方式相适应。运输时应防止包装剧烈晃动、碰撞、滑动和倾倒，在运输和装卸过程中应有防雨措施。贮存时应在通风、防潮、有防雨设施的地方，以免玻璃发霉。

5. 平板玻璃的应用

平板玻璃是建筑玻璃中用量最大的一类，主要利用其透光、透视特性，用作建筑物的门窗，起采光、遮挡风雨、保温和隔声等作用，也可用于橱窗及屏风等装饰，如图 3-3 所示。

3.2.3 装饰平板玻璃

1. 彩色平板玻璃

彩色平板玻璃有透明、半透明和不透明

图 3-3 平板玻璃隔断

三种。透明的彩色玻璃是在玻璃原料中加入一定量的金属氧化物（如氧化铜、氧化钛、氧化钴、氧化铁和氧化锰等）而使玻璃具有各种色彩。根据加入的金属氧化物量的多少，玻璃表面的颜色深浅也会发生变化。彩色平板玻璃的颜色有茶色、海洋蓝色、宝石蓝色、翡翠绿等，表 3-7 是彩色玻璃常用氧化物着色剂。

彩色玻璃常用氧化物着色剂　　　　　　　　　　　　表 3-7

色 彩	黑 色	深蓝色	浅蓝色	绿 色	红 色	乳白色	玫瑰色	黄 色
氧化物	过量的锰、铬或铁	钴	铜	铬或铁	硒或镉	氟化钙或氟化钠	二氧化锰	硫化镉

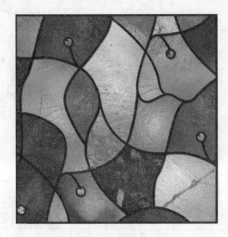

图 3-4　彩色玻璃图案

半透明彩色玻璃可通过在透明彩色玻璃的表面进行喷砂处理后制成，这种玻璃具有透光不透视的性能，且装饰性也很好。

不透明彩色玻璃又称彩釉玻璃，它是用 4～6mm 厚的平板玻璃按照要求的尺寸切割成型，然后经过清洗、喷釉、烘烤、退火而成。

彩色玻璃可以拼成各种图案，并有耐腐蚀、抗冲刷、易清洗特点，主要用于建筑物的内外墙，门窗装饰及对光线有特殊要求的部位，图 3-4 是由彩色玻璃拼成的图案。

2. 釉面玻璃

釉面玻璃是指在玻璃表面涂敷一层彩色易熔性色釉，在熔炉中加热至釉料熔融，使釉层与玻璃牢固结合，再经退火或钢化等不同热处理而制成具有美丽色彩或图案的玻璃。它可采用普通平板玻璃、磨光玻璃为基材。釉面玻璃具有良好的化学稳定性和装饰性，广泛用于室内饰面层、一般建筑物门厅和楼梯间的饰面层及建筑物外饰面层。

3. 压花玻璃

压花玻璃又称花纹玻璃或滚花玻璃，是采用压延方法制造的一种平板玻璃，制造工艺分为单辊法和双辊法。单辊法是将玻璃液浇注到压延成型台上，台面可以用铸铁或铸钢制成，台面或轧辊刻有花纹，轧辊在玻璃液面碾压，制成的压花玻璃再送入退火窑。双辊法生产压花玻璃又分为半连续压延和连续压延两种工艺，玻璃液通过一对刻有花纹的轧辊，随辊子转动向前拉引至退火窑，一般下辊表面有凹凸花纹，上辊是抛光辊，从而制成单面有图案的压花玻璃。

压花玻璃有普通压花玻璃、真空镀膜压花玻璃和彩色膜压花玻璃，图 3-5 为压花玻璃。

由于一般压花玻璃的一个或两个表面压有深浅不同的各种花纹图案，其表面凹凸不平，当光线通过玻璃时产生无规则的折射，因而压花玻璃具有透光不透视的特点，并且呈低透光度，从玻璃的一面看另一面的物体时，物像模糊不清。压花玻璃由于表面具有各种花纹，还可以制成一定的色彩，因此具有一定的艺术效果。多用于办公室、会议室以及公共场所分离室的门窗和隔断等处，使用时应将花纹朝向室内作为浴厕门窗隔断时，应注意花纹面朝外，以防浸水而透视。图3-6表现压花玻璃透光不透视效果。据《压花玻璃》JC/T 511—2002规定，压花玻璃按外观质量分为一等品、合格品。压花玻璃的尺寸允许偏差及外观质量见表3-8和表3-9。

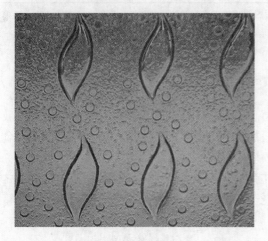

图3-5　压花玻璃

图3-6　压花玻璃透光不透视

压花玻璃尺寸允许偏差　　　　　　　　　　　　　　　　　　表3-8

厚　度 （mm）	长度和宽度 允许偏差（mm）	偏差厚度 允许偏差（mm）	弯曲度	对角线差
3	±2	±0.3	弯曲度不应 超过0.3%	对角线差应小于两对角 线平均长度的0.2%
4	±2	±0.4		
5	±2	±0.4		
6	±2	±0.5		
8	±3	±0.6		

压花玻璃的外观质量　　　　　　　　　　　　　　　　　　　表3-9

缺陷类型	说　明	一　等　品			合　格　品		
图案不清	目测可见	不　允　许					
气泡	长度范围（mm）	$2 \leq L < 5$	$5 \leq L < 10$	$L \geq 10$	$2 \leq L < 5$	$5 \leq L < 15$	$L \geq 15$
	允许个数	$6.0 \times S$	$3.0 \times S$	0	$9.0 \times S$	$4.0 \times S$	0
杂物	长度范围（mm）	$2 \leq L < 3$		$L \geq 3$	$2 \leq L < 3$		$L \geq 3$
	允许个数	$1.0 \times S$		0	$2.0 \times S$		0
线条	长宽范围（mm）	不允许			长度 $100 \leq L \leq 200$，宽度 $W < 0.5$		
	允许条数				$3.0 \times S$		
皱纹	目测可见	不允许			边长50mm以内轻微的允许存在		
压痕	长宽范围（mm）	不允许			$2 \leq L < 5$		$L \geq 5$
	允许个数				$2.0 \times S$		0
划伤	长宽范围（mm）	不允许			长度 $L \leq 60$，宽度 $W < 0.5$		
	允许条数				$3.0 \times S$		

缺陷类型	说　明	一　等　品	合　格　品
裂纹	目测可见	不　允　许	

注：1. 表中，L 表示相应缺陷的长度，W 表示其宽度，S 是以平方米为单位的玻璃板的面积，气泡、杂物、压痕和划伤的数量允许上限值是以 S 乘以相应系数所得的数值，此数值应按 GB/T 8170 修约至整数；

2. 对于 2mm 以下的气泡，在直径为 100mm 的圆内不允许超过 8 个；

3. 破坏性的杂物不允许存在。

4. 磨砂、喷砂玻璃

磨砂、喷砂玻璃又称为毛玻璃，是经研磨、喷砂加工，使表面成为均匀粗糙的平板玻璃。用硅砂、金刚砂或刚玉砂等作研磨材料，加水研磨制成的称为磨砂玻璃；以水混合金刚砂，高压喷射在玻璃表面打磨制成的称为喷砂玻璃。

这类玻璃易产生漫射，透光而不透视，作为门窗玻璃可使室内光线柔和，没有刺目之感。一般用于浴室、办公室等需要隐秘和不受干扰的房间；也可用于室内隔断和作为灯箱透光片使用。磨砂玻璃还可用作黑板。

图 3-7 为磨砂玻璃图。

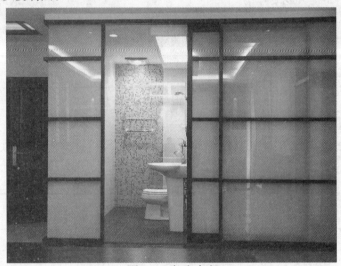

图 3-7　磨砂玻璃

5. 冰花玻璃

冰花玻璃是一种具有冰花图案的平板玻璃。是在磨砂玻璃的毛面上均匀涂布一薄层骨胶水溶液，经自然或人工干燥后，胶液因脱水收缩而龟裂，并从玻璃表面剥落而制成。冰花玻璃对通过的光线有漫射作用，犹如蒙上一层纱帘，看不清室内的景物，却有着良好的透光性能，因而具有良好的装饰效果。

冰花玻璃可用无色平板玻璃制造，也可用茶色、蓝色、绿色等彩色玻璃制造。其装饰效果优于压花玻璃，给人以清新之感，是一种新型的室内装饰玻璃。可用于宾馆、住宅等建筑物的门窗、屏风、吊顶板的装饰，还可用作灯具、工艺装饰玻璃等，图 3-8 为冰花玻璃。

6. 镜面玻璃

镜面玻璃即镜子，指玻璃表面通过化学（银镜反应）或物理（真空铝）等方法形成反射率极强的镜面反射玻璃制品。为提高装饰效果，在镀镜之前可对原片玻璃进行彩绘、磨刻、喷砂、化学蚀刻等加工，形成具有各种花纹图案或精美字画的镜面玻璃。

常用的镜面玻璃有明镜、墨镜（也称黑镜）、彩绘镜和雕刻镜等多种。在装饰工程中常利用镜子的反射和折射来增加空间感和距离感或改变光照效果。

7. 镭射玻璃

镭射玻璃亦称全息玻璃，是一种应用最新全息技术开发而成的创新装饰玻璃产品。镭射玻璃是一款夹层玻璃，应用全息膜技术，把预制成的镭射全息膜层夹在两层玻璃中间，使一般玻璃构成全息光栅或几何光栅。激光全息膜使用的原材料主要有 PVC、PET 等，品种有激光镀膜铝膜、激光烫金纸等系列，颜色有金、银、红、蓝、绿、黑等。

图 3-8　冰花玻璃

镭射玻璃在光源的照射下，会产生物理衍射的七彩光，同一感光点和面随光源入射角的变化，让人感到光谱分光的颜色变化，从而使被装饰物显得华贵、高雅，有独特的装饰效果。

8. 玻璃马赛克

生产玻璃马赛克的主要原料是玻璃生料（包括石英砂和纯碱）及废玻璃粉料，并加入适量颜料和其他辅助材料，经烧结或压延生产而成。它的规格尺寸与陶瓷马赛克相似，多为正方形和长方形，一般尺寸为 20mm×20mm～30mm×30mm，厚 4～6mm。背面有槽利于基层粘结，为便于施工，出厂前将马赛克按设计图案贴在尼龙网格布或反贴在牛皮纸上，尺寸一般 305.5mm×305.5mm 称为一联。

玻璃马赛克具有耐热、耐寒、耐酸、耐碱、耐磨、耐气性好等特点，且质地坚硬，性能稳定，颜色图案多样，故具有较强的装饰效果，是理想的外墙装饰材料之一。而且表面光洁，可天雨自涤，经久常新。图 3-9 为玻璃马赛克图。

玻璃马赛克一般色彩鲜艳、绚丽典雅，能立刻抓住观赏者的视觉焦点。用于室内时，普遍的做法是铺装卫浴房间的墙地面。其最大的优势就是精致小巧，图案多变，有无限多种组合方式，能让设计者们以一种自由轻松的姿态随心所欲地搭配。如在石材或瓷砖台面的表面，镶嵌几块，有韵律或零星散布，起到点睛的作用；居室地面用马赛克在沙发区拼成方形或圆形，看似地毯，有很好的视觉效果；再如用一条马赛克曲线贯穿几个房间，让室内有流动的感觉等等设计方法。还可在墙上拼出自己喜爱的画面，不必担心脱落。

图 3-9　玻璃马赛克

3.3 安全玻璃

随着高层建筑的发展和建筑玻璃的大型化，建筑玻璃造成人身伤害和安全事故的频率增大，在使用建筑玻璃的任何场合都有可能发生直接或间接灾害，为提高建筑玻璃的安全性，安全玻璃应运而生。安全玻璃指玻璃受到破坏时尽管碎裂，但不掉下，有的虽然破碎后掉下，但碎块无尖角，均不致伤人。安全玻璃的主要品种有钢化玻璃、夹丝玻璃、夹层玻璃等。

3.3.1 钢化玻璃

钢化玻璃又称强化玻璃，是平板玻璃的二次加工产品。是将平板玻璃经物理或化学方法强化处理后，使玻璃的强度、抗冲击性、耐温度剧烈变化等性能大幅度提高的玻璃。

1. 钢化玻璃的加工方法及原理

普通玻璃强度低的原因是，普通玻璃的表面存在许多微小的裂纹或者表面缺陷，当其受到外力作用时，由于裂纹造成应力集中，致使裂纹在较小的外力作用下即发生扩展，最终导致玻璃破坏。钢化玻璃是用物理的或化学的方法，在玻璃的表面上形成一个压应力层。当玻璃受到外力作用时，首先由表层应力抵消部分或者全部外力，从而大大提高了玻璃的强度和抗冲击性能。钢化玻璃的应力状态如图 3-10 所示。

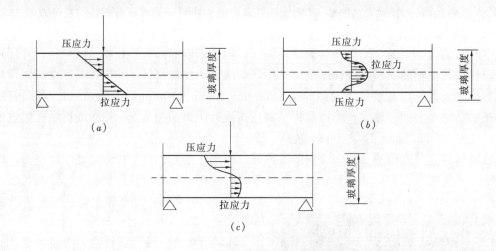

图 3-10　钢化玻璃的应力状态

(*a*) 普通玻璃受弯作用截面应力分布；(*b*) 钢化玻璃
截面预应内力分布；(*c*) 钢化玻璃受弯作用截面应力

物理钢化玻璃又称为淬火钢化玻璃。它是将普通平板玻璃在加热炉中加热到接近玻璃的软化温度（600℃）时，通过自身的形变消除内部应力，然后将玻璃移出加热炉，再用多头喷嘴将高压冷空气吹向玻璃的两面，使其迅速且均匀地冷却至室温，即可制得钢化玻璃。这种玻璃处于内部受拉，外部受压的应力状态，一旦局部发生破损，便会发生应力释放，玻璃被破碎成无数小块，这些小的碎片没有尖锐棱角，不易伤人。

化学钢化玻璃是通过改变玻璃的表面化学组成来提高玻璃的强度，一般是应用离子交换法进行钢化。其方法是将含有碱金属离子的硅酸盐玻璃，浸入到熔融状态的锂（Li^+）盐中，使玻璃表层的 Na^+ 或 K^+ 离子与 Li^+ 离子发生交换，表面形成 Li^+ 离子交换层，由于 Li^+ 的膨胀系

数小于 Na^+、K^+ 离子，从而在冷却过程中造成外层收缩较小而内层收缩较大，当冷却到常温后，玻璃便同样处于内层受拉，外层受压的状态，其效果类似于物理钢化玻璃。

2. 钢化玻璃的性能及应用

钢化玻璃强度高，其抗压强度可达 125MPa 以上，比普通玻璃大 4～5 倍；抗冲击强度是普通玻璃的 5～10 倍，用钢球法测定时，1.040kg 的钢球从 1m 高度落下，玻璃可保持完好。高强度即意味着高安全性，在受到外力撞击时，破碎的可能性降低了；钢化玻璃的另一个重要优点是当玻璃破碎时，由于受到内部张应力的作用，应力瞬时释放使整块玻璃完全破碎成细小的颗粒，这些颗粒质量轻，不含尖锐的棱角，极大地减少了玻璃碎片对人体产生伤害的可能性，如图 3-11、图 3-12 所示。

图 3-11 普通玻璃碎片　　　　　　　　　　图 3-12 钢化玻璃碎片

钢化玻璃热稳定性好，在受急冷急热时，不易发生炸裂。这是因为钢化玻璃的压应力可抵消一部分因急冷急热产生的拉应力之故。钢化玻璃耐热冲击，最大安全工作温度为 288℃，较之普通玻璃也提高了 2～3 倍。

根据《建筑用安全玻璃　第二部分：钢化玻璃》GB 15763.2—2005 的规定，钢化玻璃的技术要求包括尺寸及外观要求、安全性能要求和一般性能要求，其中安全性能要求为强制性要求。表 3-10 和表 3-11 为钢化玻璃安全性能要求及外观质量要求。

钢化玻璃的安全性能要求 GB 15763.2—2005　　　　表 3-10

项　　　目		性　能　指　标	
抗冲击性	钢球质量（g） 自由下落高度（m）	1040 1	
	冲击结果	取 6 块钢化玻璃进行试验，试样破坏数不超过 1 块为合格，多于或等于 3 块为不合格	
碎片状态	玻璃品种	公称厚度/mm	最少碎片数/片
	平面钢化玻璃	3	30
		4～12	40
		≥15	30
	曲面钢化玻璃	≥4	30
	霰弹袋冲击性能	取 4 块玻璃试样进行试验，玻璃破碎时，应符合下列 1) 或 2) 中任意一条规定。 1) 每块试样的最大 10 块碎片质量的总和不得超过相当于试样 65cm² 面积的质量，保留在框内的任何无贯穿裂纹的玻璃碎片的长度不能超过 120mm； 2) 弹袋下落高度为 1200mm 时，试样不破坏	

注：碎片状态是取 4 块玻璃进行试验，每块试样在任何 50mm×50mm 区域内的最少碎片数需满足表中要求。且允许有少量长条形碎片，其长度不超过 75mm。

钢化玻璃的外观质量 GB 15763.2—2005   表 3-11

缺陷名称	说　明	允许缺陷数
爆　边	每片玻璃每米边长上允许有长度不超过 10mm，自玻璃边部向玻璃板表面延伸深度不超过 2mm，自板面向玻璃厚度延伸深度不超过厚度 1/3 的爆边个数	1 处
划　伤	宽度在 0.1mm 以下的轻微划伤，每平方米面积内允许存在条数	长度≤100mm 时 4 条
	宽度大于 0.1mm 的划伤，每平方米面积内允许存在条数	宽度 0.1～1mm 长度≤100mm 时 4 条
夹钳印	夹钳印与玻璃边缘的距离≤20mm，边部变形量≤2mm	
裂纹、缺角	不允许存在	

由于钢化玻璃具有较好的机械性能和热稳定性，所以在建筑工程、交通工具及其他领域内得到广泛的应用。平面钢化玻璃常用作建筑物的门窗、隔墙、幕墙、橱窗及家具等，曲面玻璃常用于汽车、火车及飞机等方面。

钢化玻璃使用时不能切割、磨削，边角不能碰击挤压，需按现成的尺寸规格选用或提出具体设计图纸进行加工订制。用于大面积的玻璃幕墙的玻璃在钢化上要予以控制，选择半钢化玻璃，即其应力不能过大，以避免受风荷载引起振动而自爆。

3.3.2 夹丝玻璃

1. 夹丝玻璃的构造原理

夹丝玻璃是将预先编织好的钢丝网压入已加热软化的红热玻璃之中而制成。如遇外力破坏，由于钢丝网与玻璃连成一体，玻璃虽已破损开裂，但其碎片仍附着在钢丝网上，不致四处飞溅伤人；当遇到火灾时，由于具有破而不裂、裂而不散的特性，能有效地隔绝火焰，起到防火的作用。图 3-13、图 3-14 为夹丝玻璃。

图 3-13　夹丝玻璃

图 3-14　夹丝玻璃

2. 技术要求

夹丝玻璃的品种根据所用的玻璃基板不同分为夹丝压花玻璃和夹丝磨光玻璃等。夹丝玻璃的常用厚度有 6、7、10mm，长度和宽度的尺寸有 1000mm×800mm、1200mm×900mm、2000mm×900mm、1200mm×1000mm、2000mm×1000mm 等。

夹丝玻璃的尺寸允许偏差和外观质量要求应满足表 3-12 和表 3-13 的规定。夹丝玻璃用作防火门、窗等镶嵌材料时，其防火性能应达到防火设计规范规定的耐火极限。

夹丝玻璃尺寸允许偏差 JC 433—1991　　　　　表 3-12

项　　目		允许偏差	允许偏差范围
厚度（mm）	优　等　品	6	±0.5
		7	±0.6
		10	±0.9
	一等品、合格品	6	±0.6
		7	±0.7
		10	±1.0
弯曲度（%）	夹丝压花玻璃		1.0 以内
	夹丝磨光玻璃		0.5 以内
边部凸出、缺口的尺寸不超过（mm）			6
偏斜的尺寸不得超过（mm）			4
一片玻璃只允许有一个缺角，缺角的深度不得超过（mm）			6

夹丝玻璃的外观质量要求 JC 433—1991　　　　　表 3-13

项　目	说　　明	优等品	一等品	合格品
气　泡	直径 3～6mm 的圆泡，每平方米面积允许个数	5	数量不限，但不允许密集	
	长泡，每平方米面积内允许长度及个数	长 6～8mm 2	长 6～10mm 10	长 6～10mm 10 长 10～20mm 4
花纹变形	花纹变形程度	不允许有明显的花纹变形		不　规　定
异　物	破坏性的	不允许		
	直径 0.5～2mm 非破坏性的每平方米面积内允许的个数	3	5	10
裂　纹	—	目测不能识别		不影响使用
磨　伤	—	轻微	不影响使用	
金属丝	金属丝夹入玻璃内状态	应完全夹入玻璃内，不得露出表面		
	脱　焊	不　允　许	距边部 30mm 内不限	距边部 100mm 内不限
	断　线	不　允　许		
	接　头	不允许	目测看不见	

3. 夹丝玻璃的应用

夹丝玻璃可以作为防火材料用于防火门窗，也可以用于易受到冲击的地方或者玻璃飞溅可能导致危险的地方，如公共建筑的天窗、采光屋顶、顶棚、高层建筑等部位。由于在玻璃中嵌入了金属夹入物，破坏了玻璃的均匀性，因此在使用时应注意以下几点：

（1）钢丝网与玻璃的热学性能（热膨胀系数、热传导系数）差别较大，应尽量避免将夹丝玻璃用于两面温差较大，局部冷热交替比较频繁的部位。如冬天采暖、室外结冰，夏天日晒雨淋等场合。

（2）安装夹丝玻璃的窗框尺寸必须适宜，勿使玻璃受挤压。

（3）切割夹丝玻璃时，当玻璃已断，而丝网还互相连接时，需要反复上下弯曲多次才能掰断。此时应特别小心，防止两块玻璃互相在边缘处挤压，造成微小裂口或缺口，引起使用时的破坏。

3.3.3 夹层玻璃

1. 夹层玻璃的构造

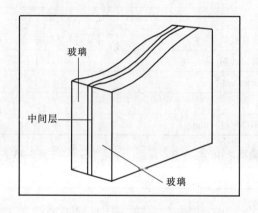

图 3-15 夹层玻璃构造

夹层玻璃是在两片或多片玻璃原片之间，用 PVB 树脂胶片，经过加热、加压粘合而成的平面或曲面的复合玻璃制品。生产夹层玻璃的原片可采用普通平板玻璃、钢化玻璃、浮法玻璃、彩色玻璃、吸热玻璃或热反射玻璃等。夹层玻璃的层数有 2、3、5、7 层，最多可达 9 层。其构造示意如图 3-15 所示。

夹层玻璃中的胶合层与夹丝玻璃中金属丝网的作用一样，都起着骨架增强的效果。夹层玻璃损坏时，其表面只会产生一些辐射状的裂纹或同心圆状的裂纹，玻璃碎片只粘在胶合层上而不会对人产生伤害，因而夹层玻璃是一种安全性能十分优异的玻璃品种。

2. 夹层玻璃的技术要求

根据《建筑用安全玻璃》GB 15763.3—2009。夹层玻璃的技术要求包括尺寸及外观要求、一般性能要求和安全性能要求。其中边长、厚度允许偏差及叠差分别见表 3-14 和表 3-15。

夹层玻璃的边长及厚度允许偏差（mm）　　表 3-14

公称尺寸（边长 L）	公称厚度≤8	公称厚度>8	
		每块玻璃公称厚度<10	至少一块玻璃公称厚度≥10
L≤1100	+2.0 −2.0	+2.5 −2.0	+3.5 −2.5
1100<L≤1500	+3.0 −2.0	+3.5 −2.0	+4.5 −3.0
1500<L≤2000	+3.0 −2.0	+3.5 −2.0	+5.0 −3.5
2000<L≤2500	+4.5 −2.5	+5.0 −3.0	+6.0 −4.0
L>2500	+5.0 −2.0	+5.5 3.5	+5.5 −4.5

44

夹层玻璃的叠差（mm）   表 3-15

长度或宽度 L	最大允许叠差
L≤1000	2.0
1000＜L≤2000	3.0
2000＜L≤4000	4.0
L＞4000	6.0

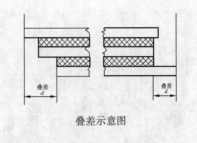

叠差示意图

夹层玻璃的一般性能要求和安全性能要求详见《建筑用安全玻璃》GB 15763.3—2009。

3. 性能和特点

1）安全性

由于 PVB 胶片和玻璃之间牢固地粘结，无论垂直安装还是倾斜安装，均能抵挡住意外撞击的穿透。一旦玻璃遭破坏，其碎片仍会与中间膜粘在一起，可避免因玻璃掉落造成人身或财产损失。

2）保安防范性

夹层玻璃对人身和财产具有保护作用。用 PVB 胶片特制成的防弹玻璃能抵挡住枪弹和暴力的攻击；金属丝夹层玻璃能有效地防止偷盗和破坏事件的发生。

3）隔声性

PVB 胶片具有对声波的阻尼功能，使夹层玻璃能有效地控制声音的传播，起到良好的隔声效果。

4）控制阳光和紫外线

PVB 具有过滤紫外线功能，特制的 PVB 膜能使夹层玻璃减弱太阳光的透射，有效地阻挡紫外线，可保护室内物品免受紫外线辐射而发生褪色。

5）装饰效果

夹层玻璃内夹置云龙纸或各种图案，能达到装饰效果。

4. 夹层玻璃的应用

由于夹层玻璃具有很高的抗冲击强度和使用安全性，一般用于高层建筑门窗、天窗和商店、银行、珠宝的橱窗及陈列柜、观赏性玻璃隔断等；曲面夹层玻璃可用于升降式观光电梯、商场宾馆的旋转门；防弹玻璃可用于银行、证券公司、保险公司等金融企业的营业厅以及金银首饰店等场所的柜台、门窗。

3.4 节能型玻璃

传统的玻璃应用在建筑物上主要是采光，随着建筑物门窗尺寸的加大，人们对门窗的保温隔热要求也相应的提高了，节能装饰型玻璃是集节能性和装饰性于一体的玻璃。节能装饰型玻璃通常具有令人赏心悦目的外观色彩，而且还具有特殊的对光和热的吸收、透射和反射能力，用于建筑物的外墙窗玻璃幕墙，可以起到显著的节能效果，现已被广泛地应用于各种高级建筑物之上。建筑上常用的节能装饰玻璃有吸热玻璃、热反射玻璃和中空玻璃等。

图 3-16　本体着色吸热玻璃

3.4.1　吸热玻璃

吸热玻璃是能吸收大量红外线辐射能、并保持较高可见光透过率的平板玻璃。生产吸热玻璃的方法有两种：一种是在透明玻璃中添加着色剂的本体着色玻璃，如添加氧化铁等，使玻璃具有较高的吸热性能，如图 3-16 所示。另一种是在平板玻璃表面喷镀一层或多层金属或金属氧化物薄膜而制成。

1. 吸热玻璃的特点

1）吸收太阳的辐射热

吸热玻璃的颜色和厚度不同，对太阳辐射热的吸收程度也不同。可根据不同地区日照条件选择使用不同颜色的吸热玻璃。如 6mm 蓝色吸热玻璃能挡住 50％左右的太阳辐射热。利用吸热玻璃这一特点，可明显降低夏季室内的温度，避免了由于使用普通玻璃而带来的暖房效应（由于太阳能过多进入室内而引起的室温上升的现象）。普通玻璃与吸热玻璃太阳能透过热值及透热率见表 3-16。

普通玻璃与吸热玻璃太阳能透过热值及透热率　　　　　　　　表 3-16

品　种	透过热值 [W/（m²·h）]	透过率 （％）	品　种	透过热值 [W/（m²·h）]	透过率 （％）
普通玻璃 （3mm 厚）	726	82.55	蓝色吸热玻璃 （3mm 厚）	551	62.7
普通玻璃 （6mm 厚）	663	75.53	蓝色吸热玻璃 （6mm 厚）	433	49.21

2）吸收可见的太阳光

吸热玻璃对可见光的吸收能力比普通玻璃要大得多。如 6mm 厚的普通玻璃能透过太阳可见光的 78％，同样厚度的古铜色镀膜玻璃仅能透过太阳可见光的 26％，因而能使刺目的阳光变得柔和，减弱入射太阳光线的强度，起到反眩作用。

3）吸收太阳的紫外线

吸热玻璃除能吸收红外线外，还可显著降低紫外线的透射，从而有效防止紫外线对室内家具、物品等的褪色、变质。

4）透明度较高

吸热玻璃具有一定的透明度，能清晰地观察室外景物。

2. 吸热玻璃的技术要求

1）质量等级

吸热玻璃按外观质量分为优等品、一等品和合格品。其尺寸允许偏差与相应的普通玻璃一致。

2）规格

吸热玻璃的厚度分为 2mm、3mm、4mm、5mm、6mm、8mm、10mm、12mm、15mm、19mm、22mm、25mm，其长度和宽度与普通玻璃的规定相同。

3）光学性质

吸热玻璃的光学性能，用可见光透射比和太阳光直接透射比来表示，两者的数字换算成为 5mm 标准厚值后，应满足表 3-17 的规定。

吸热玻璃的光学性质　　表 3-17

颜色	可见光透射比 （%），≥	太阳光直接透射比 （%），≥
茶色	42	60
灰色	30	60
蓝色	45	70

3. 吸热玻璃的用途

吸热玻璃是一种新型的建筑节能装饰材料，建筑工程中凡既需采光又需隔热之处均可使用吸热玻璃。如用作高档建筑的门窗或幕墙玻璃以及交通工具如火车、汽车等的风挡玻璃等，起隔热、防眩作用。但吸热玻璃只能节省夏天透入室内的太阳辐射热所耗费的空调费用，而在严寒地区，反而阻挡了和煦阳光进入室内。因此吸热玻璃对全年日照率较低的西南地区和尚无采暖设施的长江中下游地区是不利的。

需要注意的是：吸热玻璃使用时，需注意热炸裂问题。吸热玻璃在强烈日照下吸收大量的太阳能使自身温度升高，若有建筑物阴影或树木等局部遮蔽，会使吸热玻璃各部分温度不均，当温差过大引起的热应力超过玻璃的强度，玻璃则会炸裂。另外，吸热玻璃边部与金属框架接触散热不均匀，暴晒之后突如其来的大雨等也会引起热炸裂。

因此在大面积使用吸热玻璃时，要按规范进行防热炸裂设计，并且严格按照施工规程进行安装外，使用时避免暖风、冷风直接吹在玻璃上。

3.4.2 镀膜玻璃

镀膜玻璃是在普通平板玻璃的表面用一定的工艺将金、银、铝、铜等金属氧化物喷涂上去形成金属薄膜，或用电浮法、等离子交换法向玻璃表面渗入金属离子替换原有的离子而形成薄膜。它不但可以改善玻璃对光和热辐射的透过性能、反射性能，还可以用来解决特殊问题，如加热玻璃表面及保护特殊房间不被紫外线照射等，据此镀膜玻璃可分为阳光控制镀膜玻璃、低辐射镀膜玻璃、导电玻璃和镜面玻璃等，其中应用最为广泛的是前两种。

1. 热反射玻璃

热反射玻璃主要是指上述阳光控制镀膜玻璃，其主要功能是反射室外的太阳辐射能，有效地隔断室外热能进入室内，使室内保持相对低的温度，从而降低空调能耗，节省开支。

热反射玻璃与吸热玻璃的区分可用下式表示：

$$S=A/B \tag{3-1}$$

式中　A——玻璃整个光通量的吸收系数；

B——玻璃整个光通量的反射系数。

当 $S>1$ 时为吸热玻璃；当 $S<1$ 时为热反射玻璃。

1) 热反射玻璃的性能特点

(1) 对太阳辐射有较高的反射能力

玻璃表面的这层薄膜能有效地反射太阳光线，普通平板玻璃对辐射热的反射率不足15％；而热反射玻璃的反射率可达50％以上。因此具有良好的隔热性能，日晒时室内温度仍可保持稳定，光线柔和，节省空调费用，改变建筑物内的色调，避免眩光，改善室内环境。图3-17为3mm普通玻璃与6mm热反射玻璃性能的比较。

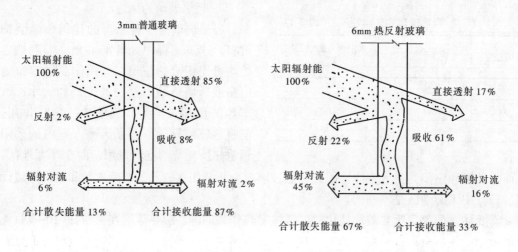

图 3-17　3mm普通玻璃与6mm热反射玻璃性能的比较

(2) 对光线具有较强的遮蔽作用

热反射玻璃有较小的阳光遮蔽系数。如果以太阳光通过3mm厚透明玻璃射入室内的光量作为1，在同样条件下得出太阳光通过各种玻璃射入室内的相对光量，叫玻璃的遮蔽系数。遮蔽系数愈小，说明通过玻璃射入室内的光能愈少，冷房效果愈好。不同玻璃的遮蔽系数见表3-18。

不同玻璃的遮蔽系数　　　　　　　　　　　　　表 3-18

玻璃名称	厚　度（mm）	遮蔽系数	玻璃名称	厚　度（mm）	遮蔽系数
普通平板玻璃	3	1	热反射玻璃	8	0.6～0.75
透明浮法玻璃	8	0.93	热反射双层玻璃	8	0.24～0.49
茶色吸热玻璃	8	0.77			

(3) 单向透像性

镀金属膜的热反射玻璃，具有单向透像的特性。镀膜热反射玻璃的表面金属层极薄，使它的迎光面具有镜子的特性，而在背面则又如窗玻璃那样透明。即在白天能在室内看到室外景物，而在室外却看不到室内的景象，对建筑物内部起到遮蔽及帷幕的作用。而在晚上的情形则相反，室内的人看不到外面，而室外却可清楚地看到室内。这对商店等的装饰很有意义。用热反射玻璃做幕墙和门窗，可使整个建筑变成一座闪闪发光的玻璃宫殿。热反射玻璃为建筑设计的创新和立面的处理、构图提供了良好的条件。

2) 热反射玻璃的应用

热反射玻璃主要用于避免由于太阳辐射而增热及设置空调的建筑。适用于各种建筑物的门窗、汽车和轮船的玻璃窗、玻璃幕墙以及各种艺术装饰。采用热反射玻璃还可制成中空玻璃或夹层玻璃窗，以提高其绝热性能。

2. 低辐射玻璃

低辐射玻璃（又称 low-E 玻璃）是在玻璃表面上镀一层或多层低辐射率薄膜以及保护膜，使其对近红外线辐射具有低反射率，对远红外辐射有较高反射率，同时保持良好透光性能的平板玻璃。

1）低辐射玻璃的主要指标

（1）辐射率

辐射率即半球辐射率，是辐射体辐射出射度与处在相同温度的普朗克辐射体的辐射出射度之比。物体的辐射率越低，其吸收热量的能力越低，其保温隔热性能越好，节能效果越显著。

（2）可见光透射率

可见光透射率是指在可见光谱范围内，透过玻璃的光强度相对于入射光强度的百分比。在保温同样低辐射性能的条件下，玻璃的可见光透过率越高，室内的采光效果越好，但是进入室内的太阳热量也会相对增多。

（3）紫外线透射比

紫外线透射比是指在紫外线范围内，透过玻璃进入室内的紫外线光强度对入射光强度的百分比。

（4）遮阳系数（Sc）

遮阳系数是指太阳辐射能量透过窗玻璃进入室内的能量与通过相同面积普通 3mm 透明玻璃的能量之比。遮阳系数越小，阻挡阳光向室内直接辐射热量的性能越好。

（5）传热系数（K）

传热系数是指在稳定传热条件下，窗户两侧空气温差为 1℃，单位时间内通过 $1m^2$ 玻璃的传热量，以 W/（m^2·K）表示。K 值越低，说明玻璃的保温隔热性能越好。

玻璃的遮阳系数和传热系数是建筑节能设计中最重要的两项指标。

（6）太阳能得热系数（$SHGC$）

太阳能得热系数是指在相同的条件下，太阳辐射能量透过窗玻璃进入室内的量与通过相同尺寸但无玻璃的开口进入室内的太阳热量的比率。遮阳系数越小，太阳热获得系数就越小。

2）低辐射玻璃的性能

（1）可见光透过率高、反射率低。低辐射玻璃可见光透过率一般在 0.8 左右，能让室内保持良好的采光效果。可见光反射率一般在 11％以下，与普通白玻璃相近，可避免造成光污染。

（2）紫外线透射率低。普通白玻璃能阻挡低于 300nm 的紫外线，但 300～380nm 的紫外线能透射进来，而低辐射玻璃可以阻挡 55％左右的紫外线透射到室内。

（3）超低辐射率。低辐射镀膜玻璃因其所镀的膜层具有极低的表面辐射率而得名。普通玻璃的表面辐射率在 0.84 左右，低辐射玻璃的表面辐射率在 0.25 以下，可以达到良好的保温隔热性能。

（4）传热系数低。传热系数 K 越低，说明玻璃的保温隔热性能越好，在使用时的节能效率越显著。低辐射玻璃的传热系数一般在 1.9 W/（m² · K）左右。

（5）可调节的太阳得热系数。太阳得热系数 SHGC 是指在太阳辐射相同的条件下，太阳辐射能量透过窗玻璃进入室内的量与通过相同尺寸但无玻璃的开口进入室内的太阳热量的比率。玻璃的 SHGC 值增大时，意味着有更多的太阳直射热量进入室内。在炎热气候条件下，应该减少太阳辐射热量对室内温度的影响，此时需要玻璃具有相对较低的太阳得热系数；在寒冷地区，应充分利用太阳辐射热量来提高室内温度，此时需要较高的太阳得热系数。低辐射玻璃通过膜层结构的控制，可以根据需要调节玻璃的太阳得热系数，从而使其使用范围更加广阔。

3) 低辐射玻璃的用途

根据不同地区的节能需求，可采用高透性 low-E 玻璃、遮阳型 low-E 玻璃和双银 low-E 玻璃。

（1）高透性 Low-E 玻璃。有较高的可见光透视率，采光自然、通透；较高的太阳能透过率，透过玻璃的热辐射多；极高的中远红外线反射率，具有较低的传热系数，优良的隔热性能，适用于寒冷的北方地区。冬季太阳热辐射透过玻璃进入室内增加室内的热能，又将室内暖气、家电及人体发出的远红外辐射热返回室内，从而有效地降低供暖费用。外观设计透明，高通透性，有效地避免了光污染。

（2）遮阳型 Low-E 玻璃。适宜的可见光透过率，对室外的视线具有一定的遮蔽性；较低的太阳能透过率，有效阻止太阳辐射热进入室内；极高的中远红外线反射率。主要适用于南方地区。

（3）双银 Low-E 玻璃。因其膜层中有双层银层面而得名，属于 Low-E 玻璃膜系结构中较复杂的一种，是高级 Low-E 玻璃。它突出了玻璃对太阳热辐射的遮蔽效果，将玻璃的高透过性与太阳热辐射的低透过性巧妙的结合起来。它的使用不受地区限制，适合不同气候特点的广大地区。

3.4.3 中空玻璃

1. 中空玻璃的定义及分类

中空玻璃是将两片以上的平板玻璃用铝制空心边框框住，用胶结或焊接密封，中间形成自由空间，并充以干燥空气，具有隔热、隔声、防霜、防结露等优良性能的玻璃。其构造如图 3-18 所示。

中空玻璃的种类按颜色分为无色、绿色、黄色、金色、蓝色、灰色、茶色等；按玻璃层数分为两层、三层和多层等；按玻璃原片的性能分为普通中空、吸热中空、钢化中空、夹层中空、热反射中空等；按隔离框厚度分 6、9、12、16、18mm 等；按使用玻璃原片的厚度可包括 3～12mm 数种。

2. 中空玻璃的特点

1) 中空玻璃的隔热性能好

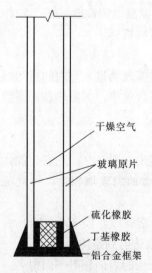

干燥空气

玻璃原片

硫化橡胶
丁基橡胶
铝合金框架

图 3-18　中空玻璃的构造图

中空玻璃内密闭的干燥空气是良好的保温隔热材料。其导热系数与常用的 3～6mm 单层透明玻璃相比大大降低。表 3-19 是中空玻璃与其他材料的导热系数的比较。

中空玻璃与其他材料的导热系数的比较 表 3-19

材料名称	导热系数 [W/（m·K）]	材料名称	导热系数 [W/（m·K）]
3mm透明平板玻璃	6.45	100mm厚混凝土墙	3.26
5mm透明平板玻璃	6.34	240mm厚一面抹灰砖墙	2.09
6mm透明平板玻璃	6.28	20mm厚木板	2.67
12mm双层透明中空玻璃	3.59	21mm三层透明中空玻璃	2.67
22mm双层透明中空玻璃	3.17	33mm三层透明中空玻璃	2.43

2）能有效地降低噪声

中空玻璃能有效地降低噪声，其效果与噪声的种类、声源的强度等因素有关，一般可使噪声下降 30～40dB，即可将噪声降到学校教室的安静程度。

3）避免冬季窗户结露

通常情况下，中空玻璃接触到室内高湿空气的时候，内层玻璃表面温度较高，而外层玻璃虽然温度低，但接触到的空气的温度也低，所以不会结露，并能保持一定的室内湿度。中空玻璃内部空气的干燥度是中空玻璃最重要的质量指标。

影响中空玻璃节能性能的主要因素有：玻璃、间隔条（框）和气体。在其他条件不变时，采用白玻璃、空气和冷边的中空玻璃，其节能效果较差；而采用低辐射玻璃、内充氩气和暖边的中空玻璃，其节能效果是最高的。

3. 中空玻璃的技术要求

中空玻璃一般为正方形或长方形，也可做成异形（如圆形或半圆形等）。根据国家标准《中空玻璃》GB 11944—2012 中的有关规定，中空玻璃的技术要求包括尺寸偏差、外观质量、露点、耐紫外线辐照性能、水气密封耐久性能、初始气体含量、气体密封耐久性能及 u 值。其中尺寸允许偏差见表 3-20，外观质量见表 3-21 所示。

中空玻璃允许偏差（mm） 表 3-20

长（宽）度 L	允许偏差	公称厚度 t	允许偏差	对角线长	允许偏差
L<1000	±2	t<17	±1.0	对角线之差	≤对角线平均长度的0.2%
1000<L≤2000	+2，−3	17≤t<22	±1.5		
L≥2000	±3	t≥22	±2.0		

注：中空玻璃的公称厚度为玻璃原片的玻璃厚度与间隔厚度之和。

中空玻璃外观质量 表 3-21

项目	要　　求
边部密封	内道密封胶应均匀连续，外道密封胶应均匀整齐，与玻璃充分粘结，且不超过玻璃边缘
玻璃	宽度≤0.2mm、长度≤30mm 的划伤允许 4 条/m²，0.2mm<宽度≤1mm，长度≤50mm 划伤允许 1 条/m²；其他缺陷应符合相应玻璃标准要求。
间隔材料	无扭曲，表面平整光洁；表面无痕、斑点及片状氧化现象
中空腔	无异物
玻璃内表面	无妨碍透视的污迹和密封胶流淌

4. 中空玻璃的应用

中空玻璃具有优良的隔热、隔声和防结露性能。在建筑的维护结构中可代替部分围护墙，并以中空玻璃单层窗取代传统的单层玻璃窗，可有效地减轻墙体重量。广泛用于各种建筑如住宅、宾馆、办公楼、学校、医院、商店及各种交通工具如火车、轮船等的隔热、隔声、防结露以及对采光的一些特殊要求等方面。

3.4.4 玻璃空心砖

玻璃空心砖是一种带有干燥空气层的空腔、周边密封的玻璃制品。空心砖有单孔和双孔两种；形状分为正方形、矩形及其他各种异型产品。它具有抗压、保温、隔热、不结霜、隔声、防水、耐磨、化学性能稳定、不燃烧和透光不透视的性能。

玻璃空心砖的种类按表面情况分为光面和花纹面两种，它的规格有 115mm×115mm×80mm、190mm×190mm×80mm、240mm×240mm×80mm 等。性能指标及外观质量要求见表 3-22 和表 3-23。

玻璃空心砖的性能指标　表 3-22

项　目		指　标
材料性能	密度（g/cm³）	2.5
	热膨胀系数（10^{-7}/℃）	86～89
	硬度（莫氏）	6
	透光度（%）（厚 4mm）	80～85
	色稳定性	阳光照射 4000h 不变色
可见透光率（%）		28～33
隔声性（透过损失）（dB）		41～50
抗压强度（MPa）	单体	7～9
	接缝	正向 263.0 纵向 142.4
防火性	单嵌板	乙种防火
	双嵌板	非承力墙 耐火 1h
	耐热性（℃）	＞45
绝热性	导热系数 W/（m·K）	2.94
	表面结露	—

玻璃空心砖的外观质量　表 3-23

缺陷名称	质量指标
明显气泡	不允许有
隐蔽气泡	允许小于 0.8mm 气泡非常密集的存在；0.8～3mm 气泡，允许有 2 个
耐火材料杂质	不允许有
砂粒	不允许有
透明结节	不允许有
划痕	正面大于 10mm 的划痕不得多于 2 条
裂纹	不允许有
缺口	一个侧面允许超过深 2mm、长 5mm 的缺口存在
剪刀痕迹	从边缘起，超过 30mm 外不允许有剪刀痕

玻璃空心砖可用于商场、宾馆、舞厅、展厅及办公楼等处的外墙、内墙、隔断、天棚等处的装饰。玻璃空心砖墙不能作为承重墙使用，不能切割。

3.5 防火玻璃

建筑防火玻璃是采用物理与化学的方法，对浮法玻璃进行处理而得到的，其防火作用是控制火势的蔓延或隔烟，能在 1000℃ 火焰冲击下保持 60～180min 不炸裂，从而有效地阻止火焰与烟雾的蔓延。

3.5.1 防火玻璃的分类

根据《建筑用安全玻璃 防火玻璃》GB 15763.1—2009 的规定，防火玻璃分为以下几类：

1. 按防火玻璃的结构

从结构上来分，防火玻璃可分为复合防火玻璃（FFB）和单片防火玻璃（DFB）。复合防火玻璃是由两层或两层以上玻璃复合而成的或由一层玻璃和有机材料复合而成，并满足相应防火等级要求的特种玻璃。单片防火玻璃是由单层玻璃构成，并满足相应耐火等级要求的特种玻璃。

2. 按防火玻璃的耐火性能

防火玻璃按耐火性能不同分为 A、C 两类。A 类隔热型防火玻璃是指同时满足耐火完整性、耐火隔热性要求的防火玻璃；C 类非隔热型防火玻璃是指满足耐火完整性要求的防火玻璃。

耐火完整性是指在标准耐火试验条件下，建筑分隔构件当其一面受火时，能在一定时间内防止火焰穿透或防止火焰在背火面出现的能力。

耐火隔热性是指在标准耐火试验条件下，建筑分隔构件当其一面受火时，能在一定时间内其背面温度不超过规定值的能力。

3.5.2 复合型防火玻璃

包括多层粘合型和灌注型防火玻璃两种。多层粘合型防火玻璃是将多层普通平板玻璃用无机胶凝材料复合在一起，在一定条件下烘干形成的。该类玻璃强度高、透明度好，遇火时无机胶凝材料发泡膨胀，起到阻火隔热的作用。缺点是无机胶凝材料本身呈碱性，不耐水，对平板玻璃有较大的腐蚀作用，另外，其生产工艺复杂，生产效率低。

灌浆型防火玻璃是在两层或多层平板玻璃之间灌入有机或无机防火浆料，然后使其固化制得。产品透明度高，防火、防水、隔声性能好，其生产工艺简单，生产效率高。

3.5.3 单片防火玻璃

单片防火玻璃分为单片夹丝玻璃、特种组分单片防火玻璃及单片高强度钢化玻璃。

1. 单片夹丝玻璃

单片夹丝玻璃是将金属丝或丝网扎制在平板玻璃中间或表层上，形成的透明夹丝玻璃。金属丝网的加入提高了防火玻璃的整体抗冲击强度，并能与电加热、安全报警系统等连接，起到多功能的作用。与未夹丝的玻璃一样，在遇火时同样会发生爆炸。但由于有金属丝连接，因此不会脱落。这类玻璃最大的缺点是隔热性能差，遇火十几分钟背火面温度即可高达 400～500℃。在无特殊情况下，仅能承受 30min 的火焰袭击。目前该类玻璃用量较少，逐渐淘汰。

2. 特种组分单片防火玻璃

特种组分防火玻璃主要指以硼硅酸盐和铝硅酸盐为主要成分的耐热玻璃和微晶玻璃。

硼硅酸盐和铝硅酸盐为主要成分的耐热玻璃软化点高，其软化点，一般均在 800℃以上，热膨胀系数小，直接放在火上加热一般都不会发生爆炸或变形。与其他类型防火玻璃相比，薄而轻，厚度一般仅为 5～7mm，火焰烧烤后仍能保持透明。缺点是制造工艺复杂，价格昂贵，加上本身并不隔热，很多重要场所不能使用，故应用受到限制。

微晶玻璃也称作玻璃陶瓷，是在玻璃原料中加入 Li_2O、Ti_2O、ZrO_2 等晶核组分，玻璃熔化成形后再进行热处理，使微晶体析出并均匀生长，制得像陶瓷一样含有多晶体的玻璃。微晶玻璃具有良好的透明度、化学稳定性和物理力学性能，强度高，耐腐蚀性好，抗折、抗压强度高，软化温度高，热膨胀系数小，在高温时放入冷水中也不会破裂。透明微晶玻璃的软化温度为900℃以上，在1000℃以下短时间不会变形，是一种较安全可靠的防火材料。

3.5.4 防火玻璃的技术要求

根据《建筑用安全玻璃 防火玻璃》GB 15763.1—2009规定，防火玻璃的性能主要考虑厚度及尺寸、外观质量、弯曲度、透光度、耐热性、耐紫外线辐射性、抗冲击性和碎片状态等技术指标。

制造防火玻璃可选用普通平板玻璃、浮法玻璃、钢化玻璃等材料作原片，复合防火玻璃也可选用单片防火玻璃作原片。原片玻璃应分别符合相应标准的规定。

1. 尺寸及厚度允许偏差

复合型防火玻璃的尺寸和厚度允许偏差应符合表3-24的规定，单片型防火玻璃的尺寸和厚度允许偏差应符合表3-25的规定。

复合型防火玻璃的尺寸和厚度允许偏差（mm）　　　　表3-24

玻璃的总厚度 d	长度或宽度（L）允许偏差		厚度允许偏差
	$L \leqslant 1200$	$1200 < L \leqslant 2400$	
$5 \leqslant d < 11$	±2	±3	±1.0
$11 \leqslant d < 17$	±3	±4	±1.0
$17 \leqslant d < 24$	±4	±5	±1.3
$24 \leqslant d < 35$	±5	±6	±1.5
$d \geqslant 35$	±5	±6	±2.0

注：当长度 L 大于2400mm时，尺寸允许偏差由供需双方商定。

单片型防火玻璃的尺寸和厚度允许偏差（mm）　　　　表3-25

玻璃厚度	长度或宽度（L）允许偏差			厚度允许偏差
	$L \leqslant 1000$	$1000 < L \leqslant 2000$	$L > 2000$	
5	+1			±0.2
6	−2			
8	+2	±3	±4	±0.3
10	−3			
12				±0.3
15	±4	±4		±0.5
19	±5	±5	±6	±0.7

2. 外观质量

复合型防火玻璃的外观质量应符合表3-26的规定，单片型防火玻璃的外观质量应符合表3-27的规定。

复合型防火玻璃的外观质量   表 3-26

缺陷名称	要 求
气泡	直径 300mm 圆内允许长 0.5mm～1.0mm 的气泡 1 个
胶合层杂质	直径 500mm 圆内允许长 2.0mm 以下的杂质 2 个
划伤	宽度≤0.1mm，长度≤50mm 的轻微划伤，每平方米面积内不超过 4 条
	0.1mm＜宽度＜0.5mm，长度≤50mm 的轻微划伤，每平方米面积内不超过 1 条
爆边	每米边长允许有长度不超过 20mm、自边部向玻璃表面延伸深度不超过厚度一半的爆边 4 个
叠差、裂纹、脱胶	脱胶、裂纹不允许存在；总叠差不应大于 3mm

注：复合防火玻璃周边 15mm 范围内的气泡、胶合层杂质不作要求。

单片型防火玻璃的外观质量   表 3-27

缺陷名称	要 求
爆边	不允许存在
划伤	宽度≤0.1mm，长度≤50mm 的轻微划伤，每平方米面积内不超过 4 条
	0.5mm＞宽度＞0.1mm，长度≤50mm 的轻微划伤，每平方米面积内不超过 1 条
结石、裂纹、缺角	不允许存在

3. 力学性能

防火玻璃的力学性能包括抗冲击性能和碎片的状态两种。

复合型防火玻璃的抗冲击性能要求在进行冲击试验后，或者玻璃没有破坏，或者玻璃破坏，但钢球不得穿透试样；单片防火玻璃的抗冲击性能要求在进行冲击试验后，玻璃不得破碎。

单片防火玻璃的碎片状态应按《建筑用安全玻璃 防火玻璃》GB 15763.1—2009 规定进行。每块样品在 50mm×50mm 区域内的碎片数应超过 40 块，横跨区域边界的碎片以半块计。

4. 防火性能

A、C 两类防火玻璃的耐火极限等级及耐火性能符合表 3-28 要求。

防火玻璃的耐火性能   表 3-28

分类名称	耐火极限等级	耐火性能要求
隔热型防火玻璃（A类）	3.00h	耐火隔热性时间≥3.00h，且耐火完整性时间≥3.00h
	2.00h	耐火隔热性时间≥2.00h，且耐火完整性时间≥2.00h
	1.50h	耐火隔热性时间≥1.50h，且耐火完整性时间≥1.50h
	1.00h	耐火隔热性时间≥1.00h，且耐火完整性时间≥1.00h
	0.50h	耐火隔热性时间≥0.50h，且耐火完整性时间≥0.50h
非隔热型防火玻璃（C类）	3.00h	耐火完整性时间≥3.00h，耐火隔热性无要求
	2.00h	耐火完整性时间≥2.00h，耐火隔热性无要求
	1.50h	耐火完整性时间≥1.50h，耐火隔热性无要求
	1.00h	耐火完整性时间≥1.00h，耐火隔热性无要求
	0.50h	耐火完整性时间≥0.50h，耐火隔热性无要求

思 考 题

1. 试述玻璃的组成、分类和主要技术性能。
2. 装饰玻璃有哪几种？各有何特点？适用于什么场合？
3. 吸热玻璃和热反射玻璃在性能和用途上有何区别？
4. 安全玻璃有哪几种？各有何特点？
5. 何谓平板玻璃的重量箱？某工程需用 5mm 厚的平板玻璃 50m²，问折合多少重量箱？
6. 什么是防火玻璃？按防火性能分为哪几类？

4 建 筑 陶 瓷

陶瓷是以黏土为主要原料，经配料、制坯、干燥和焙烧制得的制品。陶瓷的生产和应用在我国有着悠久的历史，可追溯到秦代。被誉为世界第八大奇迹的秦始皇陵兵马俑就出土了不少陶车、陶马、陶俑等。我国瓷器的发明大约有3000多年的历史，各个历史时期都有别具特色的名窑和新品种。如被称为中国"瓷都"的江西景德镇生产的青华瓷、粉彩瓷器都被视为珍品。

历史发展到今天，陶瓷除了保留传统的工艺品、日用品功能外，更大量地向建筑领域发展。现代建筑装饰中的陶瓷制品主要包括陶瓷墙地砖、卫生陶瓷、园林陶瓷、琉璃陶瓷制品等，其中以陶瓷墙地砖的用量最大。由于这类材料具有强度高、美观、耐磨、耐腐蚀、防火、耐久性好、施工方便等优点，而受到国内外生产和用户的重视，成为建筑物外墙、内墙、地面装饰材料的重要组成部分并具有广阔的发展前景。

4.1 陶瓷的基本知识

4.1.1 陶瓷的概念及分类

陶瓷系陶器与瓷器的总称。凡以陶土、河砂等为主要原料经低温烧制而成的制品称为陶器；以磨细的岩石粉等（如瓷土、长石粉、石英粉）为主要原料，经高温烧制而成的制品称为瓷器。根据陶瓷制品的结构特点，可分为陶质、瓷质和炻质三大类。

1. 陶质制品

陶质制品烧结程度低，为多孔结构，断面粗糙无光，敲击时声音暗哑，通常吸水率大，强度低。根据原料杂质含量的不同，可分为粗陶和精陶两种。粗陶一般以含杂质较多的砂黏土为主要坯料，表面不施釉。建筑上常用的黏土砖、瓦、陶管等均属此类；精陶是以可塑性黏土、高岭土、长石、石英为原料，一般经素烧和釉烧两次烧成，坯体呈白色或象牙色，吸水率9%～12%，最高达17%，建筑上所用的釉面内墙砖和卫生陶瓷等均属此类。

2. 瓷质制品

瓷质制品烧结程度高，结构致密，呈半透明状，敲击时声音清脆，几乎不吸水，色洁白，耐酸、耐碱、耐热性能均好。其表面通常施有釉层，瓷质制品按其原料化学成分与工艺制作不同，又分为粗瓷和细瓷两种。日用餐具、茶具、艺术陈设瓷及电瓷等多为瓷质制品。

3. 炻质制品

介于陶质和瓷质之间的一类制品就是炻器，也称半瓷。其结构致密略低于瓷质，一般吸水率较小，其坯体多数带有颜色且无半透明性。炻器按其坯体的密实程度不同，分为细炻器和粗炻器两种。细炻器较致密，吸水率一般小于2%，多为日用器皿、陈设用品；粗炻器的吸水率较高，通常在 $4\%\sim8\%$ 之间，建筑饰面用的外墙砖、地砖和陶瓷马赛克均属此类。

建筑装饰工程中所用的陶瓷制品，一般都为精陶至炻器范畴的产品。

4.1.2　陶瓷生产的原料

根据原料的来源不同，可以将陶瓷原料分为天然原料和化工原料两类。天然原料是指自然界中天然存在的无机矿物原料；化工原料是经化学方法处理而得到的化工原料，主要用作釉料的配制和高性能陶瓷的制备。使用天然矿物类原料制作的陶瓷较多，又可分为可塑性原料、瘠性原料、助熔剂和有机原料。

1. 可塑性原料——黏土

1）黏土的组成及分类

黏土是由天然岩石经过长期风化、沉积而成，是多种矿物的混合体。常见的黏土矿物有高岭土、蒙脱石、水云母等。此外还有石英、长石、金红石等多种杂质，杂质的种类和数量对黏土的可塑性、焙烧程度及制品的性质影响很大。

按黏土的耐火度、杂质含量及用途可分为高岭土、砂黏土、陶黏土和耐火黏土四种。

2）黏土的特性

（1）黏土的可塑性

黏土加适量水调和，可被塑制成各种形状和尺寸的坯体，外力作用撤销后，坯体可保持所塑制的形状而不产生破裂或裂纹的性质称为黏土的可塑性。黏土可塑性的高低取决于其组成的矿物成分及含量、颗粒形状、细度与级配、拌和用水量的多少。当黏土中矿物含量多、石英砂含量少、黏土颗粒细且级配好、黏土吸附水均匀时，则可塑性越好。

（2）收缩性

塑制成型的黏土坯，在干燥和焙烧过程中，均会产生体积收缩，前者称干缩，后者称烧缩。其中干缩比烧缩大得多。黏土的干缩是由于干燥过程中黏土所含自由水蒸发，黏土的颗粒间距缩小，导致坯体体积缩小，干缩值通常为 $3\%\sim12\%$；黏土的烧缩是因为焙烧过程中的结晶水、化合水被排除，以及其中易熔物质熔化并填充于未熔颗粒空隙间，使黏土体积进一步缩小所致。黏土的烧缩值一般为 $1\%\sim2\%$。

（3）烧结性

黏土在烧结过程中将发生一系列的物理、化学反应，产品的性能也不断发生变化。从总的过程看大致可分为以下几个阶段。

在初始加热至 $110\sim120℃$ 时，黏土中所含游离水和吸附水大量蒸发，坯体中留下许多孔隙，逐渐失去可塑性；温度升高达 $425\sim850℃$ 范围内，高岭土等各矿物结晶水脱出，并开始分解，所剩碳素被燃尽，此时黏土的孔隙率最大，成为强度较低的多孔体；再继续升温至 $900\sim1100℃$ 时，已分解的黏土矿物重新化合，形成新的结晶硅酸盐矿物，同时黏土中易熔成分开始熔化，形成液相熔融物，流入黏土难熔颗粒间隙中，并将其粘结，使坯体孔隙率随之下降，体积有所收缩且变得密实，强度也相应增大，这一过程称为烧结；温度继续升高至一定程度时，黏土开始熔融、软化。

黏土的烧结程度随焙烧温度的升高而增加，温度越高，形成的熔融物越多，制品的密实度越大，强度越高，吸水率越小。当焙烧温度高至某一值，使得黏土中未熔化颗粒的空隙基本上被熔融物填满时，即达到完全烧结。

2. 瘠性原料

瘠性原料是为防止坯体收缩及高温变形，所掺入的本身无可塑，而在焙烧过程中不与可塑性原料起化学作用，并在坯体和制品中起到骨架作用的原料。最常用的瘠性原料是石英砂、熟料和瓷粉。

3. 助熔原料

助熔原料亦称助熔剂，在陶瓷坯体焙烧过程中可降低原料的烧结温度，增加密实度和强度，但同时可降低制品的耐火度、体积稳定性和高温抗变形能力。常用的助熔剂为长石、碳酸钙或碳酸镁等。

4. 有机原料

有机原料主要包括天然腐殖质，或由人工加入的锯末、糠皮、煤粉等，能提高物料的可塑性。在焙烧过程中，能碳化成强还原剂，使氧化铁还原成氧化亚铁，并与二氧化硅生成硅酸亚铁，起辅助助熔剂的作用，但含量过多，会使制品产生黑色熔洞。

4.1.3 陶瓷制品的表面装饰

装饰是对陶瓷制品进行艺术加工的重要手段。它能使陶瓷具有光泽和色泽，提高制品的外观效果且对制品有一定的保护作用，从而有效地把制品的实用性和艺术性有机地结合起来。

1. 施釉

釉是由石英、长石、高岭土等为主，再配以多种其他成分所研制的浆体，将其喷涂于陶瓷坯体的表面，经高温焙烧时，它能与坯体表面之间发生化学反应，在坯体表面形成一层连续玻璃质层，使陶瓷表面具有玻璃般的光泽和透明性。施釉是对陶瓷制品进行深加工的重要手段，其主要目的在于改善陶瓷制品的表面性能。通常烧结的坯体表面均粗糙无光，多孔结构的陶坯更是如此，这不仅影响美观和力学性能，而且也容易玷污和吸湿。当坯体表面施釉后，其表面变得平滑光亮，不吸水、不透气，可提高制品的机械强度和美观效果，还可掩盖坯体的不良颜色和部分缺陷。

釉的种类很多，组成也极其复杂。

釉 的 分 类 表 4-1

分类方法	种　类
按坯体种类	瓷器釉、陶瓷釉、炻器釉
按化学组成	长石釉、石灰釉、滑石釉、混合釉、铅釉、硼釉、铅硼釉、食盐釉
按烧成温度	易熔融（1100℃以下） 中温釉（1100～1250℃） 高温釉（1250℃以上）
按制备方法	生料釉、熔块釉、盐釉（挥发釉）、上釉
按外表特征	透明釉、乳浊釉、有色釉、光亮釉、无光釉、结晶釉、砂晶釉、碎纹釉、珠光釉、花釉

2. 彩绘

彩绘是指在陶瓷制品表面上绘制彩色图案、花纹等，使陶瓷制品具有更好的装饰性。

陶瓷彩绘分釉下彩绘和釉上彩绘两种。

1）釉下彩绘

釉下彩绘是在生坯（或素烧釉坯）上进行彩绘，然后喷涂上一层透明釉料，再经釉烧而成。其优点是釉下彩有釉层作保护，所以图案耐磨损，釉面清洁光亮。缺点是生成的颜色不如釉上彩那样丰富多彩，同时釉下彩多为手工绘制，生产效率低，制品价格较贵，所以应用范围受到限制。

2）釉上彩绘

釉上彩绘是在已釉烧的陶瓷釉面上，采用低温釉料进行彩绘，然后再在较低的温度下彩烧而成。由于釉上彩的彩烧温度低，多数陶瓷颜料均可使用，颜色丰富多彩，并且是在已釉烧过的较硬釉面上彩绘，所以可用各种装饰法进行图案的制作，生产效率高，成本低，价格便宜，是应用广泛的一种陶瓷装饰工艺。

3. 贵金属装饰

贵金属装饰是将金、银、铂等贵金属在陶瓷釉上装饰，是高级陶瓷制品的一种装饰方法。贵金属装饰中最常用的是饰金，方法有亮金、磨光金及腐蚀金等方法。

亮金是指用金水作着色材料，彩烧后直接获得发光金属层的装饰法。可直接用毛笔蘸着金水涂绘。金水干燥后成褐色亮膜，在彩烧后褐色被还原成发亮的金属。亮金在陶瓷装饰中应用广泛，主要用于饰金边，有时用于描画图案。

磨光金与亮金的不同之处在于，经过彩烧后金属是无光的，必须经过抛光后才能获得发亮金属。磨光金属中含金量较亮金高得多，因此经久耐用，但是金层性软，容易被刮伤。通常磨光金只用于高级细陶瓷制品。

采用腐蚀金技术是能造成发亮金面与无光金面互相衬托的艺术效果。

4.2 陶 瓷 砖

建筑陶瓷是指用于装饰建筑物墙面、地面、零星部位及用作卫生洁具的各种陶瓷制品的统称。建筑陶瓷质地均匀、构造致密，有较高的强度和硬度，耐水、耐磨、耐化学腐蚀、易清洗，可制成各种花纹和色彩的制品，具有很好的装饰性，是现代装饰工程广泛使用的一类装饰材料。

建筑陶瓷制品种类很多，常用的有陶瓷砖（包括内墙面砖、外墙面砖、铺地砖等）、陶瓷马赛克、卫生陶瓷、建筑琉璃制品等。本节重点介绍常用陶瓷砖。

4.2.1 陶瓷砖的分类

陶瓷砖是由黏土、长石和石英为主要原料制造的用于覆盖墙面和地面的板状或块状建筑陶瓷制品。

陶瓷砖种类繁多，可按不同的方式分类。

1. 按成型方法

按成型方法分为挤压砖（A）和干压砖（B）。挤压砖是将可塑性坯料以挤压方式成型生产的陶瓷砖；干压砖是将混合好的粉料经压制成型的陶瓷砖。

2. 按吸水率

按吸水率 E 分为低吸水率砖（Ⅰ类）、中吸水率砖（Ⅱ类）和高吸水率砖（Ⅲ类）。

其中低吸水率砖包括瓷质砖（$E \leqslant 0.5\%$）和炻瓷砖（$0.5\% < E \leqslant 3\%$）；中吸水率砖包括细炻砖（$3\% < E \leqslant 6\%$）、炻质砖（$6\% < E \leqslant 10\%$）；高吸水率砖指陶质砖 $E > 10\%$。具体分类方法见表4-2。

按成型方法和吸水率分类表   表 4-2

按吸水率（E）分类		低吸水率（Ⅰ类）		中吸水率（Ⅱ类）		高吸水率（Ⅲ类）
		$E \leqslant 0.5\%$（瓷质砖）	$0.5\% < E \leqslant 3\%$（炻瓷砖）	$3\% < E \leqslant 6\%$（细炻砖）	$6\% < E \leqslant 10\%$（炻质砖）	$E > 10\%$（陶质砖）
按成型方法分类	挤压砖（A）	AⅠa类	AⅠb类	AⅡa类	AⅡb类	AⅢ类
		精细 / 普通	精细 / 普通	精细 / 普通	精细 / 普通	精细 / 普通
	干压砖（B）	BⅠa类	BⅠb类	BⅡa类	BⅡb类	BⅢ类[a]

a BⅢ类仅包括有釉砖。

3. 按表面有无釉

按表面有无釉分为釉面砖（GL）和无釉砖（UGL）。釉面砖是砖的表面经过烧釉处理的砖，根据原材料的不同，可以分为陶制有釉砖和瓷制有釉砖两大类。陶制有釉砖，由陶土烧制而成，吸水率较高，强度相对较低。瓷制有釉砖，由瓷土烧制而成，吸水率较低，强度相对较高。无釉砖即砖的表面没有经过烧釉处理的砖。

4. 按使用部位

按使用部位分为外墙砖、内墙砖、地砖、广场砖等。

4.2.2 陶瓷砖的技术要求

陶瓷砖目前执行《陶瓷砖》GB/T 4100—2015 标准。其技术要求包括尺寸和表面质量、物理性能、化学性能。

1. 表面质量

包括长度和宽度、厚度、边直度、直角度、表面平整度（弯曲度和翘曲度）、表面质量、背纹等。

2. 物理性能

包括吸水率、破坏强度、断裂模数、无釉砖耐磨深度、有釉砖表面耐磨性、线性热膨胀、抗热震性、有釉砖抗釉裂性、抗冻性、摩擦系数、湿膨胀、小色差、抗冲击性、抛光砖光泽度等。

3. 化学性能

包括有釉砖耐污染性、无釉砖耐污染性、耐低浓度酸和碱化学腐蚀性、耐高浓度酸和碱化学腐蚀性、耐家庭化学试剂和游泳池盐类化学腐蚀性、有釉砖铅和镉的溶出量等。

需要指出的是，上述技术要求包括了陶瓷砖的所有技术要求，在具体生产和使用过程中，室内外地砖和墙砖技术要求有所不同，如：室外墙砖和地砖有抗冻性要求，而室内墙砖和地砖则无抗冻性要求；地砖有摩擦系数和抗冲击性要求，而墙砖无此要求。各种砖技术要求详见表4-3。

不同用途陶瓷砖的技术要求

表 4-3

性　能		地砖		墙砖	
		室内	室外	室内	室外
尺寸和表面质量	长度和宽度	√	√	√	√
	厚度	√	√	√	√
	边直度	√	√	√	√
	直角度	√	√	√	√
	表面平整度（弯曲度和翘曲度）	√	√	√	√
	表面质量	√	√	√	√
	背纹				
物理性能	吸水率	√	√	√	√
	破坏强度	√	√	√	√
	断裂模数	√	√	√	√
	无釉砖耐磨深度	√	√		
	有釉砖表面耐磨性	√	√		
	线性热膨胀				
	抗热震性	√	√	√	√
	有釉砖抗釉裂性	√	√	√	√
	抗冻性		√		√
	摩擦系数				
	湿膨胀	√	√	√	√
	小色差	√	√	√	√
	抗冲击性	√	√	√	√
	抛光砖光泽度	√	√	√	√
化学性能	有釉砖耐污染性	√	√	√	√
	无釉砖耐污染性	√	√		
	耐低浓度酸和碱化学腐蚀	√	√	√	√
	耐家庭化学试剂和游泳池盐类化学腐蚀性	√	√	√	√
	有釉砖铅和镉的溶出量	√	√	√	√

4.2.3 常用陶瓷砖应用

1. 釉面内墙砖

釉面内墙砖通常指有釉陶质砖。釉面内墙砖强度高，表面光亮、防潮、易清洗、耐腐蚀、变形小、抗急冷急热，表面细腻，色彩和图案丰富，风格典雅，极富装饰性。由于釉面内墙砖是多孔陶质坯体，在长期与空气接触的过程中，特别是在潮湿的环境中使用，坯体会吸收水分产生吸湿膨胀现象，釉面会发生开裂。尤其是用于室外，经长期冻融，会出现表面分层脱落、掉皮现象。所以釉面内墙砖只能用于室内，不能用于室外，广泛用于民用住宅、宾馆、医院、实验室等要求耐污，耐腐蚀，耐清洗的场所或部位。图 4-1 为彩色釉面内墙砖。

2. 陶瓷墙地砖

陶瓷墙地砖为陶瓷外墙面砖和室内外陶瓷铺地砖的统称。由于目前陶瓷生产原料和工艺不断改进，这类砖在材质上可满足墙地两用，故统称为陶瓷墙地砖。墙地砖采用陶土质黏土为原料，经挤出或压制成型再高温焙烧而成，坯体通常带色，根据表面旋釉与否，分为彩色釉面陶瓷墙地砖、无釉陶瓷墙地砖和无釉陶瓷地砖，前两类属于炻质砖，后一类属一细炻类陶瓷砖。

彩色釉面陶瓷墙地砖广泛应用于各类建筑物的外墙、柱及地面装饰，一般用于装饰等级要求较高的工程。其面层的图案和造型多样，故具极强的装饰性和耐久性。用于不同部位的墙地砖应考虑其特殊要求，如用于铺地时应考虑墙地砖的耐磨类别；用于寒冷地区的应选用吸水率尽可能小、抗冻性能好的墙地砖。图 4-2 为彩色釉面砖用于外墙装饰。

图 4-1 彩色釉面内墙砖

图 4-2 彩色釉面砖用于外墙装饰

无釉陶瓷地砖，简称无釉砖，是专门用于铺地用的耐磨无釉面砖。由于黏土原料中含有杂质或人为地掺入着色剂，烧成后无釉地砖可呈红、绿、蓝、黄等多种颜色。无釉陶瓷地砖品种多样，基本分为无光和抛光两种。砖适用于商场、宾馆、饭店、游乐场、会议厅、展览馆的室内外地面。小规格的无釉陶瓷地砖常用于公共建筑的大厅和室外广场的地面铺贴，经不同颜色和图案的组合，形成质朴、大方、高雅的风格，同时兼有分区、引导、指向的作用。各种防滑无釉地砖也广泛用于民用住宅的室外平台、浴厕等地面装饰。

4.2.4 新型墙地砖

近年来随着建筑装饰业的不断发展，新型墙地砖装饰材料品种层出不穷，如陶瓷劈离砖、彩胎砖、瓷质玻化砖、麻面砖、陶瓷艺术砖、金属光泽釉面砖等。

1. 劈离砖

劈离砖又称"劈裂砖"是以软质黏土、页岩、耐火黏土为主要原料，再加入色料等，经称量配比、混合细碎、脱水练泥、真空挤压成型、干燥、高温烧结而成。由于成型时为双砖背联坯体，烧成后再劈离成两块砖，故名劈离砖。

劈离砖最先在德国兴起并得到发展，由于其制造工艺简单、能耗低、效率高、使用效果好，不久在欧洲各国引起重视，继而世界各地竞相仿效。我国于 20 世纪 80 年代初首先在北京和厦门等地引进了劈离砖的生产线。其主要规格有 240mm×52mm×11mm、

240mm×115mm×11mm、194mm×94mm×11mm、190mm×190mm×13mm、240mm×115mm/52mm×13mm、194mm×94mm/52mm×13mm 等。

它与彩釉砖、釉面砖等墙地砖有明显的区别。首先其配料，不是由单一种类的黏土，而是由黏土、页岩、耐火黏土组成；其次劈裂砖有较深的带倒钩的砂浆槽（又称燕尾槽），铺贴牢靠，特别在高层建筑上具有更大的安全感，劈离砖与砂浆的楔形结合如图 4-3 所示。劈离砖坯密实、抗压强度高、吸水率小、表面硬度大、耐磨防滑、性能稳定，表面施釉者光泽晶莹、富丽堂皇；无釉者靠泥料原胎发色，具有质朴、清新和柔和的情调。广泛应用于各类建筑物的外墙装饰，也可用作车站、机场、餐厅、楼堂馆所等室内地面的铺贴材料，图 4-4 为劈离砖外墙面。

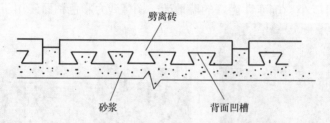

图 4-3 劈离砖与砂浆的楔形结合

2. 彩胎砖

彩胎砖是一种本色无釉瓷质饰面砖，它采用彩色颗粒土原料混合配料，压制成多彩坯后，经一次烧成呈多彩细花纹的表面，富有花岗岩的纹点，细腻柔和，质地同花岗岩一样坚硬，色彩多为浅色的红、绿、黄、蓝、灰、棕等色。

彩胎砖的表面处理有麻面无光与磨光、抛光之分。主要规格有 200、300、400、500、600mm 等正方形和部分长方形砖，最小尺寸 95mm×95mm，最大尺寸 600mm×900mm，厚度为 8～10mm。

图 4-4 劈离砖外墙面

1）麻面砖

麻面砖是压制成表面凸凹不平的麻面坯体烧制成的彩胎砖。它表面粗犷，纹理自然，砖的表面酷似人工修凿过的天然岩石面。麻面砖吸水率小于 1%，抗折强度大于 20MPa，防滑耐磨。薄型砖适用于建筑物外墙装饰，厚型砖适用于广场、停车场、码头、人行道等地面铺设，又被称为广场砖，其形状有多种，如三角形、梯形、带圆弧形等，可拼贴成各种色彩与形状的地面图案，以增加地坪的艺术感。

2）同质砖

同质砖为磨光的彩胎砖，其表面晶莹泽润，高雅朴素，耐久性强，在室外使用时不风化、不褪色。表面经抛光或高温瓷化处理的彩胎砖又称抛光砖或玻化砖，它光泽如镜，亮美华丽。除用于建筑外立面仿花岗岩的装饰效果，也常被用于宾馆、商场、办公楼等各类高档场所的室内墙面和地面的装修。

3. 渗花砖

渗花砖不同于在坯体表面施釉的墙地砖，它是采用焙烧时可渗入到坯体表面下 1～3mm 的着色颜料，使砖面呈现各种色彩或图案，然后经磨光或抛光表面而成。渗花砖属于烧结程度较高的瓷质制品，因而其强度高、吸水率低。特别是已渗入到坯体的色彩图案具有良好的耐磨性，用于铺地经长期磨损不脱落、不褪色。

渗花砖常用的规格有 300mm×300mm、400mm×400mm、450mm×450mm、500mm×500mm 等，厚度为 7～8mm。渗花砖适用于商业建筑、写字楼、娱乐场所等室内外地面及墙面的装饰。

4. 陶瓷艺术砖

陶瓷艺术砖主要用于建筑内外墙面的陶瓷壁画，是一种以陶瓷面砖、陶板等块材经镶拼制作成的具有较高艺术价值的大型现代装饰画。

它采用优质黏土、石英、无机矿物等为原料，经成型、干燥、高温焙烧而成。其生产方法与普通瓷砖相似。不同的是由于一幅完整的立面图案一般是由若干不同类型的单块瓷砖组成。因此必须按设计的图案要求压制成不同形状和尺寸的单块瓷砖。为取得立面凸凹变化的艺术造型，瓷砖的色彩及厚薄尺寸都可能不同，所以陶瓷艺术砖的制作工艺复杂，造价也较高。

陶瓷艺术砖适用于宾馆、会议厅、艺术展览馆、机场及车站候车室等公共场所的墙壁装饰，给来往游客以美的享受。

5. 金属陶瓷面砖

金属陶瓷面砖是在烧制好的陶瓷面砖的坯体上，用一定的工艺将超薄金属材料（如铜板、不锈钢板等）覆贴在陶瓷坯体的表面上制成。

金属陶瓷面砖具有质量轻、强度高、结构致密、抗冻、耐腐蚀、施工操作简便等特点。它的品种有镜面型和哑光型两类。镜面型砖平整光滑，在大面积铺贴时，外界和室内动静景物能反映在砖面上，具有开阔空间的作用；哑光型砖可制作成各种图案，能从不同的视角感受到色彩变化、光线闪烁的非凡气派。可用于建筑物内外墙面、地面、顶棚及大型建筑物立柱的装饰。

4.3 陶瓷马赛克

陶瓷马赛克是用于装饰与保护建筑物地面及墙面由多块小砖拼贴成联的陶瓷砖。按表面性质分为有釉和无釉两种；按砖联分为单色、花色和拼花三种；按用途可分为内外墙马赛克、铺地马赛克、广场马赛克和壁画马赛克等。

4.3.1 陶瓷马赛克的规格与拼花图案

陶瓷马赛克单块砖连长不大于 95mm，表面面积不大于 55cm²，厚度在 3～4.5mm 之间，形状有正方形、矩形、六边形、三角形、梯形、菱形等，砖联分正方形、长方形和其他形状，特殊要求可按供需双方商定。由于规格小，为了便于铺贴施工，在出厂前就预先将带有花色图案的马赛克根据设计要求反贴在铺贴衬材（板状、网状或其他类似形状的衬材），形成一联色彩丰富、图案繁多的装饰砖。陶瓷马赛克的基本形状和规格见表 4-4，几种拼花图案如表 4-5 所示。

陶瓷马赛克的基本形状和规格

表 4-4

名　　称		正　　方				长方	对　　角	
		长方	中大方	中方	小方	（长条）	大对角	小对角
规格 (mm)	a	39.0	23.6	18.5	15.2	39.0	39.0	32.1
	b	39.0	23.6	18.5	15.2	18.5	19.2	15.9
	c	—	—	—	—	—	27.9	22.8
	d	—	—	—	—	—	—	—
	厚度	5.0	5.0	5.0	5.0	5.0	5.0	5.0

名　　称		斜长条（斜角）	六角	半八角	长条对角
规格 (mm)	a	36.4	25	15	7.5
	b	11.96	—	15	15
	c	37.9	—	18	18
	d	22.7	—	40	20
	厚度	5.0	5.0	5.0	5.0

注：1. 本表只列了陶瓷马赛克的几种基本形状，其他形状均未列入；

　　2. 表列规格，主要系辽宁省海城陶瓷厂产品规格，其他生产单位的产品规格，大致相同，但具体尺寸略有出入。

　　单块马赛克的形状有正方形、矩形、六边形、三角形、梯形、菱形等，边长一般在 20～30mm 之间，最大在 50mm 以内，厚度在 3～4.5mm 之间。

陶瓷马赛克的几种拼花图案   表 4-5

拼花编号	拼花说明	拼花图案
拼—1	正方形与正方形相拼	
拼—2	正方与长条相拼	
拼—3	大方、中方及长条相拼	
拼—4	中方及大对角相拼	
拼—5	小方及小对角相拼	
拼—6	中方及大对角相拼	
	小方及小对角相拼	
拼—7	斜长条与斜长条相拼	
拼—8	斜长条与斜长条相拼	
拼—9	长条对角与小方相拼	
拼—10	正方与五角相拼	
拼—11	半八角与正方相拼	
拼—12	各种六角相拼	
拼—13	大方、中方、长条相拼	
拼—14	小对角、中大方相拼	
拼—15	长条相拼	

注：陶瓷马赛克拼花产品一般出厂前均已按各种图案反粘在牛皮纸上，每张大小约 30cm 见方，称作一联，其面积为 0.093m²。每 40 联为 1 箱，每箱约 3.7m²。

4.3.2　陶瓷马赛克的主要技术要求

陶瓷马赛克按表面性质分为有釉、无釉两种；按砖联分为单色、混色和拼花三种。单块砖边长不大于 95mm，表面积不大于 55mm²；砖联分正方形、长方形、和其他形状。特殊形状可由供需双方商定。

根据《陶瓷马赛克》（JCT 456—2005）的规定，陶瓷马赛克按尺寸允许偏差和外观质量分为优等品和合格品两个等级。

1. 尺寸允许偏差

砖的尺寸允许偏差应符合表 4-6 的规定。其中线路是一联砖内行间的空隙；联长是每联砖的边长。

67

尺寸允许偏差 表 4-6

项　目	允许偏差（mm）	
	优等品	合格品
长度和宽度	±0.5	±1.0
厚度	±0.3	±0.4
线路	±0.6	±1.0
联长	±2.0	±1.5

2. 外观质量缺陷

陶瓷马赛克的外观质量缺陷规定见表 4-7。

陶瓷马赛克的外观质量缺陷允许范围 表 4-7

缺陷名称		单块马赛克最大边长（mm）								备注
		≤25				>25				
		优等品		合格品		优等品		合格品		
		正面	背面	正面	背面	正面	背面	正面	背面	
夹层、釉裂、开裂		不允许								—
斑点、粘疤、起泡、坯粉、麻面、波纹、缺釉、桔釉、棕眼、落脏、熔洞		不明显		不严重		不明显		不严重		—
缺角	斜边长（mm）	<2.0	<4.0	2.0~3.5	4.0~5.5	<2.3	<4.5	2.3~4.3	4.5~6.5	正背面缺角不允许在同一角部。正面只允许缺角 1 处
	深度（mm）	不大于砖厚的 2/3								
缺边	长度（mm）	<3.0	<6.0	3.0~5.0	6.0~8.0	<4.5	<8.0	4.4~7.0	8.0~10.0	正背面缺边不允许出现在同一侧面。同一侧面不允许有 2 处缺边；正面只允许 2 处缺边
	宽度（mm）	<1.5	<2.5	1.5~2.0	2.5~3.0	<1.5	<3.0	1.5~2.0	3.0~3.5	
	深度（mm）	<1.5	<2.5	1.5~2.0	2.5~3.0	<1.5	<2.5	1.5~2.0	2.5~3.5	
变形	翘曲（mm）	不明显				0.3		0.5		—
	大小头（mm）	0.2		0.4		0.6		1.0		

3. 物理化学性能

1）吸水率　无釉陶瓷马赛克吸水率不大于 0.2%，有釉陶瓷马赛克吸水率不大于 1.0%；

2）耐磨性　无釉陶瓷马赛克深度磨损体积不大于 175m³；用于铺地的有釉陶瓷马赛

克表面报告磨损等级和转数，详细要求执行陶瓷砖试验方法。

3）抗热震性　经五次抗热震性试验不出现炸裂或裂纹。

4）抗冻性和耐化学腐蚀性　由供需双方协商。

4.3.3 陶瓷马赛克的特点及应用

陶瓷马赛克质地坚实、色彩丰富、图案美观、色泽稳定、单块元素小巧玲珑，可拼成风格迥异的图案，以达到不俗的视觉效果。因此，陶瓷马赛克适用于喷泉、游泳池、酒吧、体育馆和公园等处的装饰。同时由于其耐磨、吸水率小、抗压强度高、易清洗、防滑性能优良等特点，也常用于家庭卫生间、浴池、阳台、餐厅、客厅的地面装修。这里特别指出是用于大型公共活动场馆的陶瓷壁画，更能显示马赛克的艺术魅力，成为较前卫的装饰艺术。图4-5是两种陶瓷马赛克拼成的艺术拼图。

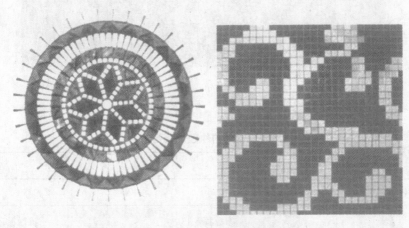

图 4-5　陶瓷马赛克艺术拼图

4.4　其他陶瓷装饰制品

4.4.1　建筑琉璃制品

琉璃制品是我国陶瓷宝库中的古老珍品。它是用优质黏土塑制成型后经干燥、素烧、施釉而制成的陶质产品。釉的颜色有黄、绿、黑、蓝、紫等色。这类制品具有造型古朴优美、色泽鲜艳、质地紧密、表面光滑、不易玷污等特点，富有浓厚的民族特色。

琉璃制品的品种很多，包括琉璃瓦、琉璃脊、琉璃兽以及各种装饰制品如花窗、花格、栏杆等，还有供陈设用的建筑工艺品如琉璃桌、凳、花盆、鱼缸、花瓶等。其中琉璃瓦是其中用量最多的一种，约占琉璃制品总产量的70%。琉璃瓦品种繁多，造型各异，是我国用于古建筑的一种高级屋面材料。采用琉璃瓦屋盖的建筑，富丽堂皇，光彩夺目，雄伟壮观，极具民族特色。琉璃瓦主要有板瓦、筒瓦、滴水、勾头等，另外还有飞禽走兽、龙纹大吻等形象，以及用作屋脊和檐头的各种装饰物。

琉璃瓦因价格昂贵，且自重大，故主要用于具有民族色彩的宫殿式房屋及少数具有纪念性建筑物上，此外还常用于园林中的楼台亭阁中。图4-6为琉璃瓦图片。

国家标准《建筑琉璃制品》规定了建筑琉璃制品的尺寸允许偏差、外观质量和物理性能。表4-8列出了琉璃制品的物理性能要求。

图 4-6 琉璃瓦

琉璃制品的物理性能要求   表 4-8

项 目	优等品	一级品	合格品
吸水率（%）	≤12		
抗冻性	冻融循环 15 次		冻融循环 10 次
	无开裂、剥落、掉角、掉棱、起鼓现象。因特殊需要，冷冻最低温度，循环次数可由供需双方商定		
弯曲破坏荷重（N）	≥1177		
耐急冷急热性	3 次循环，无开裂、剥落、掉角、掉棱、起鼓现象		
光泽度（度）	平均值≥50，根据需要也可由供需双方商定		

4.4.2 陶瓷壁画

陶瓷壁画是以陶瓷面砖、陶板、陶瓷马赛克等为原料而制作的具有较高艺术价值的现代装饰材料。它不是原画稿的简单复制，而是艺术的再创造。它巧妙地运用绘画技法和陶瓷装饰艺术于一体，经过放样、制版、刻画、配釉、施釉、烧成等一系列工序，采用浸点、涂、喷、填等多种施釉技法和丰富多彩的窑变技术而产生出神形兼备、巧夺天工的艺术效果。

现代陶瓷壁画（图 4-7）具有单块砖面积大、厚度薄、强度高、平整度好、吸水率小、抗冻、抗化学腐蚀、耐急冷急热等特点。施工方便，且同时具有绘画、书法、条幅等多种功能。既可镶嵌在大厦、宾馆、酒楼等高层建筑上，也可陈设在公共场所，如候机室、候车室、大型会议室、会客室、园林旅游区等地，给人以美的享受。

图 4-7　陶瓷壁画

思 考 题

1. 什么是建筑陶瓷？陶瓷如何分类？各类的性能特点是什么？
2. 何谓釉？有什么特点？在陶瓷装饰上起什么作用？
3. 试述釉面砖、墙地砖、陶瓷马赛克的特点及主要用途。
4. 试述新型墙地砖的种类、特点及主要用途。
5. 釉面内墙砖为什么不能用于室外？

5 气硬性胶凝材料

胶凝材料是指经过自身的物理化学作用后，能够由浆体变成固体并在变化过程中把一些散粒材料或块状材料胶结成整体的材料。

胶凝材料按其化学成分可分为无机胶凝材料和有机胶凝材料两类。无机胶凝材料是以无机矿物为主要成分，有机胶凝材料是以天然或人工合成的高分子化合物为基本组分的一类胶凝材料，如沥青、树脂等。

无机胶凝材料按照其硬化条件可分为气硬性胶凝材料和水硬性胶凝材料。气硬性胶凝材料只能在空气中硬化并保持和发展其强度，一般只适用于地上或干燥环境，不宜用于潮湿环境或水中，如石膏、石灰、水玻璃和菱苦土等；水硬性胶凝材料不仅可用于干燥环境，而且能更好地在水中保持并继续发展其强度，如各种水泥等。水硬性胶凝材料既适用于干燥环境，又适用于潮湿环境或水下工程。

5.1 建 筑 石 灰

建筑石灰是一种古老的建筑材料，它是不同化学组成和物理形态的生石灰、消石灰的统称。由于其来源广泛、生产工艺简单、成本低廉，所以至今仍被广泛应用于建筑工程中。

5.1.1 生石灰的生产及品种

生产生石灰的原料主要是以含 $CaCO_3$ 为主的天然岩石，如石灰石、白垩等。将这些原料在高温下煅烧，即得生石灰，其主要成分为氧化钙，反应方程式如下：

$$CaCO_3 \xrightarrow{900℃} CaO + CO_2 \uparrow$$

期间，原料中的次要成分碳酸镁也发生相应分解，其反应式为：

$$MgCO_3 \xrightarrow{700℃} MgO + CO_2 \uparrow$$

在煅烧过程中，由于火候控制的不均，会出现过火石灰、欠火石灰和正火石灰。正火石灰是正常温度下煅烧得到的石灰，具有多孔结构，内部孔隙率大，表观密度小，与水作用速度快；欠火石灰是由于煅烧温度过低或煅烧时间不足，石灰石分解不完全，所得石灰胶凝性差；过火石灰是由于煅烧温度过高或煅烧时间过长而产生的。过火石灰内部结构致密，CaO 晶粒粗大，表面被一层玻璃釉状物包裹，熟化十分缓慢，可能在石灰使用之后熟化，体积膨胀，致使已硬化的砂浆产生"崩裂"或"鼓泡"现象，影响工程质量。

根据成品的加工方法不同，石灰有以下四种成品：

1. 块状生石灰块

是由石灰石煅烧成的白色或灰色疏松结构的块状物，主要成分为 CaO，密度 3.10～3.40g/cm³，表观密度 800～1000kg/m³。块状生石灰放置太久，会吸收空气中的水分而自动熟化成熟石灰粉，还会再吸收空气中的二氧化碳反应生成碳酸钙，失去胶结能力。所以贮存生石灰块，不但要防止受潮，也不宜贮存过久，一般是运到现场后，立即熟化成石灰浆，将贮存期变为陈伏期。

2. 磨细生石灰粉

磨细生石灰粉是以块状生石灰为原料经破碎、磨细而成，也称建筑生石灰粉。目前，建筑工程中大量采用磨细生石灰粉来代替石灰膏或消石灰粉配制砂浆或灰土，或直接用于制造硅酸盐制品，其主要优点如下：

（1）磨细生石灰粉具有很高的细度，表面积极大，水化反应速度可大大提高，所以可不经"陈伏"而直接使用，提高了工效。

（2）过火石灰由于磨细加快了熟化，欠火石灰也因磨细混合均匀，提高了石灰的质量和利用率。

（3）石灰的熟化过程与硬化过程合二为一，熟化时产生的热量能促进硬化，克服了石灰硬化慢的缺点。

3. 消石灰粉

消石灰粉是将块状生石灰淋以适量的水，经熟化所得的主要成分为 $Ca(OH)_2$ 的粉末状产品。

4. 石灰膏

石灰膏是将块状生石灰用过量水(约为生石灰体积的 3～4 倍)消化，或将消石灰粉和水拌合而成的膏状物，其主要成分为 $Ca(OH)_2$。石灰膏的表观密度为 1300～1400 kg/m^3，常用于调制石灰砌筑砂浆或抹面砂浆，也常调制混合砂浆。

5.1.2 生石灰的熟化

生石灰在使用前，一般要加水使之熟化成熟石灰粉或熟石灰膏之后再使用。

1. 熟化过程

熟化（也称淋灰）是指生石灰加水反应生成氢氧化钙，同时放出一定热量的过程，其反应式如下：

$$CaO+H_2O \rightarrow Ca(OH)_2+64.8kJ$$

生石灰的水化能力极强，同时放出大量的热，生石灰在最初 1h 放出的热量几乎是硅酸盐水泥 1d 放热量的 9 倍。熟化后体积可增大 1～2.5 倍。一般煅烧良好、氧化钙含量高、杂质少的生石灰，不但熟化速度快，放热量大，而且体积膨胀也大。

2. 熟化方法

根据熟化时加水量的不同，石灰熟化的方式分为以下两种：

一是熟化成石灰膏。在化灰池中，生石灰加大量的水熟化成石灰乳，然后经筛网流入储灰池，经沉淀去除多余的水分得到的膏状物即为石灰膏。为消除过火石灰对工程的危害，在熟化过程中先将较大尺寸的过火石灰（同时包括大块尺寸的欠火石灰）用筛网剔除，之后石灰膏要在储灰池中存放两周以上，即"陈伏"，"陈伏"期间，为防止石灰与空气中的二氧化碳发生碳化反应，石灰膏表面应保持一层水分，用以隔绝空气。

二是熟化成熟石灰粉。每隔半米厚的生石灰块，淋适量的水（生石灰量的 60%～80%），分层堆放和淋水，以能充分熟化而又不过湿成团为度，经熟化得到的粉状物称为熟石灰粉。熟石灰粉在使用之前，也有类似石灰膏的"陈伏"过程。

5.1.3 石灰的硬化

石灰浆在空气中逐渐干燥变硬的过程，称为石灰的硬化。硬化包括以下两个同时进行的过程：

1. 结晶过程

石灰浆体中多余水分蒸发或被砌体吸收而使石灰粒子紧密，获得一定强度，随着游离水的减少，氢氧化钙逐渐从饱和溶液中结晶析出。

2. 碳化过程

氢氧化钙吸收空气中的二氧化碳，生成碳酸钙并放出水分，反应式如下：

$$Ca(OH)_2 + nH_2O + CO_2 \rightarrow CaCO_3 + (n+1)H_2O$$

石灰浆的硬化是由结晶和碳化两个过程完成，而这两个过程都需在空气中才能进行，所以石灰是气硬性胶凝材料，只能用于干燥的环境中。

石灰浆的硬化进行得非常缓慢，而且在较长时间内处于湿润状态，不易硬化，强度、硬度不高。其主要原因是空气中 CO_2 含量稀薄，故上述碳化反应速度非常慢，而且表面石灰浆一旦被碳化，形成 $CaCO_3$ 坚硬外壳，阻碍了 CO_2 的透入，同时又使内部的水分无法蒸发，影响结晶和碳化过程的进行。所以石灰浆硬化体的结构为：表面是一层 $CaCO_3$ 外壳，内部为未碳化的 $Ca(OH)_2$，这是石灰耐水性差的原因所在。

5.1.4 石灰的技术要求

1. 生石灰的技术要求

根据《建筑生石灰》JC/T 479—2013 规定，生石灰按化学成分分为钙质生石灰和镁质生石灰。根据化学成分的含量分成各个等级，见表 5-1 所示。

建筑生石灰的分类及化学成分 JC/T 479—2013　　　　表 5-1

类别	名称	代号	CaO+MgO（%）	MgO（%）	CO₂（%）	SO₃（%）
钙质石灰	钙质石灰 90	CL90-Q CL90-QP	≥90	≤5	≤4	≤2
	钙质石灰 85	CL85-Q CL85-QP	≥85	≤5	≤7	≤2
	钙质石灰 75	CL75-Q CL75-QP	≥75	≤5	≤12	≤2
镁质石灰	镁质石灰 85	ML85-Q ML85-QP	≥85	>5	≤7	≤2
	镁质石灰 80	ML80-Q ML80-QP	≥80	>5	≤7	≤2

注：在代号后加 Q 表示生石灰块；代号后加 QP 表示生石灰粉。

建筑生石灰的物理性质如表 5-2 所示。

建筑生石灰的物理性质 JC/T 479—2013   表 5-2

代 号	产浆量 (dm³/19kg)	细 度	
		0.2mm 筛余量 (%)	90μm 筛余量 (%)
CL90-Q CL90-QP	≥26 —	— ≤2	— ≤7
CL85-Q CL85-QP	≥26 —	— ≤2	— ≤7
CL75-Q CL75-QP	≥26 —	— ≤2	— ≤7
ML85-Q ML85-QP		≤2	≤7
ML80-Q ML80-QP		≤7	≤2

注：1. 产浆量指 1kg 生石灰形成石灰膏的体积（L）数，它间接反映了石灰中有效胶凝物质的含量；
　　2. 细度要求主要是保证消石灰粉充分发挥其活性。

2. 消石灰的技术要求

根据《建筑消石灰》JC/T 481—2013 的规定，建筑消石灰按扣除游离水和结合水后（CaO＋MgO）的百分含量进行分类，其分类及化学成分见表 5-3 所示。

建筑消石灰的分类及化学成分   表 5-3

类别	名称	代号	CaO＋MgO (%)	MgO (%)	SO₃ (%)
钙质消石灰	钙质消石灰 90	HCL90	≥90	≤5	≤2
	钙质消石灰 85	HCL85	≥85		
	钙质消石灰 75	HCL75	≥75		
镁质消石灰	镁质消石灰 85	HML85	≥85	>5	≤2
	镁质消石灰 80	HML80	≥80		

建筑消石灰的物理性质见表 5-4 所示。

建筑消石灰的物理性质   表 5-4

代号	游离水 (%)	细 度		安定性
		0.2mm 筛余量 (%)	90μm 筛余量 (%)	
HCL90	≤2	≤2	≤7	合格
HCL85				
HCL75				
HML85				
HML80				

注：1. 游离水含量是指在 100～105℃时烘干至恒重后的质量损失；
　　2. 消石灰的体积安定性是将一定稠度的消石灰浆做成中间厚、边缘薄的一定直径的试饼，然后在 100～105℃时烘干 4h，若无溃散、裂纹、鼓包等现象则为体积安定性。

5.1.5 石灰的特性和应用

1. 石灰的特性

1）良好的可塑性及保水性

生石灰熟化后形成颗粒极细（粒径为 0.001mm）呈胶体分散状态的 $Ca(OH)_2$ 粒子，颗粒表面能吸附一层较厚的水膜，降低了颗粒间的摩擦力，具有良好的可塑性，易铺摊成均匀的薄层。在水泥砂浆中加入石灰，可明显提高砂浆的可塑性，改善砂浆的保水性。

2）凝结硬化慢，强度低

从石灰的凝结硬化过程中可知，石灰的凝结硬化速度非常缓慢。生石灰熟化时的理论需水量较小，为了使石灰具有良好的可塑性，常常加入较多的水，多余的水分在硬化后蒸发，在石灰内部形成较多的孔隙，使硬化后的石灰强度不高，1：3 石灰砂浆 28d 抗压强度通常为 0.2~0.5MPa。

3）耐水性差

石灰是一种气硬性胶凝材料，不能在水中硬化，对于已硬化的石灰浆体，若长期受到水的作用，会因 $Ca(OH)_2$ 溶解而导致破坏，所以石灰耐水性差，不宜用于潮湿环境及遭受水侵蚀的部位。

4）体积收缩大

石灰浆体在硬化过程中要蒸发大量的水，使石灰内部毛细孔失水收缩，引起体积收缩。因此纯石灰浆一般不单独使用，必须掺入填充材料，如掺入砂子配成石灰砂浆，可减少收缩，而且掺入的砂能在石灰浆内形成连通的毛细孔道，使内部水分蒸发，并进一步加速碳化，以加快硬化。此外还常在石灰砂浆中加入纸筋、麻刀等纤维状材料制成石灰纸筋灰、石灰麻刀灰以减少收缩裂缝。

2. 石灰的应用

1）拌制灰土或三合土

灰土即熟石灰粉和黏土按一定比例拌合均匀，夯实而成，常用有二八灰土及三七灰土（体积比）；三合土即熟石灰粉、黏土、骨料按一定的比例混合均匀并夯实。夯实后的灰土和三合土广泛用作建筑物的基础、路面或地面的垫层，其强度比石灰和黏土都高，其原因是黏土颗粒表面的少量活性 SiO_2、Al_2O_3 与石灰发生反应生成水化硅酸钙和水化铝酸钙等不溶于水的水化矿物的缘故。

2）配制石灰砂浆和石灰乳

用水泥、石灰膏、砂配制成的混合砂浆广泛用于砌筑工程，用石灰膏与砂、纸筋、麻刀配制成的石灰砂浆、石灰纸筋灰、石灰麻刀灰广泛用作内墙、顶棚的抹面砂浆。由石灰膏稀释成石灰乳，可用作简易的粉刷涂料。

3）生产硅酸盐制品

磨细生石灰与砂或粒化高炉矿渣、炉渣、粉煤灰等硅质材料混合加水拌匀经陈化加压成型，再经常压或高压蒸汽养护，就可制得密实或多孔的硅酸盐制品，如灰砂砖、粉煤灰砖、加气混凝土砌块等。

4）生产碳化石灰板

将磨细的生石灰、纤维状填料（如玻璃纤维）或轻质骨料按比例混合搅拌成型，再通入 CO_2 进行人工碳化，可制成轻质板材，称为碳化石灰板。为提高碳化效果，减轻自重，可制成空心板。该制品表观密度小，导热系数低，主要用作非承重的隔墙板、顶棚等。

5）加固含水的软土地基

生石灰可用来加固含水的软土地基，如石灰桩，它是在桩孔内灌入生石灰块，利用生石灰吸水熟化时体积膨胀的性能产生膨胀压力，从而使地基加固。

6）利用生石灰配制无熟料水泥

用矿渣、粉煤灰、火山灰质材料与石灰共同磨细制得无熟料水泥。生石灰配制无熟料水泥是利用生石灰水化产物 $Ca(OH)_2$ 对工业废渣碱性激发作用，生成有胶凝性、耐水性的水化硅酸钙和水化铝酸钙。这一原理在利用工业废渣生产建筑材料时广泛采用。

生石灰在运输或贮存时，应避免受潮，以防止生石灰吸收空气中的水分而自行熟化，生石灰不能与易燃易爆及液体物质混存混运，以免引起爆炸和发生火灾。石灰的保管期不宜超过一个月。

5.2 建 筑 石 膏

石膏作为传统的气硬性胶凝材料，在建筑中已得到广泛的应用。其制品具有质轻、耐火、隔声、绝热等优良性能。近年来各种建筑石膏制品发展很快，是一种极有发展前途的高效节能材料。美国目前 80% 的住宅用石膏板作内墙和吊顶，在日本、欧洲，石膏板的应用也很普遍。另外，石膏作为重要的外加剂，广泛应用于水泥、水泥制品及硅酸盐制品的生产中。

5.2.1 石膏的生产与种类

生产石膏的主要原料是天然二水石膏（$CaSO_4 \cdot 2H_2O$）和一些含有 $CaSO_4 \cdot 2H_2O$ 的化工副产品及废渣（称为化工石膏）。石膏的生产，通常是将二水石膏在不同压力和温度下煅烧，再经磨细制得的。同一原料，煅烧条件不同，得到的石膏品种不同，其结构性质也不同。

1. 建筑石膏

将天然二水石膏在炒锅或沸腾炉内煅烧（温度控制在 107～170℃），二水石膏脱水成为细小晶体的 β 型半水石膏，再经磨细制成的白色粉末称为建筑石膏，其反应式如下：

$$CaSO_4 \cdot 2H_2O \xrightarrow{107\sim170℃} CaSO_4 \cdot \frac{1}{2}H_2O + 1\frac{1}{2}H_2O$$

2. 高强石膏

将二水石膏置于蒸压锅内，经 0.13MPa 的水蒸气（125℃）蒸压脱水，得到的晶粒比 β 型半水石膏粗大，称为 α 型半水石膏，将此石膏磨细得到的白色粉末称为高强石膏，其反应式如下：

$$CaSO_4 \cdot 2H_2O \xrightarrow[0.13MPa 压蒸]{125℃} CaSO_4 \cdot \frac{1}{2}H_2O + 1\frac{1}{2}H_2O$$

高强石膏由于晶体颗粒较粗，表面积小，拌制相同稠度时需水量比建筑石膏少（约为建筑石膏的一半左右），因此该石膏硬化后结构密实、强度高，7 天可达 15～40MPa。高强石膏生产成本较高。主要用于室内高级抹灰、装饰制品和石膏板等。

此外，还有粉刷石膏、地板石膏等品种，石膏品种繁多，但建筑上应用最广泛的仍为建筑石膏，本节主要介绍建筑石膏的特性及应用。

5.2.2 建筑石膏的凝结与硬化

1. 建筑石膏的水化

建筑石膏加水拌合后，与水发生化学反应（简称水化），其反应式如下：

$$CaSO_4 \cdot \frac{1}{2}H_2O + 1\frac{1}{2}H_2O \rightarrow CaSO_4 \cdot 2H_2O$$

半水石膏通过上述反应，生成二水石膏。由于二水石膏的溶解度较半水石膏的溶解度小得多，所以二水石膏不断从过饱和溶液中析出并沉淀，二水石膏的析出又促使上述反应不断进行，直到半水石膏全部转变为二水石膏为止。这一过程的进行，大约持续7~12min。

2. 建筑石膏的凝结硬化

随着浆体中自由水分的水化消耗、蒸发及被水化产物吸附，自由水不断减少，浆体逐渐变稠而失去可塑性，这一过程称为凝结。

在失去可塑性的同时，二水石膏胶体微粒逐渐变为晶体，晶体颗粒逐渐长大，且晶体颗粒间相互搭接、交错、共生（两个以上晶粒生长在一起），晶体之间摩擦力、粘结力逐渐增大，强度不断增长，直至最大值，这一过程称为硬化。石膏的凝结硬化过程实质上是一个连续进行的过程，在整个进行过程中既有物理变化又有化学变化。

石膏的凝结和硬化是一个连续的过程。凝结可分为初凝和终凝两个阶段：将浆体开始失去可塑性的状态称为浆体初凝，从加水至初凝的这段时间称为初凝时间；浆体完全失去塑性，并开始产生强度称为浆体终凝，从加水至终凝的时间称为终凝时间。

5.2.3 建筑石膏的特性

1. 凝结硬化快

建筑石膏加水拌合后，浆体几分钟后便开始失去可塑性，30min内完全失去可塑性而产生强度。这对成型带来一定的困难，因此在使用过程中，常掺入一些缓凝剂，如亚硫酸盐、酒精废液、硼砂、柠檬酸等，其中硼砂缓凝剂效果好，用量为石膏质量的0.2%~0.5%。

2. 体积微膨胀性

多数胶凝材料在硬化过程中一般都会产生收缩变形，而建筑石膏在硬化时却体积膨胀，膨胀率为0.5%~1%。这一性质使石膏可浇注出纹理细致的浮雕花饰，同时石膏制品质地洁白细腻，因而特别适合制作建筑装饰制品。

3. 硬化后孔隙率高

为了使石膏浆体具有施工要求的可塑性，建筑石膏在加水拌合时往往加入大量的水（约占建筑石膏质量的60%~80%），而建筑石膏理论需水量仅占18.6%，这些多余的自由水蒸发后留下许多孔隙。因此石膏制品具有孔隙率大、表观密度小、保温隔热性能好等优点，同时也带来强度低、吸水率大、抗渗性差等缺点。

4. 防火性好，但耐火性差

建筑石膏硬化后主要成分为$CaSO_4 \cdot 2H_2O$，其中的结晶水在常温下是稳定的，但当遇到火灾时，结晶水会吸收大量热量，石膏中结晶水蒸发后产生的水蒸气，一方面延缓石膏表面温度的升高，另一方面水蒸气幕可有效地阻止火势蔓延，起到了防火作用。但二水石膏脱水后，强度下降，因此耐火性差。

5. 环境的调节性

建筑石膏是一种无毒无味、不污染环境、对人体无害的建筑材料。由于其具有较强的吸湿性、热容量大、保温隔热性能好，故在室内小环境条件下，能在一定程度上调节环境的温、湿度，使室内环境更符合人类生理需要，有利于人体健康。

6. 耐水性、抗冻性差

建筑石膏制品的孔隙率大，且二水石膏可微溶于水，遇水后强度大大降低，其软化系数仅有 0.2～0.3，是不耐水材料。若石膏制品吸水后受冻，会因孔隙中水分结冰膨胀而破坏。因此石膏制品不宜用在潮湿寒冷的环境中。

5.2.4 建筑石膏技术要求

根据《建筑石膏》GB/T 9766—2008 规定，按 2h 抗折强度分为 3.0、2.0、1.6 三个等级，建筑石膏的物理力学性能应符合表 5-5。

建筑石膏的物理力学性能 表 5-5

等级	细度（0.2mm方孔筛筛余）/%	凝结时间/min		2h 强度/MPa	
		初凝	终凝	抗折	抗压
3.0				≥3.0	≥6.0
2.0	≤10	≥3	≤30	≥2.0	≥4.0
1.6				≥1.6	≥3.0

5.2.5 建筑石膏的应用

建筑石膏的用途广泛，主要用于室内抹灰、粉刷，生产各种石膏板及装饰制品。

1. 室内抹灰和粉刷

以建筑石膏为基料加水、砂拌合成的石膏砂浆，用于室内抹灰。建筑石膏或建筑石膏和不溶性硬石膏二者混合后再掺入外加剂、细骨料即制成了粉刷石膏。按用途可分为面层粉刷石膏（M）、底层粉刷石膏（D）和保温层粉刷石膏（W）三类。粉刷石膏是一种新型内墙抹灰材料，该抹灰表面光滑、细腻、洁白，具有防火、吸声、施工方便、粘结牢固等特点，同时石膏抹灰的墙面、顶棚还可以直接涂刷涂料及粘贴壁纸。

2. 建筑石膏制品

建筑石膏制品主要有纸面石膏板、装饰石膏板、吸声穿孔石膏板等，由于石膏制品具有良好的装饰功能，而且具有不污染、不老化、对人体健康无害等优点，近年来备受青睐。

1）纸面石膏板

纸面石膏板有普通纸面石膏板、耐水纸面石膏板、耐火纸面石膏板和纸面石膏装饰吸声板。纸面石膏板以建筑石膏为原料，掺入适量特殊功能的外加剂构成芯材，并与特制的护面纸牢固地结合在一起。

普通纸面石膏板适用于办公楼、影剧院、饭店等建筑室内吊顶、墙面隔断等处的装饰；耐水纸面石膏板主要用于厨房、卫生间等潮湿场合的装饰；耐火纸面石膏板主要用于防火等级要求高的建筑物，如影剧院、体育馆、幼儿园、展览馆等。

2）装饰石膏板

装饰石膏板是一种不带护面纸的装饰板材料，是以建筑石膏为主要原料，掺入少量短玻璃纤维增强材料和聚乙烯醇外加剂，与水一起搅拌成均匀的料浆，采用带有图案的硬质塑料模具浇筑成型，干燥而成。

装饰石膏板包括平板、孔板、浮雕板、防潮板等品种，其中平板、孔板和浮雕板是根据板面形状命名的；防潮板是根据石膏板在特殊场合的使用功能命名的。

装饰石膏板主要用于建筑物室内墙面和吊顶装饰。

3）吸声用穿孔石膏板

吸声用穿孔石膏板是以装饰石膏板或纸面石膏板为基础材料，由穿孔石膏板、背覆材料、吸声材料及板后空气层等组合而成的石膏板材。主要用于室内吊顶和墙体的吸声结构中，在潮湿环境中使用或对耐火性能有较高要求时，则应采用相应的防潮、耐水或耐火基板。

吸声穿孔石膏板除了具有一般石膏板的优点外，还能吸声降噪，明显改善建筑物的室内音质、音响效果，改善生活环境和劳动条件。

4）石膏艺术制品

石膏艺术制品是用优质建筑石膏为原料，加入纤维增强材料等外加剂，与水一起制成料浆，再经浇注入模，干燥硬化后而制得的一类产品。石膏艺术制品品种繁多，主要包括平板、浮雕板系列，浮雕饰线系列（阴型饰线及阳型饰线）、艺术顶棚、灯圈、浮雕壁画、画框等。

建筑石膏在运输、贮存过程中必须防止受潮，一般贮存 3 个月后，强度下降 30％左右，所以贮存期超过 3 个月，应重新检验，确定等级。

5.3 水 玻 璃

水玻璃俗称泡花碱，是一种可溶性硅酸盐，由碱金属氧化物和二氧化硅组成，如硅酸钠（$Na_2O \cdot nSiO_2$）、硅酸钾（$K_2O \cdot nSiO_2$）等。建筑中常用的是硅酸钠液态水玻璃，是由固体水玻璃溶解于水而得，因所含杂质不同而呈青灰色、黄绿色，水玻璃以无色透明的液体为佳。

5.3.1 水玻璃的生产

水玻璃的生产方法有湿法生产和干法生产两种。湿法生产是将石英砂和氢氧化钠水溶液在压蒸锅内（0.2～0.3MPa）用蒸汽加热溶解而制成水玻璃溶液；干法是将石英砂和碳酸钠磨细拌匀，在 1300～1400℃温度下熔融，其反应式如下：

$$Na_2CO_3 + nSiO_2 \rightarrow Na_2O \cdot nSiO_2 + CO_2 \uparrow$$

熔融的水玻璃冷却后得到固态水玻璃，然后在 0.3～0.8MPa 的蒸压釜内加热溶解成胶状玻璃溶液。

水玻璃分子式中 SiO_2 与碱金属氧化物的摩尔数比值 n，称为水玻璃的模数，一般在 1.5～3.5 之间，水玻璃的模数与其黏度、溶解度有密切的关系。n 值越大，水玻璃中胶体组分（SiO_2）越多，水玻璃黏性越大，越难溶于水。模数为 1 时，水玻璃可溶解于常温的水中；模数为 2 时，只能溶解于热水中；当模数大于 3 时，要在 4 个大气压以上的蒸汽中才能溶解。相同模数的水玻璃，其密度和黏度越大，硬化速度越快，硬化后的粘结力与强度也越高。工程中常用的水玻璃模数为 $2.6 \sim 2.8$，其密度为 $1.3 \sim 1.4 g/cm^3$。

5.3.2 水玻璃的硬化

水玻璃在空气中吸收二氧化碳，形成无定形硅酸凝胶，并逐渐干燥而硬化，其反应式如下：

$$Na_2O \cdot nSiO_2 + CO_2 + mH_2O = Na_2CO_3 + nSiO_2 \cdot mH_2O$$

由于空气中二氧化碳浓度较低，上述过程进行得非常缓慢，为了加速硬化，常加入氟硅酸钠(Na_2SiF_6)作为促硬剂，促使硅酸凝胶析出。氟硅酸钠的适宜用量为水玻璃质量的 $12\% \sim 15\%$，如果用量太少，不但硬化速度缓慢，强度降低，而且未反应的水玻璃易溶于水，因而耐水性差。但如果用量过多，又会引起凝结过速，造成施工困难。

5.3.3 水玻璃的技术性质

1. 粘结力强

水玻璃硬化后具有较高的粘结强度、抗拉强度和抗压强度。用水玻璃配制的水玻璃混凝土，抗压强度可达到 $15 \sim 40 MPa$，水玻璃胶泥的抗拉强度可达 $2.5 MPa$。此外，水玻璃硬化后析出的硅酸凝胶还可堵塞毛细孔隙，防止水分渗透。

2. 耐酸性好

硬化后的水玻璃的主要成分是硅酸凝胶，所以它能抵抗大多数无机酸和有机酸的侵蚀，尤其是在强氧化酸中仍有较高的化学稳定性，但水玻璃不耐碱性介质侵蚀。

3. 耐热性高

水玻璃硬化后形成 SiO_2 无定形硅酸凝胶，在高温下强度并不降低，甚至有所增加，因此具有良好的耐热性能。

5.3.4 水玻璃的用途

1. 涂刷材料的表面

将液体水玻璃直接涂刷在黏土砖、水泥混凝土等多孔材料表面，可提高材料抗风化能力和耐久性。其原因是水玻璃硬化后可形成硅酸凝胶，同时水玻璃也与材料中的氢氧化钙作用生成硅酸钙胶体，可填充毛细孔隙，使材料致密。需注意，硅酸钠水玻璃不能用来涂刷或浸渍石膏制品，因为硅酸钠与硫酸钙发生反应可生成硫酸钠，并在制品孔隙中结晶膨胀，导致制品破坏。

2. 加固土壤

将水玻璃溶液和氯化钙溶液通过金属管道交替灌入地下，由于两种溶液发生化学反应生成硅酸凝胶体，这些凝胶体包裹土壤颗粒并填充其孔隙，起胶结作用。另外，硅酸胶体因吸收地下水经常处于膨胀状态，阻止水分的渗透，因而不仅可以提高地基的承载力，而且可以提高其不透水性。用这种方法加固的砂土地基，抗压强度可达 $3 \sim 6 MPa$。

3. 修补砖墙裂缝

将液态水玻璃、粒化高炉矿渣粉、砂和氟硅酸钠按表 5-6 的比例配合成砂浆，压入砖墙裂缝，可起到粘结和增强的作用。掺入的矿渣粉不仅起到填充和减少砂浆收缩作用，而且还能与水玻璃反应，增加砂浆的强度。使用时先将砂和矿渣粉拌匀，然后与干料共同拌成砂浆。氟硅酸钠有毒，操作时应戴防护口罩。

水玻璃矿渣砂浆配合比（质量比）   表 5-6

矿渣粉	砂	液体水玻璃	氟硅酸钠与水玻璃的质量比（%）	说　明
1	2	1.5	8	模数 2.3、密度 1.52 的水玻璃
		1.5	15	模数 3.36、密度 1.36 的水玻璃

4. 配制防水剂

以水玻璃为基料，加入两种、三种或四种矾可配制成不同防水剂，称为二矾、三矾或四矾防水剂。水玻璃能促进水泥凝结，如在水泥中掺入约为水泥质量 0.7 倍的水玻璃，初凝时间为 2min，可直接堵漏。例如四矾防水剂是以蓝矾（硫酸铜）、明矾（钾铝矾）、红矾（重铬酸钾）和紫矾（铬矾）各 1 份，溶于 60 份沸水中，降温到 50℃，投入 400 份水玻璃溶液中，搅拌均匀而成。这类防水剂适用于堵塞漏洞、缝隙等局部抢修工程。由于凝结过速，不宜调配水泥防水砂浆，用作屋面或地面的刚性防水层。

5. 配制耐酸混凝土、耐热混凝土

以水玻璃作胶结料、氟硅酸钠为促硬剂，与耐酸粉料及耐酸粗骨料按一定比例配成耐酸混凝土。水玻璃混凝土能抵抗除氢氟酸之外的各种酸类的侵蚀，特别是对硫酸、硝酸有良好的抗腐性，且具有较高的强度。

水玻璃耐热混凝土是以水玻璃作胶结料，掺入氟硅酸钠作为促硬剂，与耐热粗、细骨料按一定比例配合而成，能承受一定的高温作用而强度不降低，用于耐热工程。

思　考　题

1. 何谓气硬性胶凝材料？何谓水硬性胶凝材料？二者有何区别？
2. 过火石灰、欠火石灰对石灰的性能有什么影响？如何消除？
3. 石灰石、生石灰、熟石灰、硬化后石灰的化学成分各是什么？
4. 简述石灰的熟化和硬化原理。石灰在建筑工程中有哪些用途？
5. 石灰是气硬性胶凝材料，为什么由它配制的石灰土和三合土可用于潮湿环境的基础？
6. 建筑石膏具有保温隔热性好和吸声性强等特点，试从石膏的凝结、硬化过程解释其原因。
7. 生石灰熟化时必须"陈伏"的目的是什么？磨细生石灰为什么可不经"陈伏"而直接使用？
8. 水玻璃的主要性质和用途有哪些？
9. 水玻璃硬化有何特点？水玻璃的模数和浓度对其性质的影响如何？

6 水　泥

水泥加水调制后，经一系列物理、化学作用，能由可塑性浆体变成坚硬的石状体，并且能将散粒状、块状材料胶结成整体。水泥浆体不仅能在空气中凝结硬化，还能更好地在水中凝结硬化，保持并继续发展其强度，故水泥属于典型的水硬性胶凝材料。

水泥是最重要的建筑材料之一，在建筑、交通、水利、电力、国防等工程中应用极广。我国的水泥工业，近几十年来无论是品种、产量、质量都有很大的突破。水泥及其制品工业的迅速发展对保证国家经济建设起着重要作用。今后我国将加速发展快硬、高强、低热、膨胀、绿色等高性能水泥和水泥外加剂以适应可持续发展的要求。

水泥的品种繁多，按其矿物组成可分为：硅酸盐水泥、铝酸盐水泥、硫铝酸盐水泥、铁铝酸盐水泥、氟铝酸盐水泥等。按其用途和特性又可分为通用水泥、专用水泥和特性水泥。其中通用水泥是指大量用于一般土木工程的水泥，按其所掺加的混合材料的种类及数量的不同，又可分为硅酸盐水泥、普通硅酸盐水泥、矿渣硅酸盐水泥、火山灰硅酸盐水泥、粉煤灰硅酸盐水泥和复合硅酸盐水泥；专用水泥是指有专门用途的水泥，如砌筑水泥、道路水泥等；特性水泥是指某种性能比较突出的水泥，如快硬水泥、抗硫酸盐水泥、低热水泥、膨胀水泥等。

水泥品种虽然很多，但从应用方面考虑，硅酸盐水泥是最基本的。因此，本章将重点对硅酸盐水泥的性质及应用作较为详细的阐述，其他水泥只作一般的介绍。

6.1　通用硅酸盐水泥

《通用硅酸盐水泥》GB 175—2007 中规定：通用硅酸盐水泥是以硅酸盐水泥熟料、适量石膏和规定的混合材料制成的水硬性胶凝材料。按混合材料的品种和掺量分为硅酸盐水泥、普通硅酸盐水泥、矿渣硅酸盐水泥、火山灰质硅酸盐水泥、粉煤灰硅酸盐水泥和复合硅酸盐水泥。各种水泥的组分和代号应符合表 6-1 的规定。

通用硅酸盐水泥的组分　　　　　　　　　　表 6-1

品　种	代　号	组　分				
		熟料＋石膏	粒化高炉矿渣	火山灰质混合材料	粉煤灰	石灰石
硅酸盐水泥	P·Ⅰ	100	—	—	—	—
	P·Ⅱ	≥95	≤5	—	—	—
		≥95	—	—	—	≤5
普通硅酸盐水泥	P·O	≥80 且<95	>5 且≤20ᵃ			
矿渣硅酸盐水泥	P·S·A	≥50 且<80	>20 且≤50ᵇ	—	—	—
	P·S·B	≥30 且<50	>50 且≤70ᵇ	—	—	—

续表

品 种	代号	组 分				
		熟料＋石膏	粒化高炉矿渣	火山灰质混合材料	粉煤灰	石灰石
火山灰质硅酸盐水泥	P·P	≥60且<80	—	>20且≤40c	—	—
粉煤灰硅酸盐水泥	P·F	≥60且<80	—	—	>20且≤40d	—
复合硅酸盐水泥	P·C	≥50且<80	>20且≤50e			

a 本组分材料的活性混合材料，允许用不超过水泥质量8％或不超过水泥质量5％的窑灰代替；

b 本组分材料为符合GB/T 203或GB/T 18046的活性混合材料，其中允许用不超过水泥质量8％的活性混合材料或非活性混合材料或窑灰中的任一种材料代替；

c 本组分材料为符合GB/T 2847的活性混合材料；

d 本组分材料为符合GB/T 1596的活性混合材料；

e 本组分材料为由两种（含）以上的活性混合材料或/和非活性混合材料组成，其中允许用不超过水泥质量8％的窑灰代替。掺矿渣时混合材料掺量不得与矿渣硅酸盐水泥重复。

6.1.1 硅酸盐水泥

凡由硅酸盐水泥熟料、0～5％石灰石或粒化高炉矿渣、适量石膏磨细制成的水硬性胶凝材料，称为硅酸盐水泥（即国外通称的波特兰水泥）。硅酸盐水泥分为两种类型，不掺加混合材料的称为Ⅰ型硅酸盐水泥，代号P·Ⅰ；在硅酸盐水泥粉磨时，掺加不超过水泥质量5％的石灰石或粒化高炉矿渣混合材料的称Ⅱ型硅酸盐水泥，代号P·Ⅱ。

1. 硅酸盐水泥的生产及矿物组成

1）硅酸盐水泥的生产

生产硅酸盐水泥的主要原料是石灰质原料和黏土质原料两类。石灰质原料主要提供CaO，可采用石灰石、石灰质凝灰岩和贝壳等；黏土质原料主要提供SiO_2、Al_2O_3及少量的Fe_2O_3，可采用黏土、黄土、页岩等。为满足成分要求还常用校正原料，如用铁矿粉、黄铁矿渣等铁质校正原料补充Fe_2O_3；用砂岩、粉砂岩等硅质校正原料补充SiO_2。

硅酸盐水泥的生产过程是将原料按一定比例配合，磨细制得生料，再将生料在水泥窑中经过高温煅烧至部分熔融，冷却后得到硅酸盐水泥熟料，再与适量石膏共同磨细，即可得到P·Ⅰ型硅酸盐水泥。水泥的生产过程简称两磨一烧，其生产工艺流程如图6-1所示。

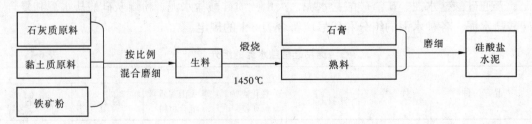

图 6-1 硅酸盐水泥生产流程示意图

2）硅酸盐水泥熟料矿物组成

硅酸盐水泥熟料矿物成分及含量如下：

硅酸三钙 $3CaO·SiO_2$，简写 C_3S，含量37％～60％；

硅酸二钙 $2CaO·SiO_2$，简写 C_2S，含量15％～37％；

铝酸三钙 $3CaO \cdot Al_2O_3$，简写 C_3A，含量 7%～15%；

铁铝酸四钙 $4CaO \cdot Al_2O_3 \cdot Fe_2O_3$，简写 C_4AF，含量 10%～18%。

在以上的矿物组成中，硅酸钙矿物（包括硅酸三钙和硅酸二钙）是主要的，故名硅酸盐水泥。除上述主要熟料矿物成分外，水泥中还有少量的游离氧化钙、游离氧化镁和碱等，其含量过高，会引起水泥体积安定性不良等现象，国家标准明确规定其总含量一般不超过水泥量的 10%。

2. 硅酸盐水泥的水化与凝结硬化

1）水泥的水化

硅酸盐水泥加水后，熟料矿物开始与水发生水化反应，生成水化产物，并放出一定的热量，其反应式如下：

$$2(3CaO \cdot SiO_2) + 6H_2O = 3CaO \cdot 2SiO_2 \cdot 3H_2O + 3Ca(OH)_2$$

硅酸三钙　　　　　　水化硅酸三钙　　氢氧化钙

$$2(2CaO \cdot SiO_2) + 4H_2O = 3CaO \cdot 2SiO_2 \cdot 3H_2O + Ca(OH)_2$$

硅酸二钙

$$3CaO \cdot Al_2O_3 + 6H_2O = 3CaO \cdot Al_2O_3 \cdot 6H_2O$$

铝酸三钙　　　　　水化铝酸三钙

$$4CaO \cdot Al_2O_3 \cdot Fe_2O_3 + 7H_2O = 3CaO \cdot Al_2O_3 \cdot 6H_2O + CaO \cdot Fe_2O_3 \cdot H_2O$$

铁铝酸四钙　　　　　　　　　　　　水化铁酸一钙

水泥熟料中不同矿物的水化反应速度、水化热、强度发展等性质都各不相同，各种水泥熟料矿物水化时的性质见表 6-2。

硅酸盐水泥熟料矿物特性　　　　　　表 6-2

矿物名称	水化反应速度	水化放热量	强度	耐腐蚀性	干缩性
硅酸三钙	快	大	高	差	中
硅酸二钙	慢	小	早期低、后期高	好	小
铝酸三钙	最快	最大	低	最差	大
铁铝酸四钙	快	中	低	中	小

在前述熟料的水化反应中，由于铝酸三钙与水反应速度非常快，会使水泥凝结过快，为了调节水泥凝结时间，在粉磨水泥时加入适量的石膏作为缓凝剂，其作用机理可解释为：石膏能与最初生成的水化铝酸三钙反应生成难溶的水化硫铝酸钙晶体（俗称钙矾石）覆盖在熟料颗粒表面，阻止水分子及离子的扩散，从而延缓熟料颗粒特别是铝酸三钙的快速水化反应。其反应式如下：

$$3CaO \cdot Al_2O_3 \cdot 6H_2O + 3(CaSO_4 \cdot 2H_2O) + 19H_2O \rightarrow 3CaO \cdot Al_2O_3 \cdot 3CaSO_4 \cdot 31H_2O$$

综上所述，硅酸盐水泥熟料矿物与水反应后，生成的水化产物主要有：水化硅酸钙、水化铁酸钙胶体、氢氧化钙、水化铝酸钙和水化硫铝酸钙晶体。

2）硅酸盐水泥的凝结与硬化

水泥加水拌合后，成为可塑性浆体，随着水化反应的进行，水泥浆体逐渐变稠失去可塑性，但还不具有强度的过程，称为水泥的"凝结"。随后开始产生强度，并逐渐发展成为坚硬的水泥石，这一过程称为"硬化"。凝结和硬化是人为划分的，实际上是一个连续的、复杂的物理化学变化过程。

水泥加水拌合后，颗粒表面立即发生水化反应，生成相应的水化产物溶解于颗粒周围的水中。一方面由于各种水化物的溶解度较小，另一方面由于水化物的生成速度大于溶解速度，水泥颗粒周围的溶液很快就成为水化物的过饱和溶液，水化物的胶体和晶体不断从溶液中析出。随着反应的不断进行，拌和水减少，新生水化物增多，使得包裹在水泥颗粒表面的水化物膜层不断增厚，颗粒间的空隙逐渐减小，水泥浆开始失去可塑性，这就是凝结过程。

随着以上过程的不断进行，胶体和晶体粒子不断增多，它们相互贯穿形成的结晶结构网不断加强，水泥浆完全失去可塑性，并开始产生强度，并且随着反应的继续进行，使结构更加密实，强度不断增长，这个过程就是硬化。

综上所述，水泥的凝结硬化是一个由表及里、由快到慢的过程，较粗颗粒的内部很难完全水化。因此，硬化后水泥石是由晶体、胶体、未完全水化的水泥颗粒、游离水及气孔等组成的不匀质结构体。

3. 硅酸盐水泥的技术要求

国家标准《通用硅酸盐水泥》GB 175—2007 对硅酸盐水泥的技术要求有细度、凝结时间、体积安定性、强度等。

1）细度

细度是指水泥颗粒的粗细程度。水泥颗粒越细，与水接触的表面积越大，水化速度越快，反应越充分，早期强度较高。但水泥颗粒过细，硬化时收缩较大，在储运过程中易受潮而降低活性，且成本较高。国家标准《通用硅酸盐水泥》GB 175—2007 规定，硅酸盐水泥比表面积不小于 $300\text{m}^2/\text{kg}$。细度指标为选择性指标。

2）标准稠度用水量

水泥净浆的标准稠度是指在测定水泥的凝结时间、体积安定性时，为了使所测得的结果有可比性，水泥净浆以标准方法测试所达到统一规定的可塑性程度。净浆达到标准稠度时的用水量即为标准稠度用水量，以水与水泥质量的百分数表示。对于不同的水泥品种，水泥的标准稠度用水量各不相同，一般在 24%～33%之间。

3）凝结时间

凝结时间分初凝和终凝，初凝为水泥全部加入水中至水泥开始失去可塑性的时间；终凝为水泥全部加入水后至水泥净浆完全失去可塑性并开始产生强度所需的时间。

据《通用硅酸盐水泥》GB 175—2007 规定，硅酸盐水泥初凝时间不小于 45min，终凝时间不大于 390min。水泥的凝结时间是采用标准稠度的水泥净浆在规定温度及湿度的环境下，用水泥净浆时间测定仪测定的。凝结时间的规定对工程有着重要的意义，为使混凝土、砂浆有足够的时间进行搅拌、运输、浇筑、砌筑，规定初凝时间不能过短，否则在施工前即已失去流动性而无法使用；当施工完毕，为了使混凝土尽快硬化，产生强度，顺利地进入下一道工序，规定终凝时间不能太长，否则将延缓施工进度与模板周转期。标准中规定，凝结时间不符合规定者为不合格品。

4）体积安定性

水泥的体积安定性是指水泥硬化后体积变化是否均匀的性质。安定性不良的水泥浆体在硬化过程中体积发生不均匀变化时，会导致结构发生膨胀开裂、翘曲等现象，会使混凝土构件产生膨胀性裂缝，从而降低建筑物质量，引起严重事故。因此，国家标准规定水泥体积安定性必须合格。

引起水泥体积安定性不良的原因主要为：

（1）过多的游离氧化钙和游离氧化镁

水泥中过多的游离氧化钙和氧化镁（f-CaO，f-MgO）都是过烧的，水化反应速度极慢。在水泥凝结硬化后才开始水化，而且其水化生成物 $Ca(OH)_2$、$Mg(OH)_2$ 的体积都比原来体积增加两倍以上，致使水泥石内部产生了相当高的局部应力，从而导致水泥石出现开裂、翘曲、疏松和崩溃等现象，甚至完全破坏。

（2）石膏掺量过多

石膏掺量过多时，在水泥硬化后，还会继续与固态水化铝酸钙反应生成高硫型水化硫铝酸钙，体积增大约 1.5 倍，从而导致水泥石开裂。其反应式如下：

$$3(CaSO_4 \cdot 2H_2O) + 3CaO \cdot Al_2O_3 \cdot 6H_2O + 19H_2O = 3CaO \cdot Al_2O_3 \cdot 3CaSO_4 \cdot 31H_2O$$

国家标准规定，硅酸盐水泥的体积安定性经沸煮法检验必须合格。用沸煮法只能检测出 f-CaO 造成的体积安定性不良，而由于 f-MgO 含量过多造成的体积安定性不良，必须用压蒸法才能检验出来，石膏造成的体积安定性不良则需长时间在温水中浸泡才能发现，由于后两种原因造成的体积安定性不良都不易检验，所以国家标准规定：熟料中 MgO 含量不得超过 5%（经压蒸试验合格后，允许放宽到 6%）SO_3 含量不得超过 3.5%。

5）强度及强度等级

强度是水泥力学性质的一项重要指标，是确定水泥强度等级的依据。根据国家标准《水泥胶砂强度检验方法（ISO 法）》GB/T 17671—1999 的规定制作标准试块，养护并测定其 3d、28d 的抗压强度、抗折强度。按照 3d、28d 的抗压强度、抗折强度将硅酸盐水泥分为 42.5、42.5R、52.5、52.5R、62.5、62.5R 六个强度等级，并按照 3d 强度的大小划分为普通型和早强型（用 R 表示），各等级、各龄期的强度值不得低于表 6-3 中数值。

6）水化热

水泥与水发生水化反应所放出的热量称为水化热，通常用"J/kg"表示。水化热的大小主要与水泥的细度及矿物组成有关。颗粒愈细，水化热愈大；矿物中 C_3S、C_3A 含量愈大，水化放热愈高。大部分的水化热集中在早期 3～7d 放出，以后逐步减少。

通用硅酸盐水泥各龄期的强度要求　　　　表 6-3

品　种	强度等级	抗压强度（MPa）		抗折强度（MPa）	
		3d	28d	3d	28d
硅酸盐水泥	42.5	≥17.0	≥42.5	≥3.5	≥6.5
	42.5R	≥22.0		≥4.0	
	52.5	≥23.0	≥52.5	≥4.0	≥7.0
	52.5R	≥27.0		≥5.0	
	62.5	≥28.0	≥62.5	≥5.0	≥8.0
	62.5R	≥32.0		≥5.5	
普通硅酸盐水泥	42.5	≥17.0	≥42.5	≥3.5	≥6.5
	42.5R	≥22.0		≥4.0	
	52.5	≥23.0	≥52.5	≥4.0	≥7.0
	52.5R	≥27.0		≥5.0	

品 种	强度等级	抗压强度（MPa）		抗折强度（MPa）	
		3d	28d	3d	28d
矿渣硅酸盐水泥 火山灰硅酸盐水泥 粉煤灰硅酸盐水泥 复合硅酸盐水泥	32.5	≥10.0	≥32.5	≥2.5	≥5.5
	32.5R	≥15.0		≥3.5	
	42.5	≥15.0	≥42.5	≥3.5	≥6.5
	42.5R	≥19.0		≥4.0	
	52.5	≥21.0	≥52.5	≥4.0	≥7.0
	52.5R	≥23.0		≥4.5	

水化热对于一般建筑的冬期施工是有利的。但对于大体积混凝土工程是有害的。这是由于水泥水化释放的热量积聚在混凝土内部散发非常缓慢，混凝土表面与内部因温差过大而导致温差应力，致使混凝土受拉而开裂破坏，因此在大体积混凝土工程中，应选择低热水泥。

另外国家标准还规定：Ⅰ型硅酸盐水泥中不溶物含量不得超过 0.75%；Ⅱ型硅酸盐水泥中不溶物含量不得超过 1.5%。Ⅰ型硅酸盐水泥中烧失量不得大于 3.0%；Ⅱ型硅酸盐水泥中烧失量不得大于 3.5%。水泥中碱含量按 $Na_2O+0.658K_2O$ 计算值来表示，若使用活性骨料，用户要求提供低碱水泥时，水泥中碱含量不得大于 0.60%，或由供需双方商定。氯离子含量不得超过 0.06%，当有更低要求时由买卖双方商定。

4. 水泥石的腐蚀与防止

硅酸盐水泥硬化后，在通常的条件下有较高的耐久性，但水泥石长期处在侵蚀性介质中，会逐渐受到腐蚀。

1）软水侵蚀（溶出性侵蚀）

当硅酸盐水泥长期与冷凝水、雪水、蒸馏水等含重碳酸盐甚少的软水接触时，最先溶出的是氢氧化钙。在静水及无压水的情况下，周围的水很快达到饱和，使溶解作用中止，此时溶出仅限于表层，危害不大。但在流动水及压力水的作用下，氢氧化钙会不断溶解、流失。其结果是：一方面使水泥石变得疏松，另一方面也使水泥石的碱度降低，而水泥水化产物只有在一定的碱度环境中才能稳定生存，所以氢氧化钙的不断溶出又导致了其他水化产物的分解溶蚀，最终使水泥石破坏。

当环境水中含有重碳酸盐 $Ca(HCO_3)_2$ 时，由于同离子效应的缘故，氢氧化钙的溶解受到抑制，从而减轻了侵蚀作用，而且重碳酸盐还可以与氢氧化钙起反应，生成几乎不溶于水的碳酸钙，碳酸钙积聚在水泥石的孔隙中，形成了致密的保护层，阻止了外界水的侵入和内部氢氧化钙的扩散析出。反应式如下：

$$Ca(HCO_3)_2+Ca(OH)_2=2CaCO_3+2H_2O$$

预先将与软水接触的混凝土在空气中放置一段时间，使水泥石中的氢氧化钙与空气中的 CO_2 和水作用形成碳酸钙外壳，可减轻软水的腐蚀。

2）盐类的腐蚀

（1）硫酸盐的腐蚀

在海水、湖水、地下水及某些工业污水中常含有钾、钠、铵的硫酸盐，它们与水泥石中的氢氧化钙作用生成硫酸钙。硫酸钙与水泥石中的水化铝酸钙作用，生成高硫型水化硫铝酸钙。

$$4CaO \cdot Al_2O_3 \cdot 12H_2O + 3CaSO_4 + 20H_2O = 3CaO \cdot Al_2O_3 \cdot 3CaSO_4 \cdot 31H_2O + Ca(OH)_2$$

生成的高硫型水化硫铝酸钙含有大量的结晶水，体积膨胀1.5倍以上。由于是在已经硬化的水泥石中发生这种反应，因而对已硬化的水泥石起极大的破坏作用。高硫型水化硫铝酸钙呈针状晶体，故俗称"水泥杆菌"。

当水中硫酸盐浓度较高时，硫酸钙将在孔隙中直接结晶成二水石膏，产生体积膨胀，导致水泥石开裂破坏。

（2）镁盐的腐蚀

海水及地下水中常含有氯化镁和硫酸镁等镁盐，它们可与水泥石中的氢氧化钙起复分解反应：

$$MgCl_2 + Ca(OH)_2 = CaCl_2 + Mg(OH)_2$$
$$MgSO_4 + Ca(OH)_2 + 2H_2O = CaSO_4 \cdot 2H_2O + Mg(OH)_2$$

生成的氯化钙易溶于水，氢氧化镁松软无胶结能力，二水石膏则引起硫酸的破坏作用。因此，硫酸镁对水泥石起镁盐和硫酸盐的双重腐蚀作用。

3）酸性腐蚀

（1）碳酸水的腐蚀

在某些工业废水及地下水中常溶解有较多的CO_2，当含量超过一定浓度时，将会对水泥产生破坏作用：

开始时二氧化碳与水泥石中的氢氧化钙作用生成碳酸钙：

$$Ca(OH)_2 + CO_2 + H_2O = CaCO_3 + 2H_2O$$

生成的碳酸钙再与含碳酸的水作用转变成重碳酸钙，该反应是可逆反应：

$$CaCO_3 + CO_2 + H_2O \rightleftharpoons Ca(HCO_3)_2$$

生成的重碳酸钙易溶于水，若水中含有较多的碳酸，超过平衡浓度时，上式向右进行，水泥石中的$Ca(OH)_2$经过上述两个反应式转变为$Ca(HCO_3)_2$而溶解，进而导致其他水泥水化产物溶解，使水泥石结构破坏；若水中的碳酸不多，低于平衡浓度时，则反应式进行到第一个反应式为止，对水泥石并不起破坏作用。

（2）一般酸的腐蚀

在工业污水和地下水中常含有无机酸（HCl、H_2SO_4、HPO_3等）和有机酸（醋酸、蚁酸等），各种酸对水泥都有不同程度的腐蚀作用，它们与水泥石中的$Ca(OH)_2$作用后生成的化合物或溶于水或体积膨胀而导致破坏。

例如：盐酸与水泥石中的$Ca(OH)_2$作用生成极易溶于水的氯化钙，导致溶出性化学侵蚀，方程式如下：

$$2HCl + Ca(OH)_2 = CaCl_2 + 2H_2O$$

硫酸与水泥石中的氢氧化钙作用，生成的二水石膏或直接在水泥石孔隙中结晶产生膨胀，或再与水化铝酸钙作用，生成高硫型水化硫铝酸钙，其破坏性更大。

$$H_2SO_4 + Ca(OH)_2 = CaSO_4 \cdot 2H_2O$$

4）强碱腐蚀

碱类溶液如浓度不大时一般无害，但铝酸盐含量较高的硅酸盐水泥遇到强碱（如氢氧化钠）作用后会被腐蚀破坏，氢氧化钠与水泥熟料中未水化的铝酸盐作用，生成易溶的铝酸钠，出现溶出性侵蚀，其反应如下：

$$3CaO \cdot Al_2O_3 + 6NaOH = 3Na_2O \cdot Al_2O_3 + 3Ca(OH)_2$$

另外，当水泥石被氢氧化钠溶液浸透后，又在空气中干燥，与空气中的二氧化碳作用生成碳酸钠，碳酸钠在水泥石毛细孔中结晶沉积，可使水泥石胀裂。

除上述四类腐蚀类型外，对水泥石起腐蚀作用的还有一些其他物质，如糖、氨盐、纯酒精、动物脂肪、含环烷酸的石油产品等。

水泥石腐蚀是内外因并存的。内因是水泥石中存在有引起腐蚀的组分 $Ca(OH)_2$ 和 $3CaO \cdot Al_2O_3 \cdot 6H_2O$；水泥石本身结构不密实，有渗水的毛细管通道；外因是在水泥石周围存在有以液相形式存在的侵蚀性介质。水泥石破坏有三种表现形式：一是溶解浸析，主要是水泥石中的 $Ca(OH)_2$ 溶解使水泥石中的 $Ca(OH)_2$ 浓度降低，进而引起其他水化产物的溶解；二是离子交换，侵蚀性介质与水泥石的组分 $Ca(OH)_2$ 发生离子交换反应，生成易溶解或是没有胶结能力的产物，破坏水泥石原有的结构；三是形成膨胀组分，水泥石中的水化铝酸钙与硫酸盐作用形成膨胀性结晶产物，产生有害的内因力，引起膨胀性破坏。

5）水泥石腐蚀的防止措施

根据以上腐蚀原因的分析，欲减轻或阻止水泥石的腐蚀，可以采取以下预防措施：

（1）根据侵蚀性介质选择合适的水泥品种

如采用氢氧化钙含量少的水泥，可提高对软水等侵蚀性液体的抵抗能力；采用含水化铝酸钙低的水泥，可抵抗硫酸盐的腐蚀；选择掺入混合材料的水泥可提高抗腐蚀能力。

（2）提高水泥石的密实度

硅酸盐水泥水化理论需水量只占水泥质量的 23% 左右，而实际用水量较大，约占水泥质量的 40%～70%，多余的水分蒸发后形成连通的孔隙，腐蚀性介质就容易渗入水泥石内部，从而加速了水泥石的腐蚀。在实际工程中，可通过降低水灰比、合理选择骨料、掺外加剂、改善施工方法等措施，提高水泥石的密实度，从而提高水泥石的抗腐蚀性能。

（3）设置保护层

当水泥石在较强的腐蚀性介质中使用时，根据不同的腐蚀性介质，在混凝土或砂浆表面覆盖塑料、沥青、耐酸陶瓷和耐酸石料等耐腐蚀性强且不透水的保护层，使水泥石与腐蚀性介质相隔离，起到保护作用。

5. 硅酸盐水泥的性质与应用

1）快凝快硬高强

硅酸盐水泥的凝结硬化速度快、强度高，尤其是早期强度高。适用于有早强要求的冬期施工的混凝土工程，地上、地下重要结构物及高强混凝土和预应力混凝土。

2）抗冻性好

硅酸盐水泥采用合理的配合比和充分养护后，密实度较高，故抗冻性好，适用于冬期施工及遭受反复冻融的混凝土工程。

3）抗碳化能力强

硅酸盐水泥密实度高且碱性较强，一方面二氧化碳不易渗入水泥石内部，另一方面钢筋混凝土中的钢筋处于这种强碱性环境中，在其表面会形成一层坚韧致密的钝化膜，保护钢筋免遭锈蚀，故其抗碳化能力强。因此特别适用于重要的钢筋混凝土结构、预应力混凝土工程以及二氧化碳浓度高的环境。

4) 耐磨性好

硅酸盐水泥强度高，耐磨性好，适用于道路、地面等对耐磨性要求高的工程。

5) 抗腐蚀性差

硅酸盐水泥水化产物中有较多的氢氧化钙和水化铝酸钙，耐软水及耐化学腐蚀能力差。故硅酸盐水泥不适用于受海水、矿物水、硫酸盐等化学侵蚀性介质腐蚀的地方。

6) 耐热性差

水泥石在温度约为 300℃ 时，水泥的水化产物开始脱水，体积收缩，水泥石强度下降，当受热 700℃ 以上时，强度降低更多，甚至完全破坏，所以硅酸盐水泥不宜用于耐热混凝土工程。

7) 水化热大

硅酸盐水泥中含有大量的 C_3S、C_3A，在水泥水化时，放热速度快且放热量大，用于冬期施工可避免冻害。但高水化热对大体积混凝土工程不利，一般不适合于大体积混凝土工程。

6.1.2 其他通用硅酸盐水泥

通用硅酸盐水泥中，除硅酸盐水泥外，其他品种水泥都掺加了规定的混合材料。掺加混合材料是为了调节水泥的强度等级，改善性能，增加品种和产量，扩大使用范围，降低成本并且充分利用工业废料，减轻对环境的负担。

1. 混合材料

所谓混合材料是指在生产水泥及其各种制品和构件时，掺入的大量天然或人工的矿物材料，混合材料按照其参与水化的程度，分为活性混合材料和非活性混合材料。

1) 活性混合材料

磨细的混合材料与石灰、石膏或硅酸盐水泥一起，加水拌合后，在常温下能发生化学反应，生成有一定胶凝性的物质，且具有水硬性，这种混合材料称为活性混合材料。常用的活性混合材料有粒化高炉矿渣、火山灰质混合材料和粉煤灰。

(1) 粒化高炉矿渣

粒化高炉矿渣是将炼铁高炉中的熔融矿渣经水淬等急冷方式而成的粒径 0.5～5mm 的松软颗粒，又称水淬高炉矿渣。

粒化高炉矿渣为不稳定的玻璃体，储有较高的潜在活性，在有激发剂的情况下，具有水硬性。其中主要的化学成分是 CaO、SiO_2 和 Al_2O_3，约占 90% 以上。粒化高炉矿渣的活性主要来自玻璃体结构中的活性 SiO_2 和活性 Al_2O_3，含量较高者，活性较大，质量较好。

(2) 火山灰质混合材料

凡是天然的或人工的以活性氧化硅和活性氧化铝为主要成分，具有火山灰性的矿物质材料，都称为火山灰质混合材料。天然的火山灰主要是火山喷发时随同熔岩一起喷发的大量碎屑沉积在地面或水中的松软物质，包括浮石、火山灰、凝灰岩、沸石等。人工的火山灰质混合材料有：烧黏土、煤矸石、烧页岩、煤渣和硅质渣等。

(3) 粉煤灰

粉煤灰是火力发电厂燃煤锅炉排出的烟道灰，其颗粒直径一般为 0.001～0.05mm，呈玻璃态实心或空心的球状颗粒，表面比较致密，其活性主要取决于玻璃体的含量，粉煤灰的成分主要是活性氧化硅和活性氧化铝，其水硬性原理与火山灰质混合材料相同，实际上也属于火山灰质混合材料。我国每年粉煤灰排放量高达 1.4×10^8 t，为了充分利用这些工业废料、保护环境、节约资源，把它专门列出作为一类活性混合材料。

活性混合材料中一般均含有活性氧化硅和活性氧化铝，它们只有在氢氧化钙和石膏存在的条件下，活性才能激发出来，通常将石灰与石膏称为活性混合材料的激发剂。

常用的激发剂有碱性激发剂和硫酸盐激发剂两类。一般用作碱性激发剂的是石灰和能在水化时析出氢氧化钙的硅酸盐水泥熟料。硫酸盐激发剂有二水石膏或半水石膏，并包括各种化学石膏。硫酸盐激发剂的激发作用必须在有碱性激发剂的情况下，才能充分发挥作用。

激发剂的浓度越高，激发作用越大，混合材料活性发挥越充分。氢氧化钙的激发作用如下式：

$$xCa(OH)_2 + SiO_2 + mH_2O = xCaO \cdot SiO_2 \cdot nH_2O$$
$$yCa(OH)_2 + Al_2O_3 + mH_2O = yCaO \cdot Al_2O_3 \cdot nH_2O$$

2) 非活性混合材料

磨细的石英砂、石灰石、黏土、慢冷矿渣及多种废渣等都属于非活性材料。它们在水泥中不与水泥发生化学反应。非活性混合材料掺入硅酸盐水泥仅起到提高水泥产量，调节水泥强度等级，减小水化热等作用，所以又称为填充性混合材料。

2. 普通硅酸盐水泥

根据 GB 175—2007 规定，普通硅酸盐水泥，代号 P·O。是由硅酸盐水泥熟料、大于 5% 且不超过 20% 的活性混合材料及石膏磨细制成，其中允许用不超过水泥质量的 8% 的非活性混合材料或不超过水泥质量 5% 的窑灰代替部分活性混合材料。

普通硅酸盐水泥初凝时间不小于 45min，终凝时间不大于 600min。

普通水泥分为 42.5、42.5R、52.5、52.5R 四个强度等级，各强度等级各龄期的强度值不得低于表 6-3 中数值。

普通水泥的细度、体积安定性、氧化镁含量、三氧化硫含量、氯离子含量等技术要求同硅酸盐水泥。

普通水泥中绝大部分仍为硅酸盐水泥熟料，其性质与硅酸盐水泥相近。但由于掺入少量混合材料，与硅酸盐水泥相比，早期强度略低；水化热略低；耐腐蚀性略有提高；耐热性稍好；抗冻性、耐磨性、抗碳化性略有降低。

在应用范围方面，普通水泥与硅酸盐水泥基本相同，广泛用于各种混凝土或钢筋混凝土工程，是建筑行业应用面最广，使用量最大的水泥品种。

3. 矿渣硅酸盐水泥、火山灰质硅酸盐水泥、粉煤灰硅酸盐水泥

矿渣硅酸盐水泥是由硅酸盐水泥熟料、粒化高炉矿渣和适量石膏磨细制成的，分为两个类型。加入大于 20% 且不超过 50% 的粒化高炉矿渣为 A 型，代号为 P.S.A；加入大于 50% 且不超过 70% 的粒化高炉矿渣为 B 型，代号为 P.S.B。其中允许用不超过水泥质量的 8% 的活性混合材料、非活性混合材料和窑灰中的任一种材料替代部分矿渣。

火山灰硅酸盐水泥，代号 P.P。是由硅酸盐水泥熟料，加入大于 20% 且不超过 40% 的火山灰质混合材料及适量石膏磨细制成的。

粉煤灰硅酸盐水泥，代号 P.F。是由硅酸盐水泥熟料，加入大于 20％且不超过 40％的粉煤灰混合材料及适量石膏磨细制成。

1）技术要求

矿渣硅酸盐水泥、火山灰质硅酸盐水泥、粉煤灰硅酸盐水泥的凝结时间、体积安定性、氯离子含量要求均与普通硅酸盐水泥相同。其他技术要求如下：

（1）细度

要求 $80\mu m$ 方孔筛筛余不大于 10％或 $45\mu m$ 方孔筛筛余不大于 30％。

（2）氧化镁含量

对 P.S.B 型不作要求。P.S.A 型矿渣水泥、火山灰质硅酸盐水泥、粉煤灰硅酸盐水泥中氧化镁含量不得超过 6％。如果氧化镁含量超过 6％，需进行水泥压蒸安定性试验并合格。

（3）三氧化硫含量

矿渣硅酸盐水泥三氧化硫含量不大于 4.0％，火山灰质硅酸盐水泥、粉煤灰硅酸盐水泥三氧化硫含量不大于 3.5％。

（4）强度等级

这三种水泥划分为 32.5、32.5R、42.5、42.5R、52.5、52.5R 六个强度等级，各强度等级水泥各龄期的强度值不得低于表 6-3 中数值。

这三种水泥都是在硅酸盐水泥熟料的基础上加入大量活性混合材料和适量石膏磨细而制成，所加活性混合材料在化学组成与化学活性上基本相同，并且在加水调制后经历了非常相似的水化过程，因而在性质上存在有很多共性，但每种活性混合材料自身又有性质与特征的差异，又使得这三种水泥有各自的特性。

2）三种水泥的共性

（1）凝结硬化慢，早期强度低，后期强度发展较快

由于三种水泥中掺加了大量的混合材料，熟料含量相对减少，故早期硬化较慢，表现出 3d 强度低较；后期由于活性混合材料参与二次水化的反应及熟料的继续水化，水化产物的不断增多，使得水泥强度发展较快，可赶上甚至超过同强度等级的普通硅酸盐水泥。不同品种水泥强度发展的比较如图 6-2。

（2）抗软水、抗腐蚀能力强

由于水泥的水化产物中氢氧化钙含量少，从而提高了水泥抵抗软水及硫酸盐侵蚀的能力，故适用于水工、海港工程及受侵蚀性作用的工程。

（3）水化热低

由于水泥中熟料用量减少，使水化放热量少且慢，因此适用于大体积混凝土工程。

（4）湿热敏感性强，适合蒸汽养护

这三种水泥在低温下水化反应明显减慢，强度较低。但在湿热条件下，活性混合材料及熟料的水化速度很快，可提高水泥的早期强度，而且不影响后期强度的发展，故适合于采用蒸汽养护。

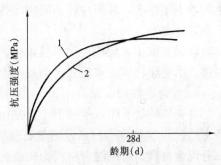

图 6-2　不同品种水泥强度发展的比较
1—硅酸盐水泥或普通水泥；2—矿渣水泥或火山灰水泥、粉煤灰水泥

(5) 抗碳化能力差

三种水泥水化产物中氢氧化钙含量少，碱度较低，其中矿渣水泥更加明显。在钢筋混凝土结构中，低碱度使得碳化作用进行得较快且碳化深度也较大，当碳化深度达到钢筋表面时，就会导致钢筋的锈蚀，最后使混凝土产生裂缝。

(6) 抗冻性差、耐磨性差

三种水泥由于加入较多的混合材料，使水泥的需水量增加，水分蒸发后易形成毛细管通路或粗大孔隙，水泥石的孔隙率较大，导致抗冻性和耐磨性差。

3) 三种水泥的特性

(1) 矿渣水泥

① 耐热性强

在矿渣水泥中，矿渣含量较高，矿渣本身又是高温形成的耐火材料，而且水化产物中氢氧化钙含量少，所以矿渣水泥的耐热性好，适用于高温车间、高炉基础及热气体通道等耐热工程。

② 保水性差、泌水性大

粒化高炉矿渣难以磨得很细，加上矿渣玻璃体亲水性较小，因而矿渣水泥的保水性较差，泌水性较大，容易在混凝土中形成毛细管通道和粗大孔隙，降低混凝土的密实度和均匀性，故要严格控制用水量，加强早期养护。

③ 干缩性较大

由于矿渣水泥的泌水性大，硬化时在混凝土中形成的毛细通道中的水分大量蒸发，易产生较大干缩。干缩易使混凝土表面产生大量的微细裂纹，从而降低混凝土的力学性能和耐久性。

(2) 火山灰水泥

火山灰水泥的需水量较大，泌水性较小。此外，火山灰质混合材料在石灰溶液中会产生膨胀现象，导致水泥石结构较为密实，故抗渗性较高，适用于有抗渗要求较高的工程。

火山灰水泥的抗冻性及耐磨性比矿渣水泥差，干燥收缩较大，在干热条件下会产生起粉现象，因此火山灰水泥不宜用于有抗冻、耐磨要求和干热环境使用的工程。

(3) 粉煤灰水泥

粉煤灰颗粒呈球形，比表面积小，吸附水的能力小，标准稠度需水量较小。因而这种水泥的干缩性小，抗裂性好。同时，拌制的混凝土和易性较好，但致密的球形颗粒，保水性差，易泌水。

粉煤灰由于表面积小，不易水化，所以活性主要在后期发挥。因此，粉煤灰水泥早期强度、水化热比矿渣水泥和火山灰水泥还要低，特别适用于大体积混凝土工程。

4. 复合硅酸盐水泥

复合硅酸盐水泥，代号 P.C。是由硅酸盐水泥熟料，加入两种（含）以上大于 20% 且不超过 50% 的混合材料及适量石膏磨细制成，并允许用不超过水泥质量 8% 的窑灰代替部分混合材料，所用混合材料为矿渣时，其掺量不得与矿渣硅酸盐水泥重复。

国家标准规定，复合硅酸盐水泥中氧化镁含量不得超过 6.0%，如果超过 6%，需进行水泥压蒸安定性试验并合格；三氧化硫含量不大于 3.5%；凝结时间、体积安定性、氯离子含量要求均与普通硅酸盐水泥相同。

复合硅酸盐水泥划分为 32.5、32.5R、42.5、42.5R、52.5、52.5R 六个强度等级，各强度等级水泥各龄期的强度值不得低于表 6-3 中数值。

复合硅酸盐水泥特性取决于所掺混合材料的种类、掺量及相对比例。与矿渣水泥、火山灰水泥、粉煤灰水泥有不同程度的相似，其使用应根据所掺混合材料的种类，参照其他掺混合材料水泥的适用范围按工程实践经验选用。

硅酸盐水泥、普通硅酸盐水泥、矿渣硅酸盐水泥、火山灰质硅酸盐水泥、粉煤灰硅酸盐水泥及复合硅酸盐水泥是我国广泛使用的六种水泥，其组成、性质见表 6-4。

六种常用水泥组成、性质比较   表 6-4

项目	硅酸盐水泥 (P.I、P.II)	普通硅酸盐水泥 (P.O)	矿渣硅酸盐水泥 (P.S)	火山灰质硅酸盐水泥 (P.P)	粉煤灰硅酸盐水泥 (P.F)	复合硅酸盐水泥 (P.C)
组成	硅酸盐水泥熟料、适量石膏					
	无或很少量的混合材料	活性混合材料（大于5%且不超过20%)	粒化高炉矿渣（大于20%且不超过50%或大于50%且不超过70%)	火山灰质混合材料（大于20%且不超过40%)	粉煤灰（大于20%且不超过40%)	15%～50%规定的混合材料
性质	1. 早期、后期强度高 2. 耐腐蚀性差 3. 水化热大 4. 抗碳化性好 5. 抗冻性好 6. 耐磨性好 7. 耐热性差	1. 早期强度稍低，后期强度高 2. 耐腐蚀性稍差 3. 水化热较大 4. 抗碳化性好 5. 抗冻性好 6. 耐磨性较好 7. 抗渗性好	早期强度低，后期强度高			早期强度较高
			1. 对温度敏感，适合蒸汽养护；2. 耐腐蚀性好；3. 水化热小；4. 抗冻性较差；5. 抗碳化性较差			
			1. 泌水性大、抗渗性差 2. 耐热性较好 3. 干缩性大	1. 保水性好、抗渗性好 2. 耐热性较好 3. 耐磨性差	1. 保水性差，易泌水 2. 干缩小、抗裂性好 3. 耐磨性差	干缩较大

6.2 装 饰 水 泥

白色水泥和彩色水泥属于特种水泥，其水硬性物质也是以硅酸盐为主。白色水泥和彩色水泥由于生产原料和工艺的特殊性，所以价格比一般水泥要高得多，通常不在结构工程中使用，而用于装饰工程。

6.2.1 白色硅酸盐水泥

由氧化铁含量少的硅酸盐水泥熟料、适量石膏及规定的混合材料，磨细制成的水硬性胶凝材料称为白色硅酸盐水泥（简称"白水泥"）。代号 P·W。

1. 白水泥生产原理

白水泥与普通水泥生产方法基本相同，主要区别在于着色的铁含量少，因而色白。普通水泥熟料呈灰色，其主要原因是由于氧化铁含量相对较高（3%～4%）；而白水泥熟料中氧化铁含量仅为 0.35%～0.4%。因此，白色硅酸盐水泥的生产特点主要是降低氧化铁的含量。此外，锰、铬、钛等氧化物也会导致水泥白度的降低，也应严格控制其含量。

2. 白色水泥的技术性质

《白色硅酸盐水泥》GB 2015—2005 规定，白水泥中三氧化硫的含量应不超过 3.5%；细度采用 80μm 方孔筛筛余应不超过 10%；初凝时间应不早于 45min，终凝时间应不迟于 10h；安定性用沸煮法检验必须合格；水泥白度值应不低于 87；水泥强度等级按规定的抗压强度和抗折强度划分为 3 个强度等级，各强度等级的各龄期强度应不低于表 6-5 的规定。同时规定，凡三氧化硫、初凝时间、安定性中任一项不符合标准规定或强度低于最低等级指标时为废品；凡细度、终凝时间、强度和白度任一项不符合标准规定时为不合格品。

白色硅酸盐水泥各龄期的强度要求 GB/T 2015—2005　　　　表 6-5

	抗压强度（MPa）		抗折强度（MPa）	
	3d	28d	3d	28d
32.5	12.0	32.5	3.0	6.0
42.5	17.0	42.5	3.5	6.5
52.5	22.0	52.5	4.0	7.0

6.2.2　彩色硅酸盐水泥

凡由硅酸盐水泥熟料及适量石膏（或白色硅酸盐水泥）、混合材及着色剂磨细或混合制成的带有色彩的水泥硬性胶凝材料称为彩色硅酸盐水泥。彩色水泥按其化学成分可分为彩色硅酸盐水泥、彩色硫铝酸盐水泥和彩色铝酸盐水泥三种。其中彩色硫铝酸盐水泥和彩色铝酸盐水泥属于早强型水泥；彩色硅酸盐水泥产量最大，应用最广，故这里只介绍彩色硅酸盐水泥。

彩色硅酸盐水泥简称彩色水泥，按生产方式可分为以下两大类：

1. 染色法

染色法是将硅酸盐水泥熟料（白水泥熟料或普通水泥熟料）、适量石膏和碱性颜料共同磨细而制得彩色水泥。

染色法生产彩色水泥对颜料的要求是：不溶于水、分散性好、耐碱性强、抗大气稳定性好，掺入后不显著降低水泥的强度。常用的颜料有以氧化铁为基础的各色颜料。如红色颜料为三氧化二铁（Fe_2O_3），俗称铁红；黄色颜料为含水三氧化二铁（$Fe_2O_3 \cdot H_2O$），俗称铁黄；紫色颜料为（Fe_2O_3）的高温煅烧物，俗称铁紫；棕色颜料为三氧化二铁和四氧化三铁的混合物，俗称铁棕；黑色颜料为四氧化三铁（Fe_3O_4），俗称铁黑。蓝色颜料常用群青和钴蓝；绿色颜料为氧化铬（Cr_2O_3）或由群青和铁黄配制。

2. 直接烧成法

直接烧成法是在水泥生料中加入着色原料（金属氧化物或氢氧化物）直接煅烧成彩色水泥熟料，再加入适量石膏共同磨细制成彩色水泥。如加入氧化铬（Cr_2O_3）或氢氧化铬 [$Cr(OH)_3$] 可制得绿色水泥；加入氧化锰（Mn_2O_3）在还原气氛中可制得浅蓝色水泥，在氧化气氛中可制得浅紫色水泥。这种方法着色剂用量少，有时也可用工业副产品作着色剂，但目前生产的水泥颜色有限，且颜色受煅烧温度和气氛影响，不易控制。

《彩色硅酸盐水泥》JC/T 870—2012 规定彩色硅酸盐水泥的主要技术要求如下：

三氧化硫的含量不超过 4.0%；80μm 方孔筛筛余不得超过 6.0%；初凝时间不得早于

1h，终凝时间不得迟于 10h；安定性用沸煮法检验必须合格。彩色硅酸盐水泥依据 3d、28d 的强度划分为 27.5、32.5、42.5 三个强度等级。

6.2.3　装饰水泥的应用

白色水泥和彩色水泥在装饰工程中的应用主要有以下几个方面：

（1）配制彩色水泥浆。

以各种彩色水泥为基料，同时掺入适量氯化钙促凝剂和皮胶水胶料配制成刷浆材料，用于工业建筑和仿古建筑的饰面刷浆。另外还多用于室外墙面装饰，可以呈现各种色彩、线条和花样，具有特殊装饰效果。

（2）配制装饰混凝土。

以白水泥和彩色水泥为胶凝材料，加入适当品种的骨料制得白水泥或彩色水泥混凝土，既能克服普通水泥混凝土颜色灰暗、单调的缺点，获得良好的装饰效果，又能满足结构要求的物理力学性能。

（3）配制各种彩色砂浆用于装饰抹灰。

（4）制造各种彩色水磨石、人造大理石、水刷石、斧剁石、拉毛、喷涂、干粘石等。

思 考 题

1. 简述硅酸盐水泥的生产过程。

2. 硅酸盐水泥的主要水化产物是什么？

3. 制造硅酸盐水泥时为什么必须掺入适量的石膏？石膏掺得太少或太多时，将产生什么后果？

4. 确定水泥标准稠度用水量有什么意义？

5. 引起硅酸盐水泥体积安定性不良的原因是什么？如何检验？建筑工程中体积安定性不良的水泥有什么危害？如何处理？

6. 何谓水泥的凝结时间？国家标准为什么要规定水泥的凝结时间？

7. 硅酸盐水泥强度发展的规律如何？影响其凝结硬化的主要因素有哪些？怎样影响？

8. 硅酸盐水泥的腐蚀类型有哪些？各自的腐蚀机理如何？

9. 为什么生产硅酸盐水泥时掺适量石膏对水泥不起破坏作用，而硬化的水泥石遇到有硫酸盐溶液的环境，产生出的石膏对水泥石有破坏作用？

10. 混合材料有哪些种类？掺入水泥后的作用分别是什么？水泥中常掺入哪几种活性混合材料？

11. 为什么普通水泥早期强度较高、水化热较大，而矿渣水泥和火山灰水泥早期强度低、水化热小，但后期强度增长较快？

12. 掺混合材料的硅酸盐水泥为什么具有较高的抗腐蚀性能？

13. 简述各种掺混合材料的硅酸盐水泥的共性及各自的特性。

14. 有下列混凝土构件和工程，试分别选用合适的水泥品种，并说明选用理由：

（1）现浇混凝土楼板、梁、柱；

（2）采用蒸汽养护的预制构件；

（3）高炉基础；

（4）道路工程；

（5）大体积混凝土大坝和大型设备基础。

15. 简述装饰水泥在装饰工程中主要用途。

7 普通混凝土和砂浆

7.1 混凝土概述

广义上讲，混凝土是由胶凝材料、水和粗细骨料，有时掺入外加剂和掺合料，按适当比例配合，经均匀拌合，密实成型及养护硬化而成的人造石材。混凝土是当今世界应用量最大、用途最广的人造石材。

7.1.1 混凝土的分类

1. 按干表观密度分类

1）重混凝土

重混凝土是指干表观密度大于 2800kg/m³ 的混凝土，采用密度特别大的骨料（如重晶石、铁矿石、钢屑等）制成，具有防 X 射线、γ 射线的性能，故又称防辐射混凝土，广泛用于核工业屏蔽结构。

2）普通混凝土

普通混凝土是指干表观密度为 2000~2800kg/m³，以水泥为胶凝材料，采用天然的普通砂、石作粗、细骨料配制而成的混凝土。普通混凝土是建筑工程中应用最广、用量最大的混凝土，主要用作各种建筑的承重结构材料。

3）轻混凝土

轻混凝土是指干表观密度小于 2000kg/m³ 的混凝土。按组成材料可分为三类：轻骨料混凝土、多孔混凝土、大孔混凝土，按用途可分为结构用、保温用和结构兼保温用等三种。

2. 按胶凝材料分类

混凝土按所用胶凝材料可分为水泥混凝土（又叫普通混凝土）、石膏混凝土、沥青混凝土、聚合物混凝土、水玻璃混凝土等。

3. 按其用途分类

混凝土按其用途可分为结构混凝土、防水混凝土、装饰混凝土、耐热混凝土、耐酸混凝土、大体积混凝土等。

4. 按生产工艺和施工方法分类

混凝土按其生产方式可分为预拌混凝土（即商品混凝土）和现场拌制混凝土；按照施工方法可分为泵送混凝土、喷射混凝土、压力灌浆混凝土、离心混凝土、碾压混凝土、挤压混凝土等。

7.1.2 混凝土的特点

混凝土之所以在建筑工程中得到广泛的应用，是因为它有许多其他材料无法替代的性能及良好的经济效益和社会效益。

（1）性能多样、用途广泛，通过调整组成材料的品种及配比，可以制成具有不同物理、力学性能的混凝土以满足不同工程的要求。

（2）混凝土在凝结前有良好的塑性，可以浇筑成任意形状、规格的整体结构或构件。

（3）混凝土组成材料中约占 80% 以上的砂、石骨料，来源十分丰富，符合就地取材和经济的原则。

（4）混凝土与钢筋有良好的粘结性，且二者的线膨胀系数基本相同，复合成的钢筋混凝土，能互补优劣，大大拓宽了混凝土的应用范围。

（5）按合理的方法配制的混凝土，具有良好的耐久性，同钢材、木材相比维修费用低。

（6）可充分利用工业废料作骨料或掺合料，如粉煤灰、矿渣等，有利于环境保护。

混凝土也存在一些缺点，比如：自重大、比强度小、抗拉强度小、呈脆性、易开裂、硬化速度慢、生产周期长，混凝土的质量受施工环节的影响比较大，难以得到精确控制，施工现场拌料造成施工工地杂乱等。但随着混凝土技术的不断发展，混凝土的不足正在不断被克服。

7.2　普通混凝土的组成材料

普通混凝土（以下简称混凝土）是由水泥、砂、石、水等几种基本材料（有时为了改善混凝土的某些性能加入适量的外加剂和外掺料）按适当比例拌合，经硬化而成的一种人造石材。硬化后的混凝土结构如图 7-1 所示。

在混凝土中，水泥与水形成水泥浆包裹砂、石颗粒表面，并填充砂、石空隙，水泥浆在硬化前主要起润滑作用，使混凝土拌合物具有良好的和易性；在硬化后，主要起胶结作用，将砂、石粘结成一个整体，使其具有良好的强度及耐久性。砂、石在混凝土中起骨架作用，并可抑制混凝土的收缩。

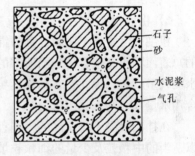

图 7-1　硬化混凝土结构

原材料的技术性质在很大程度上会影响混凝土的技术性质，因此我们必须了解原材料性质及其质量要求，合理选择材料，这样才能保证混凝土的质量。

7.2.1　水泥

配制混凝土所用的水泥应符合国家现行标准有关规定。除此之外，在配制时应合理地选择水泥品种和强度等级。

1. 水泥品种

水泥品种应根据工程特点、所处的环境条件及设计、施工的要求进行选择。

2. 水泥强度等级

水泥强度等级应与混凝土设计强度等级相一致，原则上是高强度等级的水泥配制高强度等级的混凝土。

7.2.2　细骨料

混凝土用砂可分为天然砂、机制砂两类。天然砂是自然生成的，经人工开采和筛分的粒径小于 4.75mm 的岩石颗粒，但不包括软质、风化的岩石颗粒。按产源不同，天然砂分为河砂、湖砂、山砂、淡化海砂。

机制砂，俗称人工砂，是经除土处理，由机械破碎、筛分制成的，粒径小于 4.75mm 的岩石、矿山尾矿或工业废渣颗粒，但不包括软质、风化的岩石颗粒。

砂按技术要求分为Ⅰ类、Ⅱ类、Ⅲ类。

《建设用砂》GB/T 14684—2011 对砂的技术要求如下：

1. 颗粒级配及粗细程度

1）颗粒级配

颗粒级配是指不同粒径的砂粒互相搭配的情况。

如图 7-2 所示，砂子的空隙率取决于砂子各级粒径的搭配程度。级配良好的砂，不仅可以节省水泥，而且混凝土结构密实，强度、耐久性得到提高。

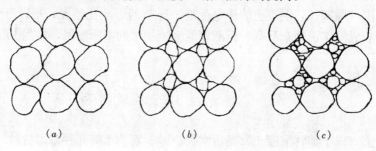

图 7-2　骨料颗粒级配示意图
(a) 单一粒径；(b) 两种粒径；(c) 多种粒径

2）粗细程度

粗细程度是指不同粒径砂粒混合在一起的总体粗细程度。在相同质量的条件下，粗砂的总表面积小，包裹砂表面所需的水泥浆就少；反之细砂总表面积大，包裹砂表面所需的水泥浆量就多。因此，在和易性要求一定的条件下，采用较粗的砂配制混凝土，可减少拌合用水量，节约水泥用量。

在拌制混凝土时，砂的粗细程度和颗粒级配应同时考虑。当砂含有较多的粗颗粒，并以适当的中颗粒及少量的细颗粒填充其空隙时，则既具有较小的空隙率又具有较小的总表面积，不仅节约水泥，而且还可以提高混凝土的密实性与强度。

3）砂的粗细程度与颗粒级配的评定

采用一套标准的方孔筛，孔径依次为 0.15、0.3、0.6、1.18、2.36、4.75mm。称取试样 500g，将试样倒入按孔径大小从上到下组合的套筛（附筛底）上，然后进行筛分，称取留在各筛上的筛余量，计算各筛上的分计筛余百分率 a_1、a_2、a_3、a_4、a_5、a_6 及累计筛余百分率 A_1、A_2、A_3、A_4、A_5、A_6，累计筛余百分率与分计筛余百分率关系见表 7-1 所示。

累计筛余与分计筛余计算关系　　　　表 7-1

筛孔尺寸（mm）	筛余量（g）	分计筛余百分率（%）	累计筛余百分率（%）
4.75	m_1	$a_1=(m_1/500)\times100\%$	$A_1=a_1$
2.36	m_2	$a_2=(m_2/500)\times100\%$	$A_2=a_1+a_2$
1.18	m_3	$a_3=(m_3/500)\times100\%$	$A_3=a_1+a_2+a_3$

筛孔尺寸（mm）	筛余量（g）	分计筛余百分率（%）	累计筛余百分率（%）
0.6	m_4	$a_4 = (m_4/500) \times 100\%$	$A_4 = a_1 + a_2 + a_3 + a_4$
0.3	m_5	$a_5 = (m_5/500) \times 100\%$	$A_5 = a_1 + a_2 + a_3 + a_4 + a_5$
0.15	m_6	$a_6 = (m_6/500) \times 100\%$	$A_6 = a_1 + a_2 + a_3 + a_4 + a_5 + a_6$

细度模数 M_x 的计算公式如下：

$$M_x = \frac{(A_2 + A_3 + A_4 + A_5 + A_6) - 5A_1}{100 - A_1}$$

式中　M_x——细度模数；

$A_6 \sim A_1$——分别为 0.15、0.3、0.6、1.18、2.36、4.75mm 筛的累计筛余百分率。

细度模数 M_x 越大表示砂越粗，混凝土用砂的细度模数范围一般在 3.7～1.6 之间，其中 3.7～3.1 为粗砂，3.0～2.3 为中砂，2.2～1.6 为细砂。

对细度模数为 3.7～1.6 之间的混凝土用砂，根据 0.6mm 筛的累计筛余百分率分成三个级配区，见表 7-2，混凝土用砂的颗粒级配应处于三个级配区中的任一级配区（特殊情况见表中注解）。

砂的颗粒级配 GB/T 14684—2011　　　　　　　　　　　　　　表 7-2

砂的分类	天然砂			机制砂		
级配区	1 区	2 区	3 区	1 区	2 区	3 区
方筛孔	累计筛余/%					
4.75mm	10～0	10～0	10～0	10～0	10～0	10～0
2.36mm	35～5	25～0	15～0	35～5	25～0	15～0
1.18mm	65～35	50～10	25～0	65～35	50～10	25～0
600μm	85～71	70～41	40～16	85～71	70～41	40～16
300μm	95～80	92～70	85～55	95～80	92～70	85～55
150μm	100～90	100～90	100～90	97～85	94～80	94～75

注：1. 砂的实际颗粒级配除 4.75mm 和 600μm 筛档外，可以略有超出，但各级累计筛余超出值总和应不大于 5%；

　　2. Ⅰ类砂的级配区应处于 2 区，Ⅱ类、Ⅲ类砂的级配区应处于 1 区、2 区、3 区均可。

为了更直观地反映砂的颗粒级配，可将表 7-2 的规定绘出级配曲线图，如图 7-3 所示。

一般处于Ⅰ区的砂较粗，属于粗砂，Ⅲ区砂细颗粒多，Ⅱ区砂粗细适中，级配良好，拌制混凝土时宜优先选用。

【例 7-1】　某天然砂样经筛分析试验，其结果见表 7-3，试分析该砂的粗细程度与颗粒级配。

【解】

$$M_x = \frac{(A_2 + A_3 + A_4 + A_5 + A_6) - 5A_1}{100 - A_1} = \frac{(18 + 32 + 51.6 + 76.4 + 97.6) - 5 \times 1.6}{100 - 1.6}$$

$$= 2.72$$

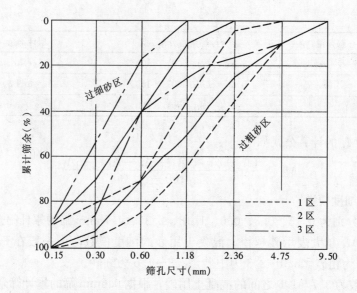

图 7-3 天然砂的级配曲线

结论：此砂属中砂，将表 7-3 计算出的累计筛余百分率与表 7-2 作对照，得出此砂级配属于Ⅱ区，级配合格。

砂 样 筛 分 结 果 　　　　　　　　　　　　　　　　表 7-3

筛孔尺寸（mm）	筛余量（g）	分计筛余百分率（%）	累计筛余百分率（%）
4.75	8	1.6	1.6
2.36	82	16.4	18
1.18	70	14	32
0.6	98	19.6	51.6
0.3	124	24.8	76.4
0.15	106	21.2	97.6
<0.15	12	2.4	100

2. 含泥量、石粉含量和泥块含量

含泥量为天然砂中粒径小于 $75\mu m$ 的颗粒含量；泥块含量指砂中原粒径大于 1.18mm，经水浸洗、手捏后小于 $600\mu m$ 的颗粒含量。泥通常包裹在砂颗粒表面，妨碍了水泥浆与砂的粘结，使混凝土的强度、耐久性降低。

天然砂的含泥量和泥块含量应符合表 7-4 的规定。

天然砂的含泥量和泥块含量 　　　　　　　　　　　　　　　表 7-4

项　　目	指　　　　标		
	Ⅰ类	Ⅱ类	Ⅲ类
含泥量（按质量计），%	≤1.0	≤3.0	≤5.0
泥块含量（按质量计），%	0	≤1.0	≤2.0

石粉含量是人工砂中粒径小于 $75\mu m$ 的颗粒含量。过多的石粉含量会妨碍水泥与骨料

的粘结，对混凝土无益，但适量的石粉含量不仅可弥补人工砂颗粒多棱角对混凝土带来的不利，还可以完善砂子的级配，提高混凝土的密实性，进而提高混凝土的综合性能，反而对混凝土有益。为防止人工砂在开采、加工等中间环节掺入过量泥土，测石粉含量前必须先通过亚甲蓝试验检验。

人工砂中的石粉含量和泥块含量的规定如表 7-5 所示。

人工砂的石粉含量和泥块含量　　　　　　　　　　　　表 7-5

项目			指标		
			Ⅰ类	Ⅱ类	Ⅲ类
亚甲蓝试验	MB 值≤1.4 或快速法试验合格	MB 值	≤0.5	≤1.0	≤1.4 或合格
		石粉含量（按质量计），%		≤10.0	
		泥块含量（按质量计），%	0	≤1.0	≤2.0
	MB 值＞1.4 或快速法试验不合格	石粉含量（按质量计），%	≤1.0	≤3.0	≤5.0
		泥块含量（按质量计），%	0	≤1.0	≤2.0

3. 有害物质含量

配制混凝土的细骨料要求清洁不含杂质以保证混凝土的质量。国家标准中对云母、轻物质、硫化物及硫酸盐、氯盐、贝壳等含量作了规定，见表 7-6 所示。

有　害　物　质　含　量　　　　　　　　　　　表 7-6

项　　目		指　　标		
		Ⅰ类	Ⅱ类	Ⅲ类
云母（按质量计），%	≤	1.0	2.0	2.0
轻物质（按质量计），%	≤	1.0	1.0	1.0
有机物（比色法）		合格	合格	合格
硫化物及硫酸盐（按 SO_3 质量计），%	≤	0.5	0.5	0.5
氯化物（以氯离子质量计），%	≤	0.01	0.02	0.06
贝壳（按质量计），%	≤	3.0	5.0	8.0

4. 坚固性

砂的坚固性是指砂在自然风化和其他外界物理、化学因素作用下，抵抗破坏的能力。砂采用硫酸钠溶液法进行试验，砂样经 5 次循环后其质量损失应符合表 7-7 的要求。

机制砂除了要满足表 7-7 的规定外，还要采用压碎指标法进行试验，压碎指标值应满足表 7-8 的规定。

5. 表观密度、堆积密度、空隙率

砂表观密度、松散堆积密度、空隙率应符合如下规定：表观密度不小于 2500kg/m³；松散堆积密度不小于 1400kg/m³；空隙率不大于 44%。

砂的坚固性指标   表 7-7

项 目	指 标		
质量损失,%,≤	Ⅰ类	Ⅱ类	Ⅲ类
	8	8	10

机制砂压碎指标   表 7-8

项 目	指 标		
单级最大压碎指标,%,≤	Ⅰ类	Ⅱ类	Ⅲ类
	20	25	30

7.2.3 粗骨料

粒径大于 4.75mm 的骨料称为粗骨料,常用碎石和卵石两种。碎石是天然岩石、卵石或矿山废石经机械破碎、筛分制成的粒径大于 4.75mm 的岩石颗粒;卵石是由自然风化、水流搬运和分选、堆积而成的粒径大于 4.75mm 岩石颗粒,卵石按产源不同可分为河卵石、海卵石、山卵石等。碎石与卵石相比,表面比较粗糙、多棱角,表面积大、空隙率大,与水泥的粘结强度较高。因此,在水灰比相同条件下,用碎石拌制的混凝土,流动性较小,但强度较高;而卵石则正好相反,即流动性较大,但强度较低。

碎石、卵石按技术要求分为Ⅰ、Ⅱ、Ⅲ类。

《建设用卵石、碎石》GB/T 14685—2011 对粗骨料的技术要求如下:

1. 颗粒级配和最大粒径

粗骨料颗粒级配好坏的判定也是通过筛分法进行的。取一套孔径分别为 2.36mm、4.75mm、9.50mm、16.0mm、19.0mm、26.5mm、31.5mm、37.5mm、53.0mm、63.0mm、75.0mm 及 90mm 的标准方孔筛进行试验。各筛的累计筛余百分率必须满足表7-9 的规定。

粗骨料的颗粒级配   表 7-9

公称粒级,mm		累计筛余,%										
		方孔筛,mm										
		2.36	4.75	9.50	16.0	19.0	26.5	31.5	37.5	53.0	63.0	75.0	90
连续粒级	5~16	95~100	85~100	30~60	0~10	0							
	5~20	95~100	90~100	40~80	—	0~10	0						
	5~25	95~100	90~100	—	30~70	—	0~5	0					
	5~31.5	95~100	90~100	70~90	—	15~45	—	0~5	0				
	5~40	—	95~100	70~90	—	30~65	—	—	0~5	0			

公称粒级，mm		累计筛余，%											
		方孔筛，mm											
		2.36	4.75	9.50	16.0	19.0	26.5	31.5	37.5	53.0	63.0	75.0	90
单粒粒级	5~10	95~100	80~100	0~15	0								
	10~16		95~100	80~100	0~15								
	10~20		95~100	85~100		0~15	0						
	16~25			95~100	55~75	25~40	0~10						
	16~31.5		95~100		85~100			0~10	0				
	20~40			95~100		80~100			0~10	0			
	40~80					95~100			70~100		30~60	0~10	0

粗骨料的颗粒级配按供应情况分连续粒级和单粒级两种。

最大粒径是用来表示粗骨料粗细程度的。公称粒级的上限称为该粒级的最大粒径。例如：5~31.5mm 粒级的粗骨料，其最大粒径为 31.5mm。粗骨料的最大粒径增大则该粒级的粗骨料总表面积减小，包裹粗骨料所需的水泥浆量就少。在一定和易性和水泥用量条件下，则能减少用水量而提高混凝土强度。对中低强度的混凝土，尽量选择最大粒径较大的粗骨料，但一般不宜超过 40mm。

除此之外，最大粒径不得超过结构截面最小尺寸的 1/4 同时不得超过钢筋最小净距的 3/4；对于实心板，不得超过板厚的 1/3 且不得超过 40mm；对于大体积混凝土，粗骨料最大公称粒径不宜小于 31.5mm；对于高强度混凝土，粗骨料最大公称粒径不宜大于 25mm；对于泵送混凝土，最大粒径与输送管道内径之比，碎石不宜大于 1∶3；卵石不宜大于 1∶2.5。

2. 泥、泥块及有害物质的含量

粗骨料中含泥量是指粒径小于 $75\mu m$ 的颗粒含量；泥块含量指原粒径大于 4.75mm，经水浸洗、手捏后小于 2.36mm 的颗粒含量。粗骨料中泥、泥块及有害物含量应符合表 7-10、表 7-11 的规定。

石子的含泥量和泥块含量　　　　　　　　　　　表 7-10

项　　目	指　　标		
	Ⅰ类	Ⅱ类	Ⅲ类
含泥量（按质量计），%	≤0.5	≤1.0	≤1.5
泥块含量（按质量计），%	0	≤0.2	≤0.5

石子的有害物质含量 表 7-11

项 目	指 标		
	Ⅰ类	Ⅱ类	Ⅲ类
有机物	合格	合格	合格
硫化物及硫酸盐（按 SO_3 质量计）,%≤	0.5	1.0	1.0

3. 针、片状颗粒含量

卵石和碎石颗粒的长度大于该颗粒所属相应粒级的平均粒径 2.4 倍者为针状颗粒；厚度小于平均粒径 0.4 倍者为片状颗粒（平均粒径指粒级上、下限粒径的平均值）。针、片状颗粒易折断，且会增大骨料的空隙率和总表面积，使混凝土拌合物的和易性、强度、耐久性降低。因此应限制其在粗骨料中的含量，针、片状颗粒含量可采用针状和片状规准仪测得，其含量规定见表 7-12。

石子的针片状颗粒含量 表 7-12

项 目	指 标		
	Ⅰ类	Ⅱ类	Ⅲ类
针、片状颗粒（按质量计）,%≤	5	10	15

4. 强度

为保证混凝土的强度必须保证粗骨料具有足够的强度。粗骨料的强度指标有两个，一是岩石抗压强度，二是压碎指标值。

1）岩石抗压强度

岩石抗压强度是将母岩制成 50mm×50mm×50mm 的立方体试件或 ϕ50mm×50mm 的圆柱体试件，在水中浸泡 48h 以后，取出擦干表面水分，测得其在饱和水状态下的抗压强度值。《建筑用卵石、碎石》GB/T 14685—2011 中规定火成岩应不小于 80MPa，变质岩应不小于 60MPa，水成岩应不小于 30MPa。

2）压碎指标值

压碎指标值是测定碎石或卵石抵抗压碎的能力，可间接地推测其强度的高低，压碎指标值应符合表 7-13 的规定。

压 碎 指 标 值 表 7-13

项 目	指 标		
	Ⅰ类	Ⅱ类	Ⅲ类
碎石压碎指标,%≤	10	20	30
卵石压碎指标,%≤	12	14	16

5. 坚固性

坚固性是指卵石、碎石在自然风化和其他外界物理、化学因素作用下抵抗破裂的能力。采用硫酸钠溶液法进行试验，碎石和卵石经 5 次循环后，其质量损失应符合表 7-14 的规定。

坚 固 性 指 标　　　　　　　　　　　　表 7-14

项　　目	指　　标		
	Ⅰ类	Ⅱ类	Ⅲ类
质量损失,%≤	5	8	12

7.2.4　混凝土用水

混凝土用水所含物质对混凝土、钢筋混凝土和预应力钢筋混凝土不应产生以下有害作用:

(1) 影响混凝土的和易性;

(2) 损害混凝土强度的发展;

(3) 降低混凝土的耐久性,加快钢筋腐蚀及导致预应力钢筋脆断;

(4) 污染混凝土表面。

混凝土用水是指混凝土拌合用水和混凝土养护用水的总称,包括:饮用水、地表水、地下水、再生水、混凝土企业设备洗刷水和海水等。地表水指存在于江、河、湖、塘、沼泽和冰川等中的水;地下水指存在于岩石缝隙或土壤孔隙中可以流动的水;再生水指污水经适当再生工艺处理后具有使用功能的水。

《混凝土用水标准》JGJ 63—2006 规定,符合国家标准的生活饮用水可用于混凝土;地表水、地下水、再生水的放射性应符合现行国家标准《生活饮用水卫生标准》GB 5749 的规定;混凝土企业设备洗刷水不宜用于预应力混凝土、装饰混凝土、加气混凝土和暴露于腐蚀环境的混凝土,不得用于使用碱活性或潜在碱活性骨料的混凝土;未经处理的海水严禁用于钢筋混凝土和预应力混凝土,在无法获得其他水源的情况下,海水可用于素混凝土,但不宜用于装饰混凝土。水在第一次使用时,或水质不明时须进行检验,合格后方可使用。

7.2.5　混凝土外加剂

混凝土外加剂是指在混凝土拌合过程中掺入的,用以改善混凝土性能的化学物质,其掺量一般不超过水泥质量的 5%。

1. 外加剂的分类

按外加剂的主要功能分类,外加剂可以分为:

(1) 改善混凝土拌合物流变性能的外加剂,包括各种减水剂和泵送剂等。

(2) 调节混凝土凝结、硬化时间的外加剂,包括缓凝剂、早强剂和速凝剂等。

(3) 改善混凝土耐久性的外加剂,包括引气剂、防水剂和阻锈剂等。

(4) 改善混凝土其他性能的外加剂,包括膨胀剂、防冻剂、着色剂、防水剂等。

2. 常用的外加剂

1) 减水剂

减水剂也称塑化剂,是指能保持混凝土的和易性不变,而显著减少其拌合用水量的外加剂。

水泥加水拌合后,由于水泥颗粒及水化产物吸附作用,会形成絮凝结构,如图 7-4 (a) 所示,在这些絮凝结构中包裹着部分拌合水,被包裹着的水没有起到提高流动性的作用,致使混凝土拌合物的流动性较低。掺入减水剂后,如图 7-4 (b) 所示,减水剂能拆散这些絮状结构,把包裹的水释放出来,从而提高了拌合物的流动性。这时,如果仍需保持原混凝土的和易性不变，则可显著减少拌合用水量，起到减水作用，故称为减水剂。在减少拌合用水（W）的同时如果保持胶凝材料（B）用量不变，即 $\dfrac{W}{B}$ 减小，可以提高强度；如果保持原强度不变，可在减水的同时减少胶凝材料用量，以达到节约胶凝材料的目的；由于拌合水量减少，拌合物的泌水、离析现象得到改善，可提高混凝土的抗冻性、抗渗性，因此混凝土的耐久性也能得到提高。

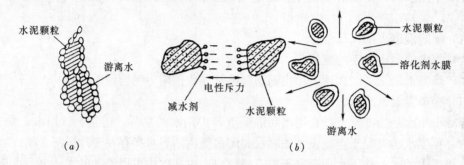

图 7-4 水泥浆的絮凝结构和减水剂作用示意图

减水剂是使用最广泛、效果最显著的一种外加剂，按其对混凝土性质的作用及减水效果可分为普通减水剂、高效减水剂、早强减水剂、缓凝减水剂和引气减水剂等；按其化学成分可分为木质素系、萘系、水溶树脂系、糖蜜系、腐殖酸系等。

2）早强剂

早强剂是指加速混凝土早期强度的发展，并对后期强度无显著影响的外加剂。

从混凝土开始拌合到凝结硬化形成一定的强度都需要一段较长的时间，为了缩短施工周期，例如：加速模板及台座的周转、缩短混凝土的养护时间、快速达到混凝土冬期施工的临界强度等，常需要掺入早强剂。目前常用的早强剂有氯盐、硫酸盐、三乙醇胺三大类以及以它们为基础的复合早强剂。

氯盐早强剂主要有氯化钙和氯化钠，其中氯化钙是国内外使用最为广泛的一种早强剂。氯盐外加剂可明显地提高混凝土的早期强度，由于 Cl^- 对钢筋有锈蚀作用，并导致混凝土开裂，因此通常控制其掺量。为了抑制氯化钙对钢筋的腐蚀作用，常将氯化钙与阻锈剂 $NaNO_2$ 复合作用。

硫酸盐类早强剂包括硫酸钠（Na_2SO_4）、硫代硫酸钠（$Na_2S_2O_3$）、硫酸钙（$CaSO_4$）、硫酸钾（K_2SO_4）、硫酸铝 $[Al_2(SO_2)_3]$，其中 Na_2SO_4 应用最广。

三乙醇胺是一种有机物，为无色或淡黄色油状液体，能溶于水，呈强碱性，有加速水泥水化的作用，适宜掺量为水泥质量的 $0.03\% \sim 0.05\%$，若超量会引起强度明显降低。

复合早强剂往往比单组分早强剂具有更优良的早强效果，掺量也可以比单组分早强剂有所降低。众多复合型早强剂中以三乙醇胺与无机盐类复合早强剂效果最好，应用最广。

3）引气剂

引气剂是指在混凝土搅拌过程中，能引入大量均匀分布的微小气泡，以减少混凝土拌合物泌水、离析，改善和易性，并能显著提高硬化混凝土抗冻性、耐久性的外加剂。

当搅拌混凝土拌合物时，引入的气泡具有滚珠作用，减小拌合物的摩擦阻力从而提高流动性；同时气泡还可缓解水分结冰产生的冰胀应力，且气泡呈封闭状态，很难吸入水分，所以混凝土的抗冻融破坏能力得以成倍提高，而且大量均匀分布的封闭气泡切断了渗水通道，提高了混凝土的抗渗能力；但是，由于气泡的弹性变形，使混凝土弹性模量降低，引气剂增加了混凝土的气泡，含气量每增加 1%，强度要损失 3%～5%。

引气剂主要有松香树脂类、烷基苯磺酸盐类和脂肪醇磺酸盐类，其中松香树脂类中的松香热聚物和松香皂应用最多，而松香热聚物效果最好。引气剂适用于配制抗冻混凝土、泵送混凝土、港口混凝土，不适宜蒸汽养护的混凝土。使用引气剂时，含气量控制在 3%～6%为宜。

4）缓凝剂

缓凝剂是指能延缓混凝土的凝结时间并对后期强度无明显影响的外加剂。

缓凝剂的品种有糖类、木质素磺酸盐类（如木质素磺酸钙）、羟基羧酸及其盐类（如柠檬酸、酒石酸钾钠等）、无机盐类等。

缓凝剂能使混凝土拌合物在较长时间内保持塑性状态，以利于浇灌成型，提高施工质量，而且还可延缓水化放热时间，降低水化热。

缓凝剂适用于长距离运输或长时间运输的混凝土、夏季和高温施工的混凝土、大体积混凝土等。不适用于 5℃以下的混凝土，也不适用于有早强要求的混凝土及蒸养混凝土。缓凝剂的掺量不宜过多，否则会引起强度降低，甚至长时间不凝结。

5）防冻剂

防冻剂是指在规定温度下，能显著降低混凝土的冰点，使混凝土液相不冻结或仅部分冻结，以保证水泥的水化作用，并在一定的时间内获得预期强度的外加剂。

为提高防冻剂的防冻效果，目前，工程上使用的防冻剂都是复合外加剂，由防冻组分、早强组分、引气组分、减水组分复合而成。防冻组分主要是降低水的冰点，使水泥在负温下仍能继续水化；早强组分主要是提高混凝土的早期强度，抵抗水结冰产生的膨胀力；引气组分主要是向混凝土中引入适量封闭气泡，减轻冰胀应力；减水组分主要是减少混凝土拌合用水量，以减少混凝土中冰含量，使冰晶粒度细小分散，减轻对混凝土的破坏应力。

常用的防冻剂有氯盐类（用氯盐或以氯盐为主的与其他早强剂、引气剂、减水剂复合的外加剂）、氯盐阻锈类（氯盐与阻锈剂为主复合的外加剂）、无氯盐类（以硝酸盐、亚硝酸盐、乙酸钠或尿素为主复合的外加剂）。

7.3　普通混凝土的主要技术性质

混凝土是由各组成材料按一定比例拌合而成的，尚未凝结硬化的材料称为混凝土拌合物，硬化后的人造石材称为硬化混凝土。混凝土拌合物的主要性质为和易性，硬化混凝土的主要性质为强度、耐久性。

7.3.1　混凝土拌合物的性质

1. 和易性的概念

和易性是指混凝土拌合物易于施工操作（包括搅拌、运输、振捣和养护等），并能获得质量均匀、成型密实的性能。和易性是一项综合性质，具体包括流动性、黏聚性、保水性三方面涵义。

流动性是指拌合物在本身自重或施工机械振捣的作用下，能产生流动并且均匀密实地填满模板的性能。流动性的大小，反映拌合物的稀稠，它直接影响着浇筑施工的难易和混凝土的质量。

黏聚性是指混凝土拌合物在施工过程中其组成材料之间有一定的黏聚力，不致产生分层离析的现象。混凝土拌合物是由密度、粒径不同的固体材料及水组成，各组成材料本身存在有分层的趋向，如果混凝土拌合物中各材料比例不当，黏聚性差，则在施工中易发生分层（拌合物中各组分出现层状分离现象）、离析（混凝土拌合物内某些组分的分离、析出现象）、泌水（指水从水泥浆中泌出的现象），尤其是对于大流动性的泵送混凝土来说更为重要。

保水性是指拌合物保持水分不易析出的能力。混凝土拌合物若保水性差就会发生泌水现象，泌水会在混凝土内部形成泌水通道，使混凝土密实性变差，降低混凝土的质量。

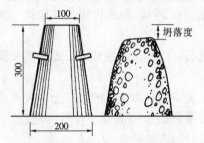

图 7-5 坍落度测定示意图

2. 和易性的评定

根据《普通混凝土拌合物性能试验方法标准》GB/T 50080—2002 规定，拌合物的和易性用坍落度与坍落扩展度法和维勃稠度法测定。坍落度与坍落扩展度法适用于骨料最大粒径不大于 40mm，坍落值不小于 10mm 的塑性和流动性混凝土拌合物；维勃稠度法适用于骨料最大粒径不大于 40mm，维勃稠度值在 5～30s 之间的干硬性混凝土拌合物。

1) 坍落度与坍落扩展度法

将拌合物按规定的方法装入坍落度筒内，并均匀插捣，装满刮平后，将坍落度筒垂直提起，移到混凝土拌合物一侧，拌合物在自重作用下向下坍落，量出筒高与混凝土试体最高点之间的高度差（mm），即为坍落度值（用 T 表示），如图 7-5，坍落度值越大，表示流动性越大。

黏聚性的评定，是用捣棒在已坍落的混凝土锥体侧面轻轻敲打，此时如果锥体保持整体均匀，逐渐下沉，则表示黏聚性良好，若锥体突然倒塌，部分崩裂或出现离析现象，则表示黏聚性不好。

保水性的评定，是以混凝土拌合物稀浆析出的程度来评定，坍落度筒提起后如有较多的稀浆从底部析出，锥体部分的混凝土也因失浆而骨料外露，则表明此拌合物保水性能不好；如坍落度筒提起后无稀浆或仅有少量稀浆自底部析出，则表示此混凝土拌合物保水性良好。

坍落度在 10～220mm 对混凝土拌合物的稠度具有良好的反应能力，但当坍落度大于 220mm 时，由于粗骨料堆积的偶然性，坍落度就不能很好地代表拌合物的稠度，需做坍落扩展度试验。

坍落扩展度试验是在做坍落度试验的基础上，当坍落度值大于 220mm 时，测量混凝土扩展后最终的最大直径和最小直径。在最大直径和最小直径的差值小于 50mm 时，用其算术平均值作为其坍落扩展度值。

2) 维勃稠度法

如图 7-6 为维勃稠度测定仪，将混凝土拌合物按规定方法装入坍落度筒内，将坍落度筒垂直提起后，把透明有机玻璃圆盘覆盖在拌合物锥体的顶面。开启振动台的同时用秒表计时，记录当透明圆盘下面布满水泥浆时，所经历的时间（以 s 计），

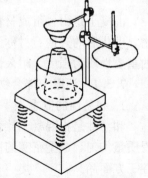

图 7-6 维勃稠度测定
示意图

称为维勃稠度（用 V 表示）。维勃稠度越大，表示混凝土的流动性越小。

3. 混凝土拌合物流动性的级别

混凝土拌合物按照坍落度和维勃稠度的大小各分为 5 个等级，如表 7-15 所示。

混凝土拌合物流动性的等级   表 7-15

坍落度等级		维勃稠度等级	
等级	坍落度（mm）	等级	维勃稠度（s）
S1	10～40	V0	≥31
S2	50～90	V1	30～21
S3	100～150	V2	20～11
S4	160～210	V3	10～6
S5	≥220	V4	5～3

4. 混凝土拌合物流动性的选择

拌合物流动性的选用原则是在满足施工条件及混凝土成型密实的条件下，应尽可能选用较小的流动性，以节约水泥并获得质量较高的混凝土。具体选用时，流动性的大小取决于构件截面尺寸、钢筋疏密程度及捣实方法。若构件截面尺寸小、钢筋密、振捣作用不强时，选择流动性大一些；反之，选择流动性小一些。混凝土浇筑时的坍落度选择如表 7-16。

混凝土浇筑时的坍落度   表 7-16

结　构　种　类	坍落度（mm）
基础或地面等的垫层、无配筋的大体积结构（挡土墙、基础等）或配筋稀疏的结构	10～30
板、梁或大型及中型截面的柱子等	30～50
配筋密列的结构（薄壁、斗仓、筒仓、细柱等）	50～70
配筋特密的结构	70～90

注：1. 本表系采用机械振捣时的坍落度，当采用人工振捣时可适当增大；

2. 轻骨料混凝土拌合物，坍落度宜较表中数值减少 10～20mm。

5. 影响混凝土和易性的因素

影响混凝土和易性的因素很多，主要有原材料的性质、原材料之间的相对含量（胶凝材料的用量、水胶比、砂率）、环境因素及施工条件等。

1) 胶凝材料的用量

胶凝材料的用量是指每立方米混凝土中水泥用量和活性矿物掺合料用量之和。

在水胶比一定的条件下，胶凝材料用量越多，包裹在砂石表面的胶凝材料浆体越厚，对砂石的润滑作用越好，拌合物的流动性越大。但胶凝材料浆体过多，则会产生流浆、泌水、离析和分层等现象，使拌合物黏聚性、保水性变差，而且使混凝土强度、耐久性降低。

2) 水胶比

水胶比是指混凝土中用水量与胶凝材料用量的质量比，用 W/B 表示。

在胶凝材料品种、用量一定的条件下，水胶比过小，混凝土过于干涩，会使施工困难，且不能保证混凝土的密实性；水胶比过大，胶凝材料浆体过稀，黏聚性、保水性变差，严重影响混凝土的强度和耐久性。水胶比的大小应根据混凝土的强度和耐久性合理选用。

3）砂率

砂率指混凝土中砂占砂、石总质量的百分率，可用下式来表示：

$$\beta_s = \frac{m_s}{m_s + m_g} \times 100\%$$

式中　β_s——砂率（%）；

m_s——砂的质量（kg）；

m_g——石子的质量（kg）。

砂率的变动会使骨料的空隙率和骨料总表面积有显著的变化，因而对混凝土拌合物的和易性有很大的影响。如图 7-7 所示，砂率过大或过小，都会使拌合物的流动性降低，而且还会影响拌合物的黏聚性和保水性。因此，在进行混凝土配合比设计时，为保证和易性，应选择最佳砂率（也称合理砂率）。最佳砂率是指在胶凝材料用量、水量一定的条件下，能使混凝土拌合物获得最大的流动性而且保持良好的黏聚性和保水性的砂率，如图 7-7 所示；或者是使混凝土拌合物获得所要求的和易性的前提下，胶凝材料用量最小的砂率，如图 7-8 所示。

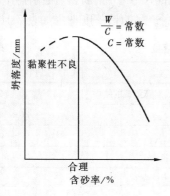

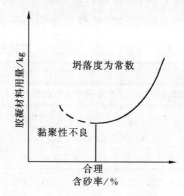

图 7-7　砂率与流动性的关系　　　　图 7-8　砂率与胶凝材料用量的关系

4）胶凝材料品种及细度

不同的胶凝材料品种，其特性上的差异导致混凝土拌合物和易性的差异。例如矿渣水泥的保水性较差，而火山灰水泥的保水性和黏聚性好，流动性小。

水泥颗粒越细，在相同的条件下，所拌混凝土拌合物流动性越小，但黏聚性和保水性好。

5）骨料的性质

级配良好的骨料，其拌合物流动性较大，黏聚性和保水性较好；表面光滑的骨料，其拌合物流动性较大。若杂质含量多，针片状颗粒含量多，则其流动性变差。

6）环境因素、施工条件、时间

环境温度的变化会影响到混凝土的和易性。因为环境温度的升高，水分蒸发及水化反应加快，坍落度损失也加快，图 7-9 为温度对混凝土拌合物坍落度的影响。

拌合物拌制后，随着时间的延长而逐渐变得干稠，流动性减小。图 7-10 是时间对拌

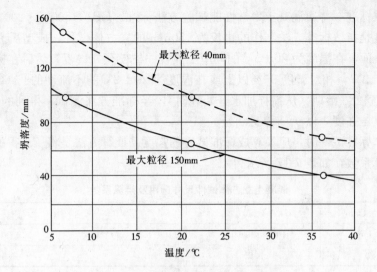

图 7-9　温度对拌合物坍落度的影响

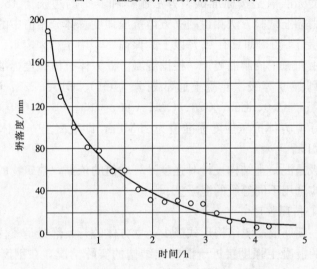

图 7-10　时间对拌合物坍落度的影响

合物坍落度的影响。

采用机械搅拌的混凝土拌合物的和易性好于人工拌合的。

7）外加剂

在拌制混凝土时，加入很少量的外加剂，如引气剂、减水剂等，能使混凝土拌合物在不增加水量的条件下，获得很好的和易性。

掺入粉煤灰、硅灰、磨细沸石粉等掺合料，也可改善拌合物的和易性。

7.3.2　硬化混凝土的强度

混凝土的强度包括抗压强度、抗拉强度、抗弯强度、抗剪强度及钢筋与混凝土的粘结强度，其中混凝土的抗压强度最大，抗拉强度最小，约为抗压强度的 $1/20 \sim 1/10$。抗压强度与其他强度之间有一定的相关性，可根据抗压强度的大小来估计其他强度值。

1. 抗压强度与强度等级

根据国家标准《普通混凝土力学性能试验方法标准》GB/T 50081—2002 的规定，混凝土抗压强度是指按标准方法制作的边长为 150mm 的立方体试件，成型后立即用不透水的薄膜覆盖表面，在温度为 20±5℃的环境中静置一昼夜至二昼夜，然后在标准养护条件下（温度 20±2℃，相对湿度 95％以上或在温度为 20±2℃的不流动的 $Ca(OH)_2$ 饱和溶液中），养护至 28d 龄期（从搅拌加水开始计时），经标准方法测试，得到的抗压强度值，称为混凝土抗压强度，以 f_{cc} 来表示。

当采用非标准试件时，应换算成标准试件的强度，换算方法是将所测得的抗压强度乘以相应的换算系数，如表 7-17 所示。

混凝土立方体试件尺寸选用及换算系数　　　　　　　　　　　　表 7-17

骨料最大粒径（mm）	31.5	40	63
试件尺寸（mm）	$100 \times 100 \times 100$	$150 \times 150 \times 150$	$200 \times 200 \times 200$
系　　数	0.95	1	1.05

立方体抗压强度标准值是按标准试验方法制作和养护的边长为 150mm 的立方体试件，在 28d 龄期，用标准试验方法测得的立方体抗压强度总体分布值中的一个值，强度低于该值的百分率不超过 5％，即具有 95％以上的保证率，用 $f_{cu,k}$ 来表示。

为便于设计选用和施工控制混凝土，根据混凝土立方体抗压强度标准值，将混凝土强度分成若干等级，即强度等级，混凝土通常划分为 C10、C15、C20、C25、C30、C35、C40、C45、C50、C55、C60、C65、C70、C75、C80、C85、C90、C95 和 C100 等 19 个等级。例如 C25 表示立方体抗压强度标准值为 25MPa，即混凝土立方体抗压强度标准值 $25MPa < f_{cu,k} < 30MPa$。

混凝土强度等级是混凝土结构设计时强度计算取值的依据，建筑物的不同部位或承受不同荷载的结构，应选用不同等级的混凝土。

2. 混凝土的轴心抗压强度

在实际工程中，钢筋混凝土结构形式极少是立方体的，大部分是棱柱体形式或圆柱体形式，为了使测得的混凝土强度接近于混凝土结构的实际情况，在钢筋混凝土结构计算中，计算轴心受压构件时，都是以混凝土的轴心抗压强度为设计取值。

根据《普通混凝土力学性能试验方法标准》GB/T 50081—2002 的规定，测轴心抗压强度采用 150mm×150mm×300mm 的棱柱体作为标准试件，其制作与养护同立方体试件。大量试验表明：轴心抗压强度 f_{cp} 与立方体抗压强度 f_{cc} 之间存在一定的关系，在立方体抗压强度 $f_{cc} = 10 \sim 55MPa$ 的范围内，$f_{cp} = (0.7 \sim 0.8) f_{cc}$。

3. 影响混凝土强度的主要因素

混凝土的强度与胶凝材料强度、水胶比及骨料的性质有密切关系，此外还受到施工质量、养护条件及龄期的影响。

1）胶凝材料强度和水胶比

胶凝材料强度和水胶比是影响混凝土强度的主要因素。

在相同的配合比条件下，胶凝材料强度越高，其胶结力越强，所配制的混凝土强度越高。

在胶凝材料的强度及其他条件相同的情况下，水胶比越大，用水量越多，多余水分蒸发留下的毛细孔越多，从而使混凝土强度降低；反之，水胶比越小，混凝土强度越高，但水胶比过小，拌合物过于干稠，也不易保证混凝土的质量。

试验证明，当混凝土的强度等级小于 C60，水胶比在 0.30～0.68 时，混凝土强度与水胶比之间呈近似双曲线关系，而与胶水比呈直线关系，如图 7-11 所示。

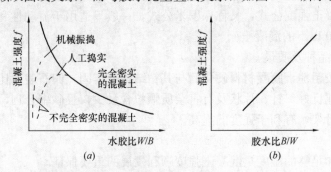

图 7-11　混凝土强度与水胶比、胶水比的关系

混凝土强度与胶凝材料强度、胶水比之间的关系可用经验公式表示：

$$f_{cu} = \alpha_a f_b \left(\frac{B}{W} - \alpha_b \right)$$

式中　f_{cu}——混凝土 28d 龄期的抗压强度（MPa）；

　　　f_b——胶凝材料 28d 胶砂抗压强度实测值（MPa）。当无法取得胶凝材料 28d 胶砂抗压强度实测强度值时，可按 $f_b = \gamma_f \gamma_s f_{ce}$ 求得，γ_f、γ_s 为粉煤灰影响系数和粒化高炉矿渣粉影响系数，可按表 7-18 选用；

粉煤灰影响系数（γ_f）、和粒化高炉矿渣粉影响系数（γ_s）　　　表 7-18

掺量（%） \ 种类	粉煤灰影响系数 γ_f	粒化高炉矿渣粉影响系数 γ_s
0	1.00	1.00
10	0.85～0.95	1.00
20	0.75～0.85	0.95～1.00
30	0.65～0.75	0.90～1.00
40	0.55～0.65	0.80～0.90
50	—	0.70～0.85

　　　B/W——胶水比；

　　　f_{ce}——水泥 28d 胶砂抗压强度（MPa）实测值（MPa）。当无实测值，可按式 $f_{ce} = \gamma_c f_{ce,g}$ 计算求得，式中 $f_{ce,g}$ 为水泥强度等级值（MPa），γ_c 为水泥强度等级值的富余系数，可按实际统计资料确定，当缺乏实际统计资料时，可按表 7-19 选用；

水泥强度等级值的富余系数（γ_c）　　　表 7-19

水泥强度等级值	32.5	42.5	52.5
富余系数	1.12	1.16	1.10

α_a、α_b——回归系数。应根据工程所使用的原材料，通过试验建立的水胶比与混凝土强度关系式确定，当不具备上述试验统计资料时，则可按《普通混凝土配合比设计规程》JGJ 55—2011 提供的回归系数取用：对于碎石 $\alpha_a = 0.53$，$\alpha_b = 0.20$；对于卵石 $\alpha_a = 0.49$，$\alpha_b = 0.13$。

上式称为混凝土强度公式，又称保罗米公式，一般只适用于流动性和低流动性且混凝土强度等级在 C60 以下的混凝土。

2）粗骨料的品种及质量

碎石表面比较粗糙，胶凝材料硬化后与其粘结比较牢固，卵石表面比较光滑，粘结性则差。骨料的级配良好，针、片状及有害杂质颗粒含量少，且砂率合理，可使骨料空隙率小，组成密实的骨架，有利于强度的提高。

3）养护条件

适当的温度和足够的湿度是混凝土强度顺利发展的重要保证。

温度升高，水化速度加快，混凝土强度的发展也快；反之，在低温下混凝土强度发展相应迟缓，温度对混凝土强度的影响如图 7-12。当温度处于冰点以下时，由于混凝土中的水分大部分结冰，混凝土的强度不但停止发展，同时还会受到冻胀破坏作用，严重影响混凝土的早期强度和后期强度。

水是胶凝材料水化反应的必要成分，湿度适当，胶凝材料水化能顺利进行，使混凝土强度得到充分发挥。如果湿度不够，胶凝材料水化反应不能正常进行，甚至水化停止，使混凝土结构疏松，形成干缩裂缝，严重降低了混凝土的强度和耐久性。图 7-13 是混凝土强度与保持潮湿日期的关系。

为加速混凝土强度的发展，提高混凝土早期强度，在工程中可以采用蒸汽养护和蒸压养护。

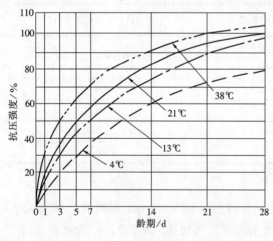

图 7-12 混凝土强度与养护温度的关系

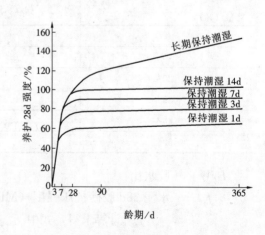

图 7-13 潮湿养护时间与混凝土强度的关系

4）龄期

龄期指混凝土在正常养护条件下所经历的时间，混凝土的强度随着龄期增加而增大，最初的 7～14d 发展较快，28d 以后增长缓慢，在适宜的温、湿度条件下其增长过程可达数十年之久。

5）外加剂和掺合料

掺减水剂，特别是高效减水剂，可大幅度降低用水量和水胶比，使混凝土的强度显著提高，掺高效减水剂是配制高强度混凝土的主要措施，掺早强剂可显著提高混凝土的早期强度。

在混凝土中掺入高活性的掺合料（如优质粉煤灰、硅灰、磨细矿渣粉等），可以与水泥的水化产物进一步发生反应，产生大量的凝胶物质，使混凝土更趋于密实，强度也进一步得到提高。

此外，施工条件、试验条件等都会对混凝土的强度产生一定的影响。

7.3.3 硬化混凝土的耐久性

混凝土的耐久性是指混凝土在使用条件下抵抗周围环境各种因素长期作用的能力。混凝土的耐久性是一项综合性质，通常包括抗渗性、抗冻性、抗侵蚀性、抗碳化及碱—骨料反应等性能。

1. 混凝土的抗渗性

抗渗性是指混凝土抵抗水、油等压力液体渗透作用的能力。它是一项非常重要的耐久性指标，直接影响混凝土的抗冻性和抗侵蚀性。

混凝土的抗渗性用抗渗等级 PN 表示，有 P4、P6、P8、P10、P12 等五个等级，相应表示混凝土能抵抗 0.4MPa、0.6MPa、0.8MPa、1.0MPa 及 1.2MPa 的静水压力而不渗水。

混凝土渗水的主要原因是由于内部的孔隙形成连通的渗水通道。这些渗水通道主要来源于混凝土中多余水分蒸发而留下的毛细孔、胶凝材料浆体泌水形成的泌水通道、各种收缩形成的微裂缝等。

2. 混凝土的抗冻性

混凝土的抗冻性是指混凝土在吸水饱和状态下，能经受多次冻融循环而不破坏，同时也不严重降低强度的性能。

混凝土的抗冻性用抗冻等级 FN 表示，混凝土的抗冻等级分别为：F10、F15、F25、F50、F100、F150、F200、F250 和 F300 等，例如，F50 表示混凝土在规定的条件下能承受最大冻融循环次数为 50 次。

混凝土的抗冻性主要取决于混凝土的构造特征和含水程度。具有较高密实度及含闭口孔多的混凝土具有较高的抗冻性，混凝土中饱和水程度越高，产生的冰冻破坏越严重。

3. 混凝土的抗碳化性

混凝土的碳化，也称为中性化，是指空气中的 CO_2 在湿度适宜的条件下与水泥水化产物 $Ca(OH)_2$ 发生反应，生成碳酸钙和水，使混凝土碱度降低的过程。

碳化使混凝土内部碱度降低，对钢筋的保护作用降低，使钢筋易锈蚀，对钢筋混凝土造成极大的破坏。碳化对混凝土也有有利的影响，碳化放出的水分有助于水泥的水化作用，而且碳酸钙可填充水泥石孔隙，提高混凝土的密实度。

4. 提高混凝土耐久性的措施

从上述对混凝土耐久性的分析来看，耐久性的各个性能都与混凝土的组成材料、混凝土的孔隙率、孔隙构造密切相关，因此提高混凝土耐久性的措施主要有以下内容：

（1）据混凝土工程所处的环境条件和工程特点选择合理的胶凝材料品种；

（2）设计使用年限为 50 年的混凝土结构，其混凝土材料宜符合表 7-20 和表 7-21 的规定。

（3）选用杂质少、级配良好的粗、细骨料，并尽量采用合理砂率；

（4）掺引气剂、减水剂等外加剂，以提高抗冻、抗渗等性能；

（5）在混凝土施工中，应搅拌均匀、振捣密实、加强养护，增加混凝土密实度，提高混凝土质量；

（6）采用浸渍处理或用有机材料作防护涂层。

结构混凝土材料的耐久性基本要求 GB 50010—2010 　　　　表 7-20

环境等级	条件	最低强度等级	最大水胶比	最大氯离子含量（%）	最大碱含量（kg/m³）
一	• 室内干燥环境； • 无侵蚀性静水浸没环境。	C20	0.60	0.30	不限制
二 a	• 室内潮湿环境； • 非严寒和非寒冷地区的露天环境； • 非严寒和非寒冷地区与无侵蚀性的水或土壤直接接触的环境； • 寒冷和严寒地区的冰冻线以下与无侵蚀性的水或土壤直接接触的环境。	C25	0.55	0.20	3.0
二 b	• 干湿交替环境； • 水位频繁变动环境； • 严寒和寒冷地区的露天环境； • 严寒和寒冷地区冰冻线以上与无侵蚀性的水或土壤直接接触的环境。	C30 (C25)	0.50 (0.55)	0.15	
三 a	• 严寒和寒冷地区冬季水位变动区环境； • 受除冰盐影响环境； • 海风环境。	C35 (C30)	0.45 (0.50)	0.15	
三 b	• 盐渍土环境； • 受除冰盐作用环境； • 海岸环境。	C40	0.40	0.10	

注：1. 处于严寒和寒冷地区二 b、三 a 类环境中的混凝土应使用引气剂，并可采用括号中的有关参数；

　　2. 氯离子含量是指氯离子占胶凝材料总量的百分比。

混凝土的最小胶凝材料用量 JGJ 55—2011 　　　　表 7-21

最大水胶比	最小胶凝材料用量（kg/m³）		
	素混凝土	钢筋混凝土	预应力混凝土
0.60	250	280	300
0.55	280	300	300
0.50	320		
≤0.45	330		

7.4 普通混凝土配合比设计

普通混凝土配合比是指混凝土中胶凝材料、粗细骨料、水、外加剂等各项组成材料用量之间的比例关系。配合比通常有两种表示方式：一种是以每立方米混凝土中各种材料的用量来表示，如水泥 247kg、粉煤灰 106kg、水 172kg、砂 770kg、石子 1087kg、外加剂 3.53kg；另一种是以各种材料相互间质量比来表示（以水泥质量为1），如水泥：粉煤灰：砂子：石子＝1：0.43：3.12：4.40，水胶比为 0.49。

7.4.1 混凝土配合比设计的基本要求

（1）混凝土结构设计要求的强度等级；

（2）施工方面要求的混凝土拌合物和易性；

（3）与使用环境相适应的耐久性要求（如抗冻等级、抗渗等级和抗侵蚀性等）；

（4）在满足以上三项技术性质的前提下，尽量做到节约水泥和降低混凝土成本，符合经济原则。

7.4.2 混凝土配合比设计的三个重要参数

在混凝土配合比中，水胶比、单位用水量及砂率值直接影响混凝土的技术性质和经济效益，是配合比的三个重要参数。混凝土配合比设计就是要正确地确定这三个参数。

7.4.3 配合比设计的步骤

在进行混凝土配合比设计之前，必须详细掌握工程要求、施工条件和各种原材料的性能指标。

混凝土的配合比首先根据选定的原材料及配合比设计的基本要求，通过经验公式、经验表格进行初步设计，得出"初步配合比"；在初步配合比的基础上，经试拌、检验、调整到和易性满足要求时，得出"基准配合比"；在试验室进行混凝土强度检验、复核（如有其他性能要求，则做相应的检验项目，如抗冻性、抗渗性等），得出"设计配合比（也叫试验室配合比）"；最后以现场原材料情况（如砂、石含水情况等）修正设计配合比，得出"施工配合比"。

1. 初步配合比的确定

1) 确定配制强度（$f_{cu,o}$）

当混凝土的设计强度等级小于 C60 时，配制强度按下式确定：

$$f_{cu,0} \geqslant f_{cu,k} + 1.645\sigma$$

式中　$f_{cu,0}$——混凝土的配制强度（MPa）；

　　　$f_{cu,k}$——设计要求的混凝土强度等级所对应的立方体抗压强度标准值（MPa）；

　　　1.645——达到 95％强度保证率时的系数；

　　　σ——混凝土强度标准差（MPa）。

上式中 σ 的大小反映施工单位的质量管理水平，σ 愈大，说明混凝土施工质量愈不稳定。当施工单位不具有近期的同一品种混凝土强度资料时，混凝土强度标准差 σ 按表 7-22 选用。

混凝土 σ 取值　　　　　　　　　　　表 7-22

混凝土强度等级	≤C20	C25~C45	C50~C55
σ（MPa）	4.0	5.0	6.0

当混凝土的设计强度等级不小于 C60 时，配制强度应按下式确定：

$$f_{cu,0} \geqslant 1.15 f_{cu,k}$$

2）确定水胶比（W/B）

混凝土强度等级小于 C60 时，按混凝土强度经验公式计算水胶比。

$$f_{cu,0} = \alpha_a f_b \left(\frac{B}{W} - \alpha_b \right)$$

$$则 \quad \frac{W}{B} = \frac{\alpha_a f_b}{f_{cu,0} + \alpha_a \alpha_b f_b}$$

为了保证必要的耐久性，所计算的水胶比不得大于表 7-20 中规定的最大水胶比，否则，应以表 7-20 规定的最大水胶比为依据进行设计。

3）确定单位用水量（m_{wo}）

混凝土单位用水量的多少，是控制混凝土拌合物流动性大小的主要因素，一般是根据本单位所用材料按经验选用，如无经验，应按《普通混凝土配合比设计规程》JGJ 55—2011 的规定选用。

（1）干硬性和塑性混凝土用水量的确定

水胶比在 0.40~0.80 范围时，根据粗骨料的品种、最大粒径及施工要求的混凝土拌合物稠度，其用水量可按表 7-23 和表 7-24 选取。

干硬性混凝土的用水量（kg/m³）　　　　　　表 7-23

拌合物稠度		卵石最大粒径（mm）			碎石最大粒径（mm）		
项　目	指　标	10	20	40	16	20	40
维勃稠度（s）	16~20	175	160	145	180	170	155
	11~15	180	165	150	185	175	160
	5~10	185	170	155	190	180	165

塑性混凝土的用水量（kg/m³）　　　　　　表 7-24

拌合物稠度		卵石最大粒径（mm）				碎石最大粒径（mm）			
项　目	指　标	10	20	31.5	40	16	20	31.5	40
坍落度（mm）	10~30	190	170	160	150	200	185	175	165
	35~50	200	180	170	160	210	195	185	175
	55~70	210	190	180	170	220	205	195	185
	75~90	215	195	185	175	230	215	205	195

注：1. 本表用水量采用中砂时的平均取值，采用细砂时，每立方米混凝土用水量可增加 5~10kg；采用粗砂时，则可减少 5~10kg；掺用各种外加剂或掺合料时，用水量应相应调整；

　　2. 水胶比小于 0.40 的混凝土以及采用特殊成型工艺的混凝土用水量，应通过试验确定。

（2）流动性和大流动性混凝土用水量的确定

以表 7-24 中坍落度 90mm 的用水量为基础，按坍落度每增大 20mm 用水量增加 5kg，计算出未掺外加剂时的用水量。

掺外加剂时混凝土的用水量可按下式计算：

$$m_{w0} = m'_{w0}(1-\beta)$$

式中　m_{w0}——掺外加剂时每立方米混凝土的用水量，kg；

　　　m'_{w0}——未掺外加剂时每立方米混凝土的用水量，kg；

　　　β——外加剂的减水率（％），β 值按试验确定。

4）确定胶凝材料、矿物掺合料、水泥用量和外加剂用量

（1）每立方米混凝土的胶凝材料用量 m_{b0}

每立方米混凝土的胶凝材料用量 m_{b0}，根据已确定的单位用水量 m_{w0} 和水胶比 W/B，按下式计算：

$$m_{b0} = \dfrac{m_{w0}}{\left(\dfrac{W}{B}\right)}$$

为了保证混凝土的耐久性，所计算的胶凝材料用量同样要满足表 7-21 中规定的最小胶凝材料用量，否则，应以表 7-21 规定的最小胶凝材料用量为依据进行设计。

（2）每立方米混凝土的矿物掺合料用量 m_{f0}

每立方米混凝土的矿物掺合料用量 m_{f0}，应按下式计算：

$$m_{f0} = m_{b0}\beta_f$$

式中　β_f——矿物掺合料掺量，应通过试验确定。

当采用硅酸盐水泥或普通硅酸盐水泥时，钢筋混凝土中矿物掺合料最大掺量宜符合表 7-25 的规定。对基础大体积混凝土，粉煤灰、粒化高炉矿渣粉和复合掺合料的最大掺量可增加 5％。

钢筋混凝土中矿物掺合料最大掺量　　　　　　表 7-25

矿物掺合料种类	水胶比	最大掺量（％）	
		采用硅酸盐水泥时	采用普通硅酸盐水泥时
粉煤灰	≤0.40	45	35
	>0.40	40	30
粒化高炉矿渣粉	≤0.40	65	55
	>0.40	55	45
钢渣粉	—	30	20
磷渣粉	—	30	20
硅灰	—	10	10
复合掺合料	≤0.40	65	55
	>0.40	55	45

注：1. 采用其他通用硅酸盐水泥时，宜将水泥混合材料掺量 20％以上的混合材料计入矿物掺合料；

　　2. 复合掺合料各组分的掺量不宜超过单掺时的最大掺量；

　　3. 在混合使用两种或两种以上矿物掺合料时，矿物掺合料总掺量应符合表中复合掺合料规定。

（3）每立方米混凝土的水泥用量 m_{c0}

每立方米混凝土的水泥用量 m_{c0}，应按下式计算：

$$m_{c0} = m_{b0} - m_{f0}$$

（4）每立方米混凝土的外加剂用量 m_{a0}

$$m_{a0} = m_{b0}\beta_a$$

式中 β_a——外加剂掺量（％），应通过试验确定。

5）选取合理砂率（β_s）

合理砂率值主要应根据混凝土拌合物的坍落度、黏聚性及保水性等特征通过试验来确定，或者根据本单位对所用材料的使用经验找出合理砂率。如无统计资料，可按下列规定执行：

（1）坍落度小于 10mm 的混凝土，其砂率应经试验确定；

（2）坍落度为 10～60mm 的混凝土，其砂率可根据混凝土骨料品种、最大公称粒径及水胶比按表 7-26 选取；

（3）坍落度大于 60mm 的混凝土，其砂率可经试验确定，也可在表 7-26 的基础上，按坍落度每增大 20mm、砂率增大 1％的幅度予以调整。

混凝土的砂率（％）　　　　　　　　　　　　　　表 7-26

水胶比	卵石最大粒径（mm）			碎石最大粒径（mm）		
	10	20	40	16	20	40
0.40	26～32	25～31	24～30	30～35	29～34	27～32
0.50	30～35	29～34	28～33	33～38	32～37	30～35
0.60	33～38	32～37	31～36	36～41	35～40	33～38
0.70	36～41	35～40	34～39	39～44	38～43	36～41

注：1. 表中数值系中砂的选用砂率，对细砂或粗砂可相应的减小或增大砂率；

　　2. 只用一个单粒级粗骨料配制混凝土时，砂率应适当增大；

　　3. 采用机制砂配制混凝土时，砂率可适当增大。

6）确定 $1m^3$ 混凝土的砂石用量（m_{s0}、m_{g0}）

砂、石用量的确定可采用体积法或质量法求得。

（1）体积法（绝对体积法）

假定 $1m^3$ 混凝土拌合物体积等于各组成材料绝对体积及拌合物中所含空气的体积之和，据此可列出下列方程组，解得 m_{s0}、m_{g0}：

$$\begin{cases} \dfrac{m_{c0}}{\rho_c} + \dfrac{m_{f0}}{\rho_f} + \dfrac{m_{s0}}{\rho_{0s}} + \dfrac{m_{g0}}{\rho_{0g}} + \dfrac{m_{w0}}{\rho_w} + 0.01\alpha = 1 \\ \beta_s = \dfrac{m_{s0}}{m_{s0} + m_{g0}} \times 100\% \end{cases}$$

式中 ρ_c、ρ_f、ρ_w——分别为水泥、矿物掺合料、水的密度（kg/m³）；

　　　　ρ_{0s}、ρ_{0g}——分别为砂、石的表观密度（kg/m³）；

　　　　α——混凝土的含气量百分数，在不用引气剂或引气型外加剂时，α 可取 1。

（2）质量法（假定表观密度法）

根据经验，如果原材料比较稳定时，所配制的混凝土拌合物的表观密度将接近一个固定值。因此，可假定 $1m^3$ 混凝土拌合物的质量为 m_{cp}，由以下方程组解出 m_{s0}、m_{g0}：

$$\begin{cases} m_{c0} + m_{f0} + m_{s0} + m_{g0} + m_{w0} = m_{cp} \\ \beta_s = \dfrac{m_{s0}}{m_{s0} + m_{g0}} \times 100\% \end{cases}$$

m_{cp}可根据积累的试验资料确定，在无资料时，其值可取 2350～2450kg/m³。

通过以上 6 个步骤，水泥、矿物掺合料、砂、石、水的用量全部求出，即得到初步配合比。

2. 基准配合比的确定

初步配合比多是借助经验公式或经验资料查得的，因而不一定能满足实际工程的和易性要求。因此，应进行试配与调整，直到混凝土拌合物的和易性满足要求为止，此时得出的配合比即混凝土的基准配合比，它可作为检验混凝土强度之用。

3. 设计配合比的确定

经过上述的试拌和调整所得出的基准配合比仅仅满足混凝土和易性要求，其强度是否符合要求，还需进一步进行检验和调整，直到强度也能够满足要求，此时的配合比称为设计配合比。

4. 施工配合比的确定

混凝土的设计配合比是以干燥状态骨料为准，而工地存放的砂、石材料都含有一定的水分，故现场材料的实际用量应按砂、石含水情况进行修正，修正后的配合比为施工配合比。

假定工地上测出砂的含水率为 $a\%$，石子的含水率为 $b\%$，则将上述设计配合比换算为施工配合比，其材料称量为：

水泥 $m'_c = m_c$

矿物掺合料 $m'_f = m_f$

砂子 $m'_s = m_s(1+a\%)$

石子 $m'_g = m_g(1+b\%)$

水 $m'_w = m_w - m_s \cdot a\% - m_g \cdot b\%$

【例 7-2】 某室内现浇钢筋混凝土梁，混凝土设计强度等级为 C30，泵送施工，要求施工时混凝土拌合物坍落度为 180mm，混凝土搅拌单位无历史统计资料，试进行混凝土初步配合比设计。

该工程所用原材料技术指标如下：

水泥：42.5 级的普通硅酸盐水泥，密度 $\rho_c = 3100$kg/m³，28d 强度实测值 $f_{ce} = 48.0$MPa；

粉煤灰：Ⅱ级，表观密度 $\rho_f = 2200$kg/m³；

中砂：级配合格，表观密度 $\rho_{0s} = 2650$kg/m³；

碎石：5～31.5mm 连续级配，表观密度 $\rho_{0g} = 2700$kg/m³；

外加剂：奈系高效减水剂，减水率为 24%；

水：自来水。

【解】 1. 确定配制强度 $f_{cu,0}$

混凝土搅拌单位无历史统计资料，查表 7-22，取 $\sigma = 5.0$ MPa。

$$f_{cu,0} = f_{cu,k} + 1.645\sigma = 30 + 1.645 \times 5.0 = 38.2\text{MPa}$$

2. 确定水胶比 W/B

查表 7-25，选取粉煤灰的掺量为 30%，其影响系数查表 7-18，取 $\gamma_f = 0.70$，则

$$f_b = \gamma_f f_{ce} = 0.7 \times 48.0 = 33.6\text{MPa}$$

本工程采用碎石，回归系数 $\alpha_a = 0.53$，$\alpha_b = 0.20$，利用强度经验公式计算水胶比 W/B

$$\frac{W}{B} = \frac{\alpha_a f_b}{f_{cu,0} + \alpha_a \alpha_b f_b} = \frac{0.53 \times 33.6}{38.2 + 0.53 \times 0.20 \times 33.6} = 0.43$$

查表 7-20，为了满足耐久性要求，在干燥环境中最大水胶比为 0.60，所以取水胶比为 0.43。

3. 确定单位用水量（m_{w0}）

(1) 查表 7-24，坍落度为 90mm 不掺外加剂时混凝土用水量为 205kg，按每增加 20mm 坍落度增加 5kg 水，求出未掺外加剂时的用水量为

$$m'_{w0} = 205 + \frac{180 - 90}{20} \times 5 = 227.5 \text{kg}$$

(2) 确定掺减水率为 24% 的高效减水剂后，混凝土拌合物坍落度达到 180mm 时的用水量为

$$m_{w0} = m'_{w0}(1 - \beta) = 227.5 \times (1 - 0.24) = 173 \text{kg}$$

4. 计算胶凝材料用量 m_{b0}、粉煤灰用量 m_{f0}、水泥用量 m_{c0} 和外加剂用量 m_{a0}。

(1) 计算胶凝材料用量 m_{b0}

$$m_{b0} = \frac{m_{w0}}{W/B} = \frac{173}{0.43} = 402 \text{kg}$$

查表 7-21，为了满足耐久性要求，最小胶凝材料用量为 330kg，所以取胶凝材料用量为 402kg。

(2) 计算粉煤灰用量 m_{f0}

$$m_{f0} = m_{b0} \beta_f = 402 \times 0.30 = 121 \text{kg}$$

(3) 计算水泥用量 m_{c0}

$$m_{c0} = m_{b0} - m_{f0} = 402 - 121 = 281 \text{kg}$$

(4) 外加剂用量根据试验确定。

5. 确定砂率（β_s）

本例采用泵送混凝土，要求施工时混凝土拌合物坍落度为 180mm。查表 7-26 并计算，得砂率为 $\beta_s = 38\%$。

6. 计算砂石用量（m_{s0}，m_{g0}）

(1) 体积法

$$\begin{cases} \dfrac{281}{3100} + \dfrac{121}{2200} + \dfrac{m_{s0}}{2650} + \dfrac{m_{g0}}{2700} + \dfrac{173}{1000} + 0.01 = 1 \\ \dfrac{m_{s0}}{m_{s0} + m_{g0}} = 0.38 \end{cases}$$

解得 $m_{s0} = 684 \text{kg}$，$m_{g0} = 1116 \text{kg}$

初步配合比为 $m_{c0} = 281 \text{kg}$，$m_{f0} = 121 \text{kg}$，$m_{s0} = 684 \text{kg}$，$m_{g0} = 1116 \text{kg}$，$m_{w0} = 173 \text{kg}$。

(2) 质量法

假定混凝土拌合物的表观密度为 2400kg/m³，则

$$\begin{cases} 281 + 121 + m_{s0} + m_{g0} + 173 = 2400 \\ \dfrac{m_{s0}}{m_{s0} + m_{g0}} = 0.38 \end{cases}$$

解得 $m_{s0}=693\text{kg}$，$m_{g0}=1131\text{kg}$。

初步配合比为 $m_{c0}=281\text{kg}$，$m_{f0}=121\text{kg}$，$m_{s0}=693\text{kg}$，$m_{g0}=1131\text{kg}$，$m_{w0}=173\text{kg}$。

7.5 装饰混凝土

普通混凝土主要作为结构材料使用，装饰混凝土是一种饰面混凝土，它充分利用混凝土的可塑性和材料构成的特点，在墙体、构件成型时采取一定的工艺，使其表面具有装饰性的线型、图案、纹理、质感及色彩，以满足建筑立面装饰的要求。

装饰混凝土的种类有彩色混凝土、清水装饰混凝土和外露骨料混凝土等。

7.5.1 彩色混凝土

彩色混凝土是采用白水泥或彩色水泥为胶凝材料，或者在普通混凝土中掺入适量的着色剂而制成的。可以整体采用彩色混凝土，也可以只将混凝土的表面部分做成彩色的，前者成本较高。

彩色混凝土色彩效果的好与差，着色是关键，这与颜料性质、掺量和掺加方法有关。掺加到混凝土的颜料，要有良好的分散性，暴露在空气中耐久不褪色。彩色混凝土的着色方法，有掺加彩色外加剂、无机矿物颜料、化学着色剂、干撒着色硬化剂、外涂着色等。

从建筑装饰功能出发，彩色混凝土所用的骨料与普通水泥混凝土有所不同，除一般骨料外还需使用价格较高的彩色骨料，如大理石、花岗岩、陶瓷、彩色陶粒等。这类彩色骨料的形状、尺寸及粒度是多种多样的，要特别注意这些骨料对混凝土性能的影响。

目前，整体着色的彩色混凝土应用较少，而在普通混凝土表面加做彩色饰面层，制成彩色混凝土地面砖，已有广泛的应用，常用于园林、人行道和庭院。图7-14为彩色混凝土面砖和花格砖图样。

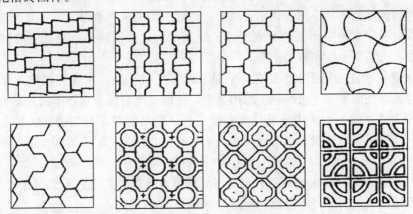

图 7-14 彩色混凝土面砖和花格砖图样

7.5.2 清水装饰混凝土

清水装饰混凝土是利用混凝土结构构件本身造型的竖线条或几何外形取得简单、大方而又明快的立面效果，从而获得装饰性。或者在成型时利用模板等在构件表面做出凹凸花

125

纹，使立面感更加丰富而获得艺术装饰效果。由于这类装饰混凝土构件基本保持了原有的外观质地，因此称为清水装饰混凝土。清水装饰混凝土成型工艺有以下三种：

1. 正打成型工艺

正打成型工艺多用于大板建筑的墙体预制，它是在混凝土墙板浇筑完毕，水泥初凝前后，在混凝土表面进行压印，使之形成各种线条和花饰。根据其表面的加工工艺方法不同，可分为压印和挠刮两种方式。

压印工艺一般有凸纹和凹纹两种做法。凸纹是利用刻有镂花图案的模具，在刚浇筑成型的壁板表面印出的。凹纹是用钢筋焊接成设计图形，在新浇筑混凝土壁板表面压出的。

正打压印工艺的优点是模具制作简单，宜于更换图形；缺点是压印较浅（一般为10mm左右），立体凹凸程度小，层次少，质感不够丰富。

挠刮工艺是在新浇筑的壁板表面上，用硬毛刷等工具挠刮形成一定毛面质感。

2. 反打成型工艺

反打成型工艺，是在浇筑混凝土的底面模板上做出凹槽，或在底模上加垫具有一定图案的衬模，拆模后使混凝土表面具有线型或立体装饰图案。

反打工艺制品的图案和线条的凹凸感很强，质感很好，图案、花纹可选择性大，且可形成较大尺寸的线型，可振动成型也可压制成型。但要保证制品的质量，应注意两点：一是模板要有合理的脱模锥度，以防脱模时碰坏图形棱角；二是选用性能良好的脱模剂，以防在制品表面残留污渍，影响建筑立面的装饰效果。

3. 立模工艺

前述正打、反打工艺均属预制条件下的成型工艺。立模工艺是采用带一定图案或线型的模板，组成直立支模现浇混凝土板，脱模后则显示出设计要求的墙面图案或线型，这种施工工艺使饰面效果更加逼真。

7.5.3 外露骨料混凝土

外露骨料混凝土是在混凝土硬化前或硬化后，通过一定工艺手段使混凝土骨料适当外露，以骨料的天然色泽和不同排列组合造型，达到一定的装饰效果。

外露骨料混凝土的制作工艺有水洗法、缓凝剂法、酸洗法、水磨法、喷砂法、抛丸法、凿剁法、火焰喷射法和劈裂法等。

1. 水洗法：水洗法用于正打工艺，它是在混凝土成型后，水泥终凝前，采用具有一定压力的射流水把面层水泥浆冲刷至露出骨料，使混凝土表面呈现石子的自然色彩。

2. 缓凝剂法：缓凝剂法用于反打或立模工艺，它是将缓凝剂涂刷在模板上，然后浇筑混凝土，借助缓凝剂使混凝土表面层水泥浆不硬化，以便待脱模后用水进行冲洗，露出石子色彩。

3. 水磨法：水磨法即水磨石工艺，所不同的是水磨露骨料工艺不需另抹水泥石碴浆，而是直接在抹面硬化的混凝土表面磨至露出骨料。

4. 抛丸法：抛丸法是将混凝土制品以 $1.5\sim2m/min$ 的速度通过抛丸机室，室内抛丸机以 $65\sim80m/s$ 的速度抛出铁丸，将混凝土表面的水泥浆皮剥离，露出骨料的色彩，且骨料表面也同时被凿毛，其效果尤似花锤剁斧，别具特色。

外露骨料混凝土饰面关键在于石子的选择，在使用彩色石子时，配色要协调美观，只要石子的品种和色彩选择适当，就能获得良好的装饰性和耐久性。

7.6 其他品种的混凝土

7.6.1 高强度、超高强度混凝土

混凝土强度类别在不同时代和不同国家有不同的概念和划分。目前许多国家工程技术人员的习惯是把 C10～C50 强度等级的混凝土称为普通强度混凝土，C60～C90 的混凝土称为高强度混凝土，C100 以上的混凝土称为超高强度混凝土。

高强度、超高强度混凝土的特点是强度高、耐久性好、变形小，能适应现代工程结构向大跨度、重载、高耸发展和承受恶劣环境条件的需要。使用高强度混凝土可获得明显的工程效益和经济效益。

目前，国际上配制高强度、超高强度混凝土实用的技术路线是：高品质通用水泥加入高性能外加剂及特殊掺合料。配制高强度、超高强度混凝土时，应选用质量稳定、强度等级不低于 42.5 级的硅酸盐水泥或普通硅酸盐水泥。应掺用活性较好的矿物掺合料，且宜复合使用矿物掺合料。应掺用高效减水剂或缓凝高效减水剂。对强度等级为 C60 级的混凝土，其粗骨料的最大粒径不应大于 31.5mm，对强度等级高于 C60 级的混凝土，其粗骨料的最大粒径不应大于 25mm；其中，针、片状颗粒含量不宜大于 5.0%，泥块含量不宜大于 0～0.2%；其他质量指标应符合《建筑用卵石、碎石》GB/T 14685—2011 的规定。细骨料的细度模数宜大于 2.6，含泥量不应大于 1.0%，泥块含量不应大于 0～0.5%，其他质量指标也应符合《建筑用砂》GB/T 14684—2011 的规定。

高强度、超高强度混凝土配合比的计算方法和步骤与普通混凝土基本相同，但应注意以下几点：

(1) 基准配合比的水胶比，不宜用普通混凝土水胶比公式计算。C60 以上的混凝土一般按经验选取基准配合比的水胶比；试配时选用的水胶比宜为 0.2～0.3。

(2) 外加剂和掺合料的掺量及其对混凝土性能的影响，应通过试验确定。

(3) 配合比中砂率可通过试验建立"坍落度—砂率"关系曲线，以确定合理的砂率值。

(4) 混凝土中胶凝材料用量不宜超过 600kg/m³。

7.6.2 流态混凝土

流态混凝土就是在预拌的坍落度为 8～15cm 的塑性混凝土拌合物中加入流化剂，经过搅拌得到的易于流动、不宜离析、坍落度为 18～22cm 的混凝土，其自身能像水一样地流动。

流态混凝土的发展是与泵送混凝土施工的发展密切联系的。流态混凝土的主要特点是：流动性好，能自流填满模型或钢筋间隙，适用泵送，施工方便，由于使用流化剂，可大幅度降低水胶比，避免了胶凝材料浆体多带来的缺点，可制得高强、耐久、不渗水的优质混凝土，一般有早强和高强效果；流态混凝土流动度大，但无离析和泌水现象。

流态混凝土的配制关键之一是选择合适的流化剂。流化剂又称塑化剂，以高减水性、低引气性、无缓凝性的高效减水剂为适用。目前，常用的流化剂主要是三类：奈磺酸盐甲醛缩合物系；改性木质素磺酸盐甲醛缩合物系；三聚氰胺磺酸盐甲醛缩合物系。加流化剂的方法有同时添加法和后添加法。

流态混凝土的坍落度随时间延长损失较大。一般认为流化剂后添加法是克服坍落度损失的一种有效措施。

流态混凝土主要适用于高层建筑、大型工业与公共建筑的基础、楼板、墙板及地下工程，尤其适用于配筋密、浇筑振捣困难的工程部位。随着流化剂的不断改进和降低成本，流态混凝土必将愈来愈广泛地应用于泵送、现浇和密筋的各种混凝土建筑中。

7.6.3 纤维混凝土

纤维混凝土是在混凝土中掺入纤维而形成的复合材料。它具有普通钢筋混凝土所没有的许多优良品质，在抗拉强度、抗弯强度、抗裂强度和冲击韧性等方面较普通混凝土有明显的改善。

常用的纤维材料有钢纤维、玻璃纤维、石棉纤维、碳纤维和合成纤维等。所用的纤维必须具有耐碱、耐海水、耐气候变化的特性。国内外研究和应用钢纤维较多，因为钢纤维对抑制混凝土裂缝的形成、提高混凝土抗拉和抗弯强度、增加韧性效果最佳。

在纤维混凝土中，纤维的含量、纤维的几何形状以及纤维的分布情况，对混凝土性能有重要影响。以钢纤维为例：为了便于搅拌，一般控制钢纤维的长径比为 60～100，掺量为 0.5%～1.3%（体积比），选用直径细、形状非圆形的钢纤维效果较佳，钢纤维混凝土一般可提高抗拉强度 2 倍左右，提高抗冲击强度 5 倍以上。

纤维混凝土目前主要用于非承重结构、对抗冲击性要求高的工程，如机场跑道、高速公路、桥面面层、管道等，随着各类纤维性能的改善、纤维混凝土技术的提高，在建筑工程中将会广泛应用。

7.6.4 商品混凝土

商品混凝土是相对于施工现场搅拌的混凝土而言的一种预拌的商品化的混凝土。商品混凝土是把混凝土的生产过程，从原料选择、混凝土配合比设计、外加剂与掺合料的选用、混凝土的拌制、输送到工地等一系列过程从一个个施工现场集中到搅拌站，由搅拌站统一经营管理，把各种各样成品混凝土供应给施工单位以商品形式出售。

商品混凝土可保证混凝土的质量，由于分散于工地搅拌的混凝土受技术条件和设备条件的限制，混凝土质量不够均匀；而混凝土搅拌站，从原材料到产品生产过程都有严格的控制管理，计量准确、检验手段完备，使混凝土的质量得到充分保证。

7.6.5 高性能混凝土

对高性能混凝土的定义，不同的学者提出的观点也不尽相同。综合国内外有关文献，其定义的内涵主要包括以下几个方面：

（1）高强度。许多学者认为高性能混凝土首先必须是高强的，甚至具体提出强度不应低于 50MPa 或 60MPa。但也有学者认为，高性能混凝土未必需要界定一个过高的强度下限，而应该根据具体的工程要求，允许向中等强度的混凝土（30～40MPa）适当延伸。

（2）高耐久性。具有优异的抗渗与抗介质侵蚀的能力。

（3）高尺寸稳定性。具有高弹模、低收缩、低徐变和低温度应变。

（4）高抗裂性。要求限制混凝土的水化热温升以降低热裂的危险。

（5）高工作性。许多学者认为高性能混凝土应该具有高的流动度，可泵，或者自流、免振。甚至有人具体提出坍落度不应小于某一数值（如 120mm 或 180mm），不离析不泌水，流动性保持能力好。但也有学者认为，流动度应根据具体的工程结构以及具体的施工机具与施工方法而定，而不能认为流动度小于某一数值的混凝土就不属于高性能混凝土。

（6）经济合理性。认为高性能混凝土除了确保所需要的性能之外，应考虑节约资源、能源与环境保护，使其朝着"绿色"的方向发展。

在此，推荐吴中伟教授提出的关于高性能混凝土的定义：高性能混凝土是一种新型高技术混凝土，是在大幅度提高普通混凝土性能的基础上，采用现代混凝土技术，选用优质材料，在严格的质量管理的条件下制成的；除了水泥、水、骨料以外，必须掺加足够数量的细掺料与高效外加剂；高性能混凝土重点保证下列诸性能：耐久性、工作性、各种力学性能、适用性、体积稳定性以及经济合理性。

要获得高性能混凝土就必须从原材料品质、配合比优化、施工工艺与质量控制等方面综合考虑。首先，必须优选优质原材料，如优质水泥与粉煤灰，超细矿渣与矿粉，与所选水泥具有良好适应性的优质高效减水剂，具有优异的力学性能且粒形级配良好的骨料等。在配合比设计方面，应在满足设计要求的情况下，尽可能降低水泥用量并限制水泥浆体的体积，根据工程的具体情况掺用一种以上矿物掺合料，在满足流动度要求的前提下，通过优选高效减水剂的品种与剂量，尽可能降低混凝土的水胶比。正确选择施工方法，合理设计施工工艺并强化质量控制意识与措施，则是高性能混凝土由试验室配合比转变为满足实际工程结构需求的重要保证。

7.7 建 筑 砂 浆

建筑砂浆是由胶凝材料、细骨料和水按一定的比例配制而成的建筑材料。它与混凝土的主要区别是组成材料中没有粗骨料，因此建筑砂浆也称为细骨料混凝土。

根据所用胶凝材料的不同，建筑砂浆分为水泥砂浆、石灰砂浆和混合砂浆等；根据用途分为砌筑砂浆、抹面砂浆、防水砂浆、装饰砂浆及特种砂浆；根据生产公式不同分为现场配制砂浆和预拌砂浆。

7.7.1 砌筑砂浆

将砖、石、砌块等粘结成为砌体的砂浆称为砌筑砂浆。砌筑砂浆的作用主要是：把分散的块状材料胶结成坚固的整体，提高砌体的强度、稳定性；使上层块状材料所受的荷载能够均匀传递到下层；填充块状材料之间的缝隙，提高建筑物的保温、隔声、防潮等性能。

1. 砌筑砂浆的组成材料

砌筑砂浆主要的胶凝材料是水泥，常用的有普通水泥、矿渣水泥、火山灰水泥、粉煤灰水泥和砌筑水泥等。石灰、石膏和黏土可单独作为砂浆的胶凝材料，也可与水泥混合使用配制混合砂浆，以节约水泥并能够改善砂浆的和易性。

砌筑砂浆用砂应符合《建筑用砂》GB/T 14684—2011 的技术要求。

配制砂浆用水应符合现行行业标准《混凝土用水标准》JGJ 63—2006 的规定。

为了使砂浆具有良好的和易性及其他施工性能，可在砂浆中掺入外加剂（如微沫剂、引气剂等）。

2. 砌筑砂浆的主要技术性质

1）砂浆拌合物的和易性

砂浆拌合物的和易性是指砂浆易于施工并能保证质量的综合性质，包括流动性、保水性和稳定性三个方面。和易性好的砂浆不仅在运输过程和施工过程中不易产生分层、离析、泌水，而且能在粗糙的砌体面上铺成均匀的薄层，与底面保持良好的粘接，便于施工操作。

（1）流动性

砂浆的流动性（又称稠度），是指砂浆在自重或外力作用下流动的性能。流动性的大小用"沉入度"表示，通常用砂浆稠度测定仪测定。沉入度越大，表示砂浆的流动性越大。

砂浆流动性的选择与砌体种类、施工方法及天气情况有关。一般情况下多孔吸水的砌体材料或干热的天气，砂浆的流动性应大些；而密实不吸水的材料或湿冷的天气，其流动性应小些。

（2）保水性

保水性是指砂浆保持水分的能力，即搅拌好的砂浆在运输、存放、使用的过程中，水与胶凝材料及骨料分离快慢的性质。保水性良好的砂浆，水分不易流失，易于摊铺成均匀密实的砂浆层；反之，保水性差的砂浆，在施工过程中容易泌水、分层离析，使流动性变差；同时由于水分易被砌体吸收，影响胶凝材料的正常硬化，从而降低砂浆的粘结强度。

砌筑砂浆的保水性用"保水率"表示。水泥砂浆的保水率应≥80%，水泥混合砂浆的保水率应≥84%，预拌砂浆的保水率应≥88%。

（3）稳定性

砂浆的稳定性是指砂浆拌合物在运输及停放时内部组分的稳定性。稳定性用"分层度"表示，采用砂浆分层度测定仪测定。分层度值越大，表示砂浆的稳定性越差。

2）砂浆的强度和强度等级

砂浆的强度是以 3 个 70.7mm×70.7mm×70.7mm 的立方体试块，在标准条件下养护 28 天后。得出每个试件的强度测定值。以 3 个试件测值的算术平均值的 1.3 倍作为该组试件的砂浆立方体抗压强度平均值。

当 3 个测值的最大值或最小值中如有一个与中间值的差值超过中间值的 15%，则把最大值及最小值一并舍除，取中间值作为该组试件的算术平均值；如有两个测值与中间值的差值均超过中间值的 15%时，则该组试件的试验结果无效。

水泥砂浆及预拌砂浆的强度等级划分为 M5、M7.5、M10、M15、M20、M25、M30七个强度等级；水泥混合砂浆的强度等级划分为 M5、M7.5、M10、M15 四个强度等级。

砌筑砂浆的强度等级应根据工程类别及不同砌体部位选择。在一般建筑工程中，办公楼、教学楼及多层商店等工程宜用 M5～M10 的砂浆；平房宿舍、商店等工程多用 M2.5～M5 的砂浆；食堂、仓库、地下室及工业厂房等多用 M2.5～M10 的砂浆；检查井、雨水井、化粪池等可用 M5 砂浆。特别重要的砌体才使用 M10 以上的砂浆。

3）砂浆的粘结力

砌筑砂浆应有足够的粘结力，以便将块状材料粘结成坚固的整体。一般来说，砂浆的抗压强度越高，其粘结力越强。砌筑前，保持基层材料一定的润湿程度也有利于提高砂浆的粘结力。此外，粘结力大小还与砖石表面状态、清洁程度及养护条件等因素有关。粗糙的、洁净的、湿润的表面粘结力较好。

7.7.2 抹面砂浆

抹面砂浆也称抹灰砂浆，以薄层涂抹在建筑物内外表面。既可以保护墙体不受风雨、潮气等侵蚀，提高墙体的耐久性；同时也使建筑表面平整、光滑、清洁美观。与砌筑砂浆不同，对抹面砂浆的要求不是抗压强度，而是和易性以及与基底材料的粘结力。

为了保证抹灰层表面平整，避免开裂脱落，通常抹面砂浆分为底层、中层和面层。

底层砂浆主要起与基层粘结作用，要求沉入度较大（100～120mm）。砖墙底层抹灰多用石灰砂浆；有防水、防潮要求时用水泥砂浆；混凝土底层抹灰多用水泥砂浆或混合砂浆；板条墙及顶棚的底层抹灰多用混合砂浆或石灰砂浆。

中层砂浆（主要用于高级抹灰，有时可省去）主要起找平作用，多用混合砂浆或石灰砂浆，沉入度比底层稍小（70～90mm）。

面层砂浆主要起保护装饰作用，多用细砂配制的混合砂浆、麻刀石灰砂浆、纸筋石灰砂浆；在容易碰撞或潮湿的部位的面层，如墙裙、踢脚板、雨篷、水池、窗台等均应采用细砂配制的水泥砂浆（沉入度70～80mm）。

7.7.3 装饰砂浆

装饰砂浆是指专门用于建筑物室内外表面装饰，以增加建筑物美观为主的砂浆。它具有特殊的表面效果，呈现各种色彩、线条和花样。

装饰砂浆饰面可分为两类：一类是通过水泥砂浆的着色或水泥砂浆表面形态的艺术加工，获得一定色彩、线条、纹理质感，达到装饰目的，称为灰浆类饰面；另一类是在水泥浆中掺入各种彩色石渣作骨料，制出水泥石渣浆抹于墙体基层表面，然后用水洗、斧剁、水磨等手段除去表面水泥浆，露出石渣的颜色和质感，这类饰面作法称为石渣类饰面。石渣类饰面与灰浆类饰面的主要区别在于：石渣类饰面主要靠石渣的颜色、颗粒形状来达到装饰目的，而灰浆类饰面则主要靠掺入颜料以及砂浆本身所能形成的质感来达到装饰目的。石渣类饰面的色泽比较明亮，质感相对更为丰富，并且不易褪色和污染，但造价较高。

1. 装饰砂浆的组成材料

1) 胶凝材料

装饰砂浆所用凝胶材料与普通抹面砂浆基本相同，只是更多地采用白水泥和彩色水泥。

2) 骨料

装饰砂浆所用骨料除普通砂之外，还常使用石英砂、彩釉砂和着色砂以及石渣、石屑、砾石、彩色瓷粒和玻璃珠等。

（1）石英砂

石英砂分天然石英砂、人造石英砂及机制石英砂三种。人造石英砂和机制石英砂是将石英岩加以焙烧，经人工或机械破碎、筛分而成。它们比天然石英砂质量好、纯净，且二氧化硅含量高。

（2）彩釉砂和着色砂

彩釉砂和着色砂均为人工砂。彩釉砂是由各种不同粒径的石英砂或白云石粒加颜料焙烧后，再经化学处理而制成的，在高温80℃、负温−20℃下不变色，具有防酸、防碱性能。着色砂是在石英砂或白云石细粒表面进行着色而制得，着色多采用矿物颜料，人工着色的砂粒色彩鲜艳，耐久性好。

（3）石渣

石渣也称石粒、石米等，是由天然大理石、白云石、花岗石、方解石破碎加工而成。石渣具有多种色泽（包括白色），颜色耐久性好，是石渣类饰面的主要骨料。

（4）石屑

石屑是粒径比石渣更小的细骨料，主要用于配制聚合物砂浆。

（5）彩色瓷粒和玻璃珠

彩色瓷粒是以石英、长石和瓷土为主要原料烧制而成的。粒径为 1.2～3mm，颜色多样。玻璃珠即玻璃弹子，有各种镶色或花芯。彩色瓷粒和玻璃珠可代替彩色石渣用于室外装饰抹灰，也可嵌在水泥砂浆、混合砂浆或彩色砂浆底层上作为装饰饰面之用，如在檐口、腰线、外墙面、门头线、窗套等表面镶嵌一层各种色彩的瓷粒或玻璃珠，装饰效果极好。

3）颜料

掺颜料的砂浆一般用在室外抹灰工程中。这些装饰面长期处于风吹、日晒、雨淋之中，且受到大气中有害气体的腐蚀和污染，因此选择合适的颜料，是保证饰面质量、避免褪色和变色、延长使用年限的关键。颜料选择要根据其价格、砂浆品种、建筑物所处的环境和设计要求而定。在装饰砂浆中，通常采用耐碱性好的矿物颜料。

2. 灰浆类砂浆饰面

1）拉毛灰

拉毛灰是先用水泥砂浆或混合砂浆做底层，再用水泥石灰砂浆或水泥纸筋灰浆做面层，在面层灰浆尚未凝结之前用铁抹子或木蟹将罩面灰轻压后顺势轻轻拉起，形成凹凸质感较强的饰面层。要求表面拉毛花纹、斑点分布均匀，颜色一致，同一平面上不显接槎。拉毛灰同时具有装饰和吸声作用，多用于外墙面及影剧院等公共建筑的室内墙壁和顶棚的饰面。

2）甩毛灰

甩毛灰是用竹丝刷等工具，将罩面灰浆甩洒在墙面上，形成大小不一但又很有规律的云朵状毛面。也有先在基层上刷水泥色浆，再甩上不同颜色的罩面灰浆，并用抹子轻轻压平，形成两种颜色的套色做法。要求甩出的云朵必须大小相称，纵横相同，既不能杂乱无章，也不能整齐划一，以免显得呆板。

3）搓毛灰

搓毛灰是罩面灰浆初凝时，用硬木抹子由上至下搓出一条细而直的纹路，也可沿水平方向搓出一条 L 形细纹路，当纹路明显搓出后即停。这种装饰方法工艺简单、造价低、效果朴实大方，远看有如石材经过细加工的效果。

4）扫毛灰

扫毛灰是采用竹丝扫帚，把按设计组合分格的面层砂浆，扫出不同方向的条纹，或做成仿岩石的装饰抹灰。扫毛灰做成假石以代替天然石饰面，施工方便，造价便宜，适用于影剧院、宾馆的内墙和庭院的外墙饰面。

5）拉条

拉条抹灰是采用专用模具在面层砂浆上做出竖向线条的装饰做法。拉条抹灰有细条形、粗条形、半圆形、波形、梯形、方形等多种形式，是一种较新的抹灰做法。它具有美观、大方、不易积灰、成本低等优点，并有良好的音响效果，适用于公共建筑门厅、会议室、观众厅等。

6）假面砖

假面砖是采用掺氧化铁系颜料的水泥砂浆，通过手工操作达到模拟面砖装饰效果的饰面做法，适用于房屋建筑外墙抹灰饰面。

7）假大理石

假大理石是用掺适当颜料的石膏色浆和素石膏浆按 1∶10 比例配合，通过手工操作，做成具有大理石表面特征的装饰抹灰。这种装饰在颜色、花纹和光洁度等方面，都接近天然大理石，适用于高级装饰工程中的室内墙面抹灰。

8）喷涂

喷涂多用于外墙饰面，是用挤压式砂浆泵或喷斗将聚合物水泥砂浆喷涂到墙面基层或底灰上，形成饰面层，在涂层表面再喷一层甲基硅醇钠或甲基硅树脂疏水剂，以提高饰面层的耐久性和减少墙面污染。

9）外墙滚涂

外墙滚涂是将聚合物水泥砂浆抹在墙体表面上，用棍子滚出花纹，再喷罩甲基硅醇钠疏水剂形成饰面层。

10）弹涂

弹涂是在墙体表面涂刷一道聚合物水泥色浆后，通过电动（或手动）弹力器分几遍将各种水泥色浆弹到墙面上，形成直径 1～3mm，大小近似、颜色不同、互相交错的圆形色点，深浅色点互相衬托，构成彩色的装饰面层。由于饰面凹凸起伏不大，加以外罩甲基硅树脂或聚乙烯醇缩丁醛涂料，故耐污染性能、耐久性较好。适用于建筑物内外墙面，也可用于顶棚饰面。

3. 石渣类砂浆饰面

1）水刷石

水刷石是将水泥和粒径为 5mm 左右的石渣按比例混合，配制成水泥石渣砂浆，用做建筑物表面的面层抹灰，待水泥浆初凝后，以硬毛刷蘸水刷洗，或用喷浆泵、喷枪等喷以清水冲洗，将表面水泥浆冲走，使石渣半露而不脱落。水刷石饰面具有石料饰面的质感效果，如果再结合适当的艺术处理，如分格、分色、凹凸线条等，可使饰面获得自然美观、明快庄重、秀丽淡雅的艺术效果。因此，水刷石是一种深受人们欢迎的传统外墙装饰工艺，长期以来在我国各地被广泛采用。其不足之处是操作技术要求较高，费工费料，湿作业量大，劳动条件较差，且不能适应墙体改革的要求，故其应用日渐减少。

水刷石饰面除用于建筑物外墙面外，檐口、腰线、窗套、阳台、雨篷、勒脚及花台等部位也经常使用。

2）斩假石

又称剁斧石，是以水泥石渣浆或水泥石屑浆作面层抹灰，待其硬化具有一定强度时，用钝斧及各种凿子等工具，在表面剁斩出类似石材经雕琢的纹理效果。

在石渣类饰面的各种做法中，斩假石的效果最好。它既具有貌似真石的质感，又有精工细作的特点，给人以朴实、自然、素雅、凝重的感觉。其存在的问题是费工费力，劳动强度大，施工效率较低。斩假石饰面一般多用于局部小面积装饰，如勒脚、台阶、柱面、扶手等。

3）拉假石

这种工艺实质上是斩假石工艺的演变，它不是用斧子等工具在表面剁斩，而是用废锯条或 5～6mm 厚的铁皮加工成锯齿形，钉于木板上形成抓耙，用抓耙挠刮，除去表面水泥浆皮露出石渣，并形成条纹效果。与斩假石相比，其施工速度快，劳动强度较低，装饰效果类似斩假石，可大面积使用。

4）干粘石

干粘石是在素水泥浆或聚合物水泥砂浆粘结层上，把石渣、彩色石子等骨料直接粘在砂浆层上，再拍平压实的一种装饰抹灰做法，分为人工甩粘和机械喷粘两种。要求石子粘结牢固，不脱落，不露浆。装饰效果与水刷石相同，而且避免了湿作业，提高了施工效率，又节约材料，应用广泛。

5）水磨石

水磨石是由水泥、彩色石渣或白色大理石碎粒及水按适当比例配合，需要时掺入适量颜料，经拌匀、浇筑捣实、养护、硬化打磨、洒草酸冲洗、干后上蜡等工序制成。既可现场制作，也可工厂预制。

水磨石与前面介绍的干粘石、水刷石和斩假石同属石渣类饰面，但在装饰效果，特别是在质感方面有明显的不同。水刷石最为粗犷，干粘石粗中带细，斩假石则典雅、凝重，而水磨石则具有润滑细腻之感。其次是在颜色花纹方面，色泽华丽和花纹美观首推水磨石。斩假石的颜色一般较浅，很像斩凿过的灰色花岗石，水刷石有青灰、奶黄等颜色，干粘石的色彩主要决定于所用石渣的颜色，这三者都不像水磨石那样，能在表面制成细巧的图案花纹。

7.7.4 预拌砂浆

传统建筑砂浆一般采用现场搅拌方式，存在以下弊端：①人工计量误差大，且原料质量难以控制，搅拌时间难以掌握，砂浆质量难以保证；②劳动强度大，生产效率低；③现场材料损耗浪费严重；④现场搅拌产生粉尘、噪声，对环境污染大；⑤产品形式单一，难以满足特殊要求。随着建筑技术的飞速发展，对施工工效和建筑质量的要求不断提高，传统建筑砂浆已经无法满足要求。

预拌砂浆是由专业生产厂生产的湿拌砂浆或干混砂浆。

湿拌砂浆是将水泥、细骨料、矿物掺合料、外加剂、添加剂和水，按一定比例，在搅拌站经计量、拌制后，运至使用地点，并在规定时间内使用的拌合物。

干混砂浆是将水泥、干燥骨料或粉料、添加剂以及根据性能确定的其他组分，按一定比例，在专业生产厂经计量、混合而成的混合物，在使用地点按规定比例加水或配套组分拌合使用。

预拌砂浆的出现，是从观念到技术对传统建材的一个重大突破。预拌砂浆主要有以下优点：①工厂化生产，产品质量有保证；②产品种类众多，规格齐全，能满足工程的各方面需求；③可消化一部分工业废渣，有利于循环经济；④砂浆性能可通过添加剂的加入来调节，适应性强；⑤和易性好，方便砌筑、抹灰和泵送，可显著提高施工效率；⑥便于运输与储存，可减少材料损失与浪费；⑦有利于保护环境和文明施工。

思 考 题

1. 试述普通混凝土各组成材料的作用。
2. 对混凝土用砂为何要提出颗粒级配和粗细程度要求？
3. 干砂 500g，其筛分结果如下表，试评定此砂的颗粒级配和粗细程度。

筛孔尺寸 （mm）	4.75	2.36	1.18	0.6	0.3	0.15	<0.15
筛余量（g）	25	50	100	125	100	75	25

4. 为什么要限制石子的最大粒径？怎样确定石子的最大粒径？

5. 如何测定塑性混凝土拌合物和干硬性混凝土拌合物的流动性？它们的指标各是什么？单位是什么？

6. 影响混凝土和易性的主要因素是什么？它们是怎样影响的？

7. 如何确定混凝土的强度等级？混凝土强度等级如何表示？普通混凝土划分几个强度等级？

8. 影响混凝土强度的主要因素有哪些？其中最主要的因素是什么？

9. 何谓混凝土的耐久性，一般指哪些性质？

10. 碳化对混凝土性能有什么影响？碳化带来的最大危害是什么？

11. 常用外加剂有哪些？各类外加剂在混凝土中的主要作用有哪些？

12. 某高层办公楼的基础底板设计使用 C30 强度等级混凝土，采用泵送施工工艺，要求坍落度为 180mm。试计算混凝土初步配合比。

原材料选择如下

（1）水泥，选用普通硅酸盐水泥 42.5 级，密度为 $3.1g/cm^3$，28d 胶砂抗压强度 48.6MPa，安定性合格。

（2）矿物掺合料，选用 F 类 Ⅱ 级粉煤灰，细度 18.2%，需水量比 101%，烧失量 7.2%；选用 S95 级矿粉，比表面积 $428m^2/kg$，流动度比 98%，28d 活性指数 99%。

（3）粗骨料，选用最大公称粒径为 25mm 的粗骨料，连续级配，含泥量 1.2%，泥块含量 0.5%，针片状颗粒含量 8.9%，表观密度为 $2.65g/cm^3$。

（4）细骨料，采用当地产天然河砂，细度模数 2.70，级配 Ⅱ 区，含泥量 2.0%，泥块含量 0.6%，表观密度为 $2.60g/cm^3$。

（5）外加剂，选用北京某公司生产 A 型聚羧酸减水剂，减水率为 25%，含固量为 20%。

（6）水，选用自来水。

13. 装饰混凝土的种类有哪些？

14. 什么是正打成型工艺、反打成型工艺、立模工艺？各有何优缺点？

15. 砌筑砂浆的主要性质包括哪些？

16. 新拌砂浆的和易性包括哪两方面含义？如何测定？砂浆和易性不良对工程应用有何影响？

17. 何谓装饰砂浆？装饰砂浆的做法有哪些？

8 墙 体 材 料

墙体材料是建筑工程中十分重要的材料,在房屋建筑材料中占有 70% 的比重。在房屋建筑中它不但具有结构、围护功能,而且可以美化环境。因此,合理选用墙体材料对建筑物的功能、安全以及造价等均具有重要意义。目前,用于墙体的材料品种较多,总体可归纳为砌墙砖、砌块和板材三大类。

8.1 砌 墙 砖

砌墙砖系指以黏土、工业废料或其他地方资源为主要原料,以不同工艺制造的、用于砌筑承重和非承重墙体的墙砖。

砌墙砖按照生产工艺分为烧结砖和非烧结砖。经焙烧制成的砖为烧结砖;经碳化或蒸汽(压)养护硬化而成的砖属于非烧结砖。按照孔洞率(砖上孔洞和槽的体积总和与按外阔尺寸算出的体积之比的百分率)的大小,砌墙砖分为实心砖、多孔砖和空心砖。

实心砖是没有孔洞或孔洞率小于 25% 的砖;孔洞率不小于 25%,孔的尺寸小而数量多的砖称为多孔砖;而孔洞率不小于 40%,孔的尺寸大而数量少的砖称为空心砖。

8.1.1 烧结砖

1. 烧结普通砖

烧结普通砖是以黏土、页岩、煤矸石、粉煤灰为主要原料,经焙烧而成的尺寸为 240mm×115mm×53mm 的实心砖。按主要原料分为烧结黏土砖(符号为 N)、烧结页岩砖(符号为 Y)、烧结煤矸石砖(符号为 M)和烧结粉煤灰砖(符号为 F)。

以黏土、页岩、煤矸石、粉煤灰等为原料烧制普通砖时,其生产工艺基本相同。基本生产工艺过程如下:

采土→配料调制→制坯→干燥→焙烧→成品

砖的焙烧温度要适当,以免出现欠火砖和过火砖。在焙烧温度范围内生产的砖称为正火砖,未达到焙烧温度范围生产的砖称为欠火砖,而超过焙烧温度范围生产的砖称为过火砖。欠火砖颜色浅、敲击时声音哑、孔隙率高、强度低、耐久性差,工程中不得使用欠火砖。过火砖颜色深、敲击声响亮、强度高,但往往变形大,变形不大的过火砖可用于基础等部位。

1)烧结普通砖的主要技术要求

根据《烧结普通砖》GB 5101—2003 的规定,对主要技术要求作出如下规定:

(1)尺寸偏差和外观质量

烧结普通砖的外形为直角六面体，公称尺寸为 240mm×115mm×53mm，如图 8-1 所示，加上砌筑用灰缝的厚度 10mm，则 4 块砖长，8 块砖宽，16 块砖厚分别恰好为 1m，故每 1m³ 砖砌体理论需用砖 512 块。

烧结普通砖的外观质量包括两条面高度差、弯曲、杂质凸出高度、缺棱掉角、裂纹、完整面、颜色等内容。烧结普通砖的尺寸偏差和外观质量应符合表 8-1 的规定。

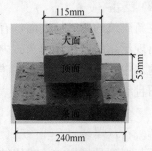

图 8-1　烧结普通砖的尺寸及平面名称

烧结普通砖的质量等级划分 GB 5101—2003　　　　　　　表 8-1

项　目		优等品		一等品		合格品	
		样本平均偏差	样本极差≤	样本平均偏差	样本极差≤	样本平均偏差	样本极差≤
尺寸偏差	（1）长度（mm）	±2.0	6	±2.5	7	±3.0	8
	（2）宽度（mm）	±1.5	5	±2.0	6	±2.5	7
	（3）高度（mm）	±1.5	4	±1.6	5	±2.0	6
外观质量	（1）两条面高度差，不大于（mm）	2		3		4	
	（2）弯曲，不大于（mm）	2		3		4	
	（3）杂质凸出高度，不大于（mm）	2		3		4	
	（4）缺棱掉角的三个破坏尺寸，不得同时大于（mm）	5		20		30	
	（5）裂纹长度，不大于（mm）　a. 大面上宽度方向及其延伸至条面的长度	30		60		80	
	b. 大面上长度方向及其延伸至顶面的长度或条顶面上水平裂纹的长度	50		80		100	
	（6）完整面不得少于	二条面和二顶面		一条面和一顶面		—	
	（7）颜色	基本一致					
泛霜		无泛霜		不允许出现中等泛霜		不允许出现严重泛霜	
石灰爆裂		不允许出现最大破坏尺寸大于 2mm 的爆裂区域		a. 最大破坏尺寸大于 2mm 且小于等于 10mm 的爆裂区域，每组砖样不得多于 15 处；b. 不允许出现最大破坏尺寸大于 10mm 的爆裂区域		a. 最大破坏尺寸大于 2mm 且小于等于 15mm 的爆裂区域，每组砖样不得多于 15 处。其中大于 10mm 的不得多于 7 处；b. 不允许出现最大破坏尺寸大于 15mm 的爆裂区域	

注：凡有下列缺陷之一者，不得称为完整面：
（1）缺损在条面或顶面上造成的破坏面尺寸同时大于 10mm×10mm；
（2）条面或顶面上裂纹宽度大于 1mm，其长度超过 30mm；
（3）压陷、粘底、焦花在条面或顶面上的凹陷或凸出超过 2mm，区域尺寸同时大于 10mm×10mm；
（4）为装饰面而施加的色差，凹凸纹、拉毛、压花等不算作缺陷。

（2）泛霜

在新砌筑的砖砌体表面，有时会出现一层白色的粉末、絮团或絮片，这种现象称为泛霜。出现泛霜的原因是由于砖内含有较多可溶性盐类，这些盐类在砌筑施工时溶解于进入砖内的水中，当水分蒸发时在砖的表面结晶成霜状。这些结晶的粉状物有损于建筑物的外观，而且结晶膨胀也会引起砖表层的疏松甚至剥落。烧结普通砖的泛霜应符合表 8-1 的规定。

（3）石灰爆裂

石灰爆裂是指烧结砖或烧结砌块的原料或内燃物质中夹杂着石灰质，焙烧时被烧成生石灰，砖或砌块吸水后，体积膨胀而发生的爆裂现象。石灰爆裂严重时使砖砌体强度降低，直至破坏。烧结普通砖的石灰爆裂应符合表 8-1 的规定。

（4）强度

烧结普通砖根据抗压强度分为 MU30、MU25、MU20、MU15、MU10 五个强度等级。

强度试验按《砌墙砖试验方法》GB/T 2542—2003 的规定进行，抽取 10 块砖试样进行抗压强度试验，根据试验结果，按平均值—标准值方法（变异系数 $\delta \leqslant 0.21$ 时）或平均值—最小值方法（变异系数 $\delta > 0.21$ 时）评定砖的强度等级，强度要求应符合表 8-2 的规定。

烧结普通砖强度 GB 5101—2003

表 8-2

强度等级	抗压强度平均值 $\overline{f} \geqslant$（MPa）	变异系数 $\delta \leqslant 0.21$	变异系数 $\delta > 0.21$
		强度标准值 $f_k \geqslant$（MPa）	单块最小抗压强度值 $f_{min} \geqslant$（MPa）
MU30	30.0	22.0	25.0
MU25	25.0	18.0	22.0
MU20	20.0	14.0	16.0
MU15	15.0	10.0	12.0
MU10	10.0	6.5	7.5

强度变异系数 δ、标准差 s 及标准值 f_k 分别按公式（8-1）、公式（8-2）、公式（8-3）进行计算。

$$\delta = \frac{s}{\overline{f}} \tag{8-1}$$

$$s = \sqrt{\frac{1}{9}\sum_{i=1}^{10}(f_i - \overline{f})^2} \tag{8-2}$$

$$f_k = \overline{f} - 1.8s \tag{8-3}$$

式中　δ——变异系数；

$\overline{f}$——10 块砖试样的抗压强度平均值；

f_i——单块试样抗压强度测定值；

f_k——强度标准值。

（5）抗风化性能

抗风化性能是指在干湿变化、温度变化、冻融变化等物理因素作用下，材料不破坏并长期保持原有性质的能力。它是材料耐久性的重要内容之一，地域不同，对材料的风化作用程度就不同。

① 风化区的划分

风化区用风化指数进行划分。风化指数是指日气温从正温降至负温或负温升至正温的每年平均天数与每年从霜冻之日起至消失霜冻之日止这一期间降雨总量（以 mm 计）的平均值的乘积。风化指数≥12700 为严重风化区，风化指数＜12700 为非严重风化区。全国风化区划分见表 8-3 所示。各地如有可靠数据，也可按计算的风化指数划分本地区的风化区。

风化区划分 GB 5101—2003　　　　　　　　　　　表 8-3

严 重 风 化 区	非 严 重 风 化 区
1. 黑龙江省 2. 吉林省 3. 辽宁省 4. 内蒙古自治区 5. 新疆维吾尔自治区 6. 宁夏回族自治区 7. 甘肃省 8. 青海省 9. 陕西省 10. 山西省 11. 河北省 12. 北京市 13. 天津市	1. 山东省 2. 河南省 3. 安徽省 4. 江苏省 5. 湖北省 6. 江西省 7. 浙江省 8. 四川省 9. 贵州省 10. 湖南省 11. 福建省 12. 台湾省 13. 广东省 14. 广西壮族自治区 15. 海南省 16. 云南省 17. 西藏自治区 18. 上海市 19. 重庆市

② 抗风化性能评价

烧结普通砖的抗风化性能用抗冻融试验或吸水率试验来衡量。严重风化区中的 1、2、3、4、5 地区的砖必须进行冻融试验，其他地区砖的抗风化性能符合表 8-4 规定时可不做冻融试验，否则，必须进行冻融试验。冻融试验后，每块砖样不允许出现裂纹、分层、掉皮、缺棱、掉角等冻坏现象；质量损失不得大于 2%。

烧结普通砖抗风化性能 GB 5101—2003　　　　　　　　　　表 8-4

项目 砖种类	严重风化区				非严重风化区			
	5h 沸煮吸水率 (%) ≤		饱和系数≤		5h 沸煮吸水率 (%) ≤		饱和系数≤	
	平均值	单块最大值	平均值	单块最大值	平均值	单块最大值	平均值	单块最大值
黏土砖	18	20	0.85	0.87	19	20	0.88	0.90
粉煤灰砖	21	23			23	25		
页岩砖	16	18	0.74	0.77	18	20	0.78	0.80
煤矸石砖								

注：粉煤灰掺入量（体积比）小于 30% 时，按黏土砖规定判定。

（6）放射性物质

煤矸石、粉煤灰砖以及掺加工业废渣的砖，应进行放射性物质检测。当砖产品堆垛表面 γ 照射量率≤200nGy/h（含本底）时，该产品使用不受限制；当砖产品堆垛表面 γ 照射量率＞200nGy/h（含本底）时，必须进行放射性物质镭—226、钍—232、钾—40 比活度的检测，并应符合《建筑材料放射性核素限量》GB 6566—2010 的规定。

（7）质量等级

强度、抗风化性能和放射性物质合格的烧结普通砖，根据尺寸偏差、外观质量、泛霜和石灰爆裂分为优等品（A）、一等品（B）和合格品（C）三个质量等级，见表 8-1 所示。

（8）烧结普通砖的产品标记

烧结普通砖的产品标记按产品名称、类别、强度等级、质量等级和标准编号顺序编写。

例：烧结普通砖，强度等级 MU15，一等品的黏土砖，其标记为：

烧结普通砖 N MU15 B GB 5101。

2）烧结普通砖的优缺点及应用

烧结普通砖具有较高的强度、较好的耐久性及隔热、隔声、价格低廉等优点，加之原料广泛、工艺简单，所以是应用历史最久，应用范围最为广泛的墙体材料。其中优等品适用于清水墙和墙体装饰，一等品、合格品可用于混水墙，中等泛霜的砖不能用于潮湿部位。另外，烧结普通砖也可用来砌筑柱、拱、烟囱、地面及基础等，还可与轻骨料混凝土、加气混凝土、岩棉等复合砌筑成各种轻质墙体，在砌体中配置适当的钢筋或钢丝网也可制作柱、过梁等，代替钢筋混凝土柱、过梁使用。

黏土实心砖的缺点是大量毁坏土地、破坏生态、能耗高、砖的自重大、尺寸小、施工效率低、抗震性能差等。从节约黏土资源及利用工业废渣等方面考虑，提倡大力发展非黏土砖。所以，我国正大力推广墙体材料改革，以空心砖、工业废渣砖、砌块及轻质板材等新型墙体材料代替黏土实心砖，已成为不可逆转的势头。近 10 多年，我国各地采用多种新型墙体材料代替黏土实心砖，已取得了令人瞩目的成就。

2. 烧结多孔砖

烧结多孔砖是指孔洞率不小于 25%，孔洞的尺寸小而数量多，且为竖向孔的烧结砖。烧结多孔砖的生产工艺与烧结普通砖基本相同，但对原材料的可塑性要求较高。

根据主要原料的不同，烧结多孔砖可分为黏土砖（N）、页岩砖（Y）、煤矸石砖（M）、粉煤灰砖（F）、淤泥砖（U）、固体废弃物砖（G）。

1）烧结多孔砖技术要求

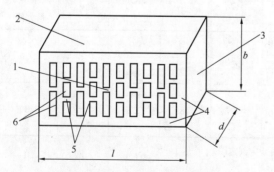

图 8-2 烧结多孔砖外形示意图

1—大面（坐浆面）；2—条面；3—顶面；4—外壁；5—肋；6—孔洞；l—长度；b—宽度；d—高度

根据《烧结多孔砖和多孔砌块》（GB 13544—2011）的要求，对烧结多孔砖的主要技术性能要求作如下规定：

（1）规格与孔洞尺寸要求

多孔砖的外形为直角六面体，如图 8-2 所示，常用规格的长度、宽度与高度尺寸为：290mm，240mm，190mm，180mm，140mm，115mm，90mm。

孔洞尺寸应符合：矩形孔的孔长 L≤40mm、孔宽 b≤13mm；手抓孔一般为（30～40）×（75～85）mm；所有孔宽应相等，孔采用单向或双向交错排列；孔洞排列上下、左右应对称，分布均匀，手抓孔的长度方向尺寸必须平行于装的条面；孔四个角应做成过渡圆角，不得做成直尖角。

（2）强度

根据抗压强度平均值和抗压强度标准值分为 MU30、MU25、MU20、MU15、MU10 五个强度等级，强度等级应符合表 8-5 规定。

烧结多孔砖强度等级　　　　　　　　　　　　　　　表 8-5

强度等级	抗压强度平均值 $\overline{f} \geqslant$	强度标准值 $f_k \geqslant$
MU30	30.0	22.0
MU25	25.0	18.0
MU20	20.0	14.0
MU15	15.0	10.0
MU10	10.0	6.5

其中：抗压强度平均值及强度标准值按公式（8-4）、公式（8-5）计算。

$$s = \sqrt{\frac{1}{9} \sum_{i=1}^{10} (f_i - \overline{f})^2} \tag{8-4}$$

$$f_k = \overline{f} - 1.83S \tag{8-5}$$

（3）抗风化性能

风化区的划分见表 8-3 所示。严重风化区中的 1、2、3、4、5 地区的烧结多孔砖和其他地区以淤泥、固体废弃物为主要原料生产的烧结多孔砖必须进行冻融试验，其他地区以黏土、粉煤灰、页岩、煤矸石为主要原料生产的烧结多孔砖的抗风化性能符合表 8-6 规定时可不做冻融试验，否则，必须进行冻融试验。15 次冻融循环试验后，每块砖样不允许出现裂纹、分层、掉皮、缺棱掉角等冻坏现象。

烧结多孔砖抗风化性能 GB 13544—2011　　　　　　　　　表 8-6

项目　砖种类	严重风化区				非严重风化区			
	5h 沸煮吸水率（%）≤		饱和系数≤		5h 沸煮吸水率（%）≤		饱和系数≤	
	平均值	单块最大值	平均值	单块最大值	平均值	单块最大值	平均值	单块最大值
黏土砖	21	23	0.85	0.87	23	25	0.88	0.90
粉煤灰砖	23	25			30	32		
页岩砖	16	18	0.74	0.77	18	20	0.78	0.80
煤矸石砖	19	21			21	23		

注：粉煤灰掺入量（体积比）小于 30% 时，按黏土砖规定判定。

（4）密度等级

烧结多孔砖按照 3 块砖的干燥表观密度平均值划分为 1000、1100、1200、1300 四个等级。

（5）产品标记

烧结多孔砖按产品名称、品种、规格、强度等级、密度等级和标准编号顺序编写。

示例：规格尺寸 290mm×140mm×90mm、强度等级为 MU25、密度等级 1200 级的黏土烧结多孔砖，其标记为：烧结多孔砖 N290×140×90 MU25 1200 GB 13544—2011

2）烧结普通砖应用

烧结多孔砖由于具有较好的保温性能，对黏土的消耗相对减少，是目前一些实心黏土砖的替代产品。

烧结多孔砖主要用于六层以下建筑物的承重部位，砌筑时要求孔洞方向垂直于承压面。常温砌筑应提前 1～2d 浇水湿润，砌筑时砖的含水率宜控制在 10%～15% 范围内。地面以下或室内防潮层以下的砌体不得使用多孔砖。

3. 烧结空心砖

烧结空心砖是指经焙烧而制成的孔洞率不小于 40%，孔洞的尺寸大而数量少，且为水平孔，平行于大面和面条的烧结砖。

根据主要原料的不同，烧结空心砖也可分为黏土砖（N）、页岩砖（Y）、煤矸石砖（M）、粉煤灰砖（F）、淤泥砖（U）、固体废弃物砖（G）、建筑渣土砖（Z）。

1）烧结空心砖技术要求

根据《烧结空心砖和空心砌块》GB/T 13545—2014 的规定，对主要技术要求规定如下：

（1）规格

空心砖的外形为直角六面体，如图 8-3 所示。其长度规格尺寸（mm）为 390、290、240、190、180（175）、140；宽度规格尺寸（mm）为 190、180（175）、140、115；高度规格尺寸（mm）为 180（175）、140、115、90。

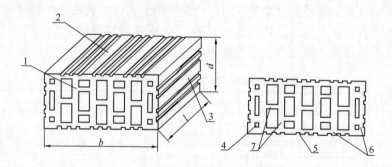

图 8-3　烧结空心砖示意图

1—顶面；2—大面；3—条面；4—壁孔；5—粉刷槽；6—外壁；7—肋；l—长度；b—宽度；d—高度

（2）密度等级

根据体积密度分为 800、900、1000、1100 四个密度等级，应符合表 8-7 的规定。

烧结空心砖密度等级划分 GB/T 13545—2014　　　　　　　　　　　　表 8-7

密度等级	五块体积密度平均值（kg/m³）	密度等级	五块体积密度平均值（kg/m³）
800	≤800	1000	901～1000
900	801～900	1100	1001～1100

（3）强度等级

根据抗压强度分为 MU10.0、MU7.5、MU5.0、MU3.5 四个强度等级，应符合表 8-8 的规定。

烧结空心砖强度等级 GB/T 13545—2014   表 8-8

强度等级	抗压强度（MPa）		
	抗压强度平均值 $\bar{f} \geqslant$	变异系数 $\delta \leqslant 0.21$	变异系数 $\delta > 0.21$
		强度标准值 $f_k \geqslant$	单块最小抗压强度值 $f_{min} \geqslant$
MU10.0	10.0	7.0	8.0
MU7.5	7.5	5.0	5.8
MU5.0	5.0	3.5	4.0
MU3.5	3.5	2.5	2.8

（4）抗风化性能

风化区的划分见表 8-3 所示。严重风化区中的 1、2、3、4、5 地区的烧结空心砖必须进行冻融试验，其他地区烧结空心砖的抗风化性能符合表 8-9 规定时可不做冻融试验，否则，必须进行冻融试验。冻融循环 15 次试验后，每块砖样不允许出现分层、掉皮、缺棱掉角等冻坏现象。

烧结空心砖抗风化性能 GB/T 13545—2014   表 8-9

项目 砖种类	严重风化区				非严重风化区			
	5h 沸煮吸水率（%）≤		饱和系数≤		5h 沸煮吸水率（%）≤		饱和系数≤	
	平均值	单块最大值	平均值	单块最大值	平均值	单块最大值	平均值	单块最大值
黏土砖	21	23	0.85	0.87	23	25	0.88	0.90
粉煤灰砖	23	25			30	32		
页岩砖	16	18	0.74	0.77	18	20	0.78	0.80
煤矸石砖	19	21			21	23		

注：粉煤灰掺入量（质量分数）小于 30%时，按黏土砖规定判定；淤泥、建筑渣土、固体废弃物掺入量（质量分数）小于 30%时，按相应砖类别规定判定。

2）性能特点及应用

烧结空心砖强度较低，具有良好的保温、隔热功能。

烧结空心砖主要用于多层建筑的隔断墙和填充墙，使用时孔洞方向平行于承压面；烧结空心砖墙宜采用全顺侧砌，上下皮竖缝相互错开 1/2 砖长；烧结空心砖墙底部至少砌 3 皮普通砖，在门窗洞口两侧一砖范围内，需用普通砖实砌；烧结空心砖墙中不够整砖部分，宜用无齿锯加工制作非整砖块，不得用砍凿方法将砖打断；地面以下或室内防潮层以下的基础不得使用烧结空心砖砌筑。

8.1.2 非烧结砖

不经焙烧而制成的砖均为非烧结砖，如碳化砖、免烧免蒸砖、蒸养（压）砖等。目前应用较广的是蒸养（压）砖，这类砖是以含钙材料（石灰、电石渣等）和含硅材料（砂子、粉煤灰、煤矸石、灰渣、炉渣等）与水拌合，经压制成型、常压或高压蒸汽养护而成，主要品种有灰砂砖、粉煤灰砖、煤渣砖等。

1. 蒸压灰砂砖

蒸压灰砂砖是用磨细生石灰和天然砂，经混合搅拌、陈化（使生石灰充分熟化）、轮碾、加压成型、蒸压养护（175℃～191℃，0.8MPa～1.2MPa 的饱和蒸汽）而成。用料中石灰约占 10%～20%。蒸压灰砂砖有彩色的（Co）和本色的（N）两类，本色为灰白色，若掺入耐碱颜料，可制成彩色砖。

按照《蒸压灰砂砖》GB 11945—1999 的规定，蒸压灰砂砖根据尺寸偏差、外观质量、强度及抗冻性分为优等品（A）、一等品（B）和合格品（C）三个质量等级。

蒸压灰砂砖的外形为直角六面体，公称尺寸为 240mm×115mm×53mm。根据抗压强度和抗折强度分为 MU25、MU20、MU15、MU10 四个强度等级。

蒸压灰砂砖的产品标记按产品名称（LSB）、颜色、强度等级、质量等级、标准编号的顺序编写，例如，强度等级 MU20，优等品的彩色灰砂砖，其标记为：LSB Co 20 A GB 11945。

蒸压灰砂砖材质均匀密实，尺寸偏差小，外形光洁整齐，表观密度为 1800～1900kg/m³，导热系数约为 0.61W/（m·K）。MU15 及其以上的灰砂砖可用于基础及其他建筑部位；MU10 的灰砂砖仅可用于防潮层以上的建筑部位。由于灰砂砖中的某些水化产物（氢氧化钙、碳酸钙等）不耐酸，也不耐热，因此不得用于长期受热 200℃ 以上、受急冷急热和有酸性介质侵蚀的建筑部位，也不宜用于有流水冲刷的部位。

2. 蒸压粉煤灰多孔砖

蒸压粉煤灰多孔砖是以粉煤灰、生石灰（或电石渣）为主要原料，掺加适量石膏、外加剂和集料，经坯体制备、压制成型、高压蒸汽养护而成的多孔砖。

蒸压粉煤灰多孔砖的外形为直角六面体。其长度规格尺寸（mm）为 360、330、290、240、190、140；宽度规格尺寸（mm）为 240、190、115、90；高度规格尺寸（mm）为 115、90。

蒸压粉煤灰多孔砖产品采用产品代号（AFPB）、规格尺寸、强度等级、标准编号的顺序标记，如规格尺寸 240mm×115mm×90mm、强度等级 MU15 的多孔砖，其标记为：AFPB 240mm×115mm×90mm MU15 GB 26541。

根据标准《蒸压粉煤灰多孔砖》GB 26541—2011 的规定，蒸压粉煤灰多孔砖按强度分为 MU15、MU20、MU25 三个等级；孔洞率应不小于 25%，不大于 35%；吸水率应不大于 20%。

蒸压粉煤灰砖在性能上与蒸压灰砂多孔砖相近。在工程中，应结合其具有的性能，合理选择使用。

1）蒸压粉煤灰多孔砖可用于工业与民用建筑的墙体和基础。但用于基础或用于易受冻融和干湿交替作用的建筑部位时，必须采用 MU15 及以上强度等级的砖。

2）因砖中含有氢氧化钙，蒸压粉煤灰多孔砖应避免用于长期受热高于 200℃ 及承受急冷、急热或有酸性介质侵蚀的建筑部位。

3）蒸压粉煤灰多孔砖初始吸水能力差，后期的吸水能力较大，施工时应提前湿水，保持砖的含水率在 10% 左右，以保证砌筑质量。

4）由于蒸压粉煤灰多孔砖出釜后收缩较大，因此，出釜一周后才能用于砌筑。

5）用蒸压粉煤灰多孔砖砌筑的建筑物，应适当增设圈梁及伸缩缝或其他措施，以避免或减少收缩裂缝。

3. 煤渣砖

煤渣砖是以煤渣为主要原料，加入适量石灰、石膏等材料，经混合、压制成型、蒸汽或蒸压养护而制成的实心砖，颜色呈黑灰色。

根据《煤渣砖》JC/T 525—2007 的规定，煤渣砖的公称尺寸为 240mm×115mm×53mm，按其抗压强度和抗折强度分为 MU20、MU15、MU10、MU7.5 四个强度级别。

煤渣砖可用于工业与民用建筑的墙体和基础，但用于基础或用于易受冻融和干湿交替作用的建筑部位必须使用 MU15 及其以上的砖。煤渣砖不得用于长期受热 200℃ 以上、受急冷急热和有酸性介质侵蚀的建筑部位。

8.2 墙 用 砌 块

砌块是用于砌筑的、形体大于砌墙砖的人造块材。砌块一般为直角六面体，也有各种异形的。砌块系列中主规格的长度、宽度或高度有一项或一项以上分别大于 365mm、240mm 或 115mm，但高度不大于长度或宽度的六倍，长度不超过高度的三倍。

砌块是一种新型墙体材料，可以充分利用地方资源和工业废渣，并可节省黏土资源和改善环境。具有生产工艺简单，原料来源广，适应性强，制作及使用方便灵活，可改善墙体功能等特点，因此发展较快。

砌块的分类方法很多，按产品主规格的尺寸可分为大型砌块（高度大于 980mm）、中型砌块（高度为 380～980mm）和小型砌块（高度为 115～380mm）。按用途可分为承重砌块和非承重砌块；按空心率（砌块上孔洞和槽的体积总和与按外阔尺寸算出的体积之比的百分率）可分为实心砌块（无孔洞或空心率小于 25%）和空心砌块（空心率等于或大于 25%）；按材质又可分为硅酸盐砌块、轻骨料混凝土砌块、普通混凝土砌块等。本节主要简介几种常用砌块。

8.2.1 蒸压加气混凝土砌块（代号 ACB）

蒸压加气混凝土砌块是以钙质材料（水泥、石灰等）、硅质材料（砂、矿渣、粉煤灰等）以及加气剂（铝粉）等，经配料、搅拌、浇注、发气、切割和蒸压养护而成的多孔硅酸盐砌块。

蒸压加气混凝土砌块的规格尺寸见

蒸压加气混凝土砌块的规格尺寸

GB 11968—2006　　表 8-10

长度 L（mm）	宽度 B（mm）	高度 H（mm）
600	100　120　125 150　180　200 240　250　300	200　240　250　300

表 8-10。如需要其他规格，可由供需双方协商解决。

根据《蒸压加气混凝土砌块》GB 11968—2006 的规定，砌块按尺寸偏差、外观质量、干密度、抗压强度和抗冻性分为优等品（A）、合格品（B）两个等级。

蒸压加气混凝土砌块质量轻，表观密度约为黏土砖的 1/3，具有保温、隔热、隔音性能好、抗震性强、耐火性好、易于加工、施工方便等特点，是应用较多的轻质墙体材料之一。适用于低层建筑的承重墙、多层建筑的间隔墙和高层框架结构的填充墙，也可用于一般工业建筑的围护墙，作为保温隔热材料也可用于复合墙板和屋面结构中。在无可靠的防护措施时，该类砌块不得用于水中、高湿度和有侵蚀介质的环境中，也不得用于建筑物的基础和温度长期高于80℃的建筑部位。

8.2.2 粉煤灰砌块（代号 FB）

粉煤灰砌块属硅酸盐类制品，是以粉煤灰、石灰、石膏和骨料（炉渣、矿渣）等为原料，经配料、加水搅拌、振动成型、蒸汽养护而制成的密实砌块。

根据《粉煤灰砌块》JC238—1991（1996）的规定，粉煤灰砌块的主规格尺寸有880mm×380mm×240mm 和 880mm×430mm×240mm 两种。按立方体试件的抗压强度，粉煤灰砌块分为 MU10 级和 MU13 级两个强度等级；按外观质量、尺寸偏差和干缩性能分为一等品（B）和合格品（C）两个质量等级。粉煤灰砌块的立方体抗压强度、碳化后强度、抗冻性和密度应符合表 8-11 的要求，干缩值应符合表 8-12 的规定。

粉煤灰砌块的立方体抗压强度、碳化后强度、抗冻性能和密度   表 8-11

项　　　目	指　　　标	
	10 级	13 级
抗压强度	3 块试件平均值不小于 10.0MPa，单块最小值不小于 8.0MPa	3 块试件平均值不小于 13.0MPa，单块最小值不小于 10.5MPa
人工碳化后强度	不小于 6.0MPa	不小于 7.5MPa
抗冻性	冻融循环结束后，外观无明显疏松、剥落或裂缝，强度损失不大于 20%	
密　　度	不超过设计密度 10%	

粉煤灰砌块的干缩值比水泥混凝土大，弹性模量低于同强度的水泥混凝土制品。粉煤灰砌块适用于一般工业与民用建筑的墙体和基础，但不宜用于长期受高温（如炼钢车间等）和经常受潮湿的承重墙，也不宜用于有酸性介质侵蚀的建筑部位。

粉煤灰砌块的干缩值（mm/m）   表 8-12

一等品（B）	合格品（C）
≤0.75	≤0.90

8.2.3 普通混凝土小型空心砌块（代号 NHB）

普通混凝土小型空心砌块主要是以普通混凝土拌合物为原料，经成型、养护而成的空心块体墙材。有承重砌块和非承重砌块两类。为减轻自重，非承重砌块也可用炉渣或其他轻质骨料配制。

普通混凝土小型空心砌块的主规格尺寸为 390mm×190mm×190mm，其他规格尺寸可由供需双方协商。砌块各部位的名称如图 8-4 所示。最小外壁厚应不小于 30mm，最小肋厚应不小于 25mm。空心率应不小于 25%。

根据《普通混凝土小型砌块》GB/T 8239—2014 的规定，普通混凝土小型空心砌块按使用时砌筑墙体的结构和受力情况分为承重结构用砌块（代号 L，简称承重砌块）、非承重结构用砌块（代号 N，简称非承重砌

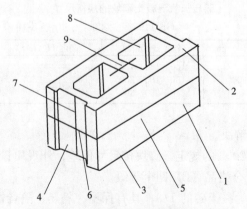

图 8-4　小型空心砌块各部位的名称
1—条面；2—坐浆面（肋厚较小的面）；3—铺浆面（肋厚较大的面）；4—顶面；5—长度；6—宽度；7—高度；8—壁；9—肋

块）；承重砌块按抗压强度分为 MU7.5、MU10、MU15、MU20、MU25 五个等级，非承重砌块按抗压强度分为 MU5.0、MU7.5、MU10 三个等级；承重砌块吸水率应不大于10％，非承重砌块吸水率应不大于14％；软化系数应不小于 0.85。

普通混凝土小型空心砌块一般用于地震设计烈度为 8 度或 8 度以下的建筑物墙体。在砌块的空洞内可浇注配筋芯柱，能提高建筑物的延性。适用于各类低层、多层和中高层的工业与民用建筑承重墙、隔墙和围护墙，以及花坛等市政设施，也可用作室内外装饰装修。

普通混凝土小型空心砌块在砌筑时一般不宜浇水，但在气候特别干燥、炎热时，可在砌筑前稍喷水湿润。

8.2.4 轻骨料混凝土小型空心砌块（代号 LB）

轻骨料混凝土小型空心砌块是由水泥、砂（轻砂或普砂）、轻粗骨料、水等经搅拌、成型而得。所用轻粗骨料有粉煤灰陶粒、黏土陶粒、页岩陶粒、膨胀珍珠岩、自燃煤矸石轻骨料、煤渣等。其主规格尺寸为 390mm×190mm×190mm，其他规格尺寸可由供需双方商定。

根据《轻集料混凝土小型空心砌块》GB/T 15229—2011 的规定，轻骨料混凝土小型空心砌块按砌块孔的排数分为四类：单排孔、双排孔、三排孔和四排孔。按砌块密度等级分为八级：700、800、900、1000、1100、1200、1300、1400。按砌块强度等级分为五级：MU2.5、MU3.5、MU5.0、MU7.5、MU10.0。砌块的吸水率不应大于 18％，干缩率、相对含水率、抗冻性应符合标准规定。

强度等级为 MU3.5 级以下的砌块主要用于保温墙体或非承重墙体，强度等级为 MU3.5 级及其以上的砌块主要用于承重保温墙体。

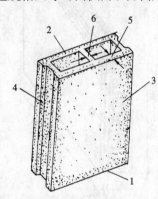

图 8-5 中型空心砌块
的构造形式示意图

1—铺浆面；2—坐浆面；3—侧面；
4—端面；5—壁；6—肋

8.2.5 混凝土中型空心砌块

混凝土中型空心砌块是以水泥或无熟料水泥，配以一定比例的骨料，制成空心率≥25％的制品。砌块的构造形式如图 8-5，其尺寸规格为：

长度：500mm、600mm、800mm、1000mm；

宽度：200mm、240mm；

高度：400mm、450mm、800mm、900mm。

用无熟料水泥或少熟料水泥配制的砌块属硅酸盐类制品，生产中应通过蒸汽养护或相关的技术措施以提高产品质量。该类砌块的干燥收缩值≤0.8mm/m；经 15 次冻融循环后其强度损失≤15％，外观无明显疏松、剥落和裂缝。

中型空心砌块具有表观密度小、强度较高、生产简单、施工方便等特点，适用于民用与一般工业建筑物的墙体。

8.3 墙 用 板 材

随着建筑结构体系的改革和大开间多功能框架结构的发展，各种轻质和复合墙用板材也蓬勃兴起。以板材为围护墙体的建筑体系具有质轻、节能、施工方便快捷、使用面积大、开间布置灵活等特点，因此，墙用板材具有良好的发展前景。我国目前可用于墙体的板材品种很多。

8.3.1 水泥类墙用板材

水泥类墙用板材具有较好的力学性能和耐久性，生产技术成熟，产品质量可靠。可用于承重墙、外墙和复合墙板的外层面。其主要缺点是表观密度大，抗拉强度低（大板在起吊过程中易受损），生产中可制作预应力空心板材，以减轻自重和改善隔声隔热性能，也可制作以纤维等增强的薄型板材，还可在水泥类板材上制作成具有装饰效果的表面层。

1. 预应力混凝土空心墙板

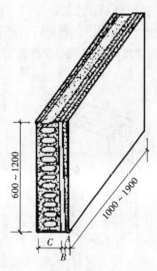

预应力混凝土空心墙板构造如图 8-6 所示。使用时可按要求配以保温层、外饰面层和防水层等。该类板的长度为 1000～1900mm，宽度为 600～1200mm，总厚度为 200～480mm。可用于承重或非承重外墙板、内墙板、楼板、屋面板和阳台板等。

2. 纤维增强低碱度水泥建筑平板 JC/T 626—2008

纤维增强低碱度水泥建筑平板（以下简称"平板"）是以温石棉、抗碱玻璃纤维等为增强材料，以低碱水泥为胶结材料，加水混合成浆，经制坯、压制、蒸养而成的薄型平板。按石棉掺入量分为：掺石棉纤维增强低碱度水泥建筑平板（代号为 TK）与无石棉纤维增强低碱度水泥建筑平板（代号为 NTK）。

图 8-6 预应力空
心墙板示意图

A—外饰面层；*B*—保温层；
C—预应力混凝土空心板

平板的长度为 1200～2800mm，宽度为 800～1200mm，厚度有 4mm、5mm 和 6mm 三种规格。按尺寸偏差和物理力学性能，平板分为优等品（A）、一等品（B）和合格品（C）三个质量等级。

平板质量轻、强度高、防潮、防火、不易变形，可加工性好。适用于各类建筑物室内的非承重内隔墙和吊顶平板等。

此外，水泥类墙板中还有玻璃纤维增强水泥轻质多孔隔墙条板、水泥木屑板等。

8.3.2 石膏类墙用板材

石膏制品有许多优点，石膏类板材在轻质墙体材料中占有很大比例，主要有纸面石膏板、无面纸的石膏纤维板、石膏空心条板和石膏刨花板等。

1. 纸面石膏板 GB/T 9775—2008

纸面石膏板按其功能分为普通纸面石膏板（代号 P）、耐水纸面石膏板（代号 S）、耐火纸面石膏板（代号 H）以及耐水耐火纸面石膏板（代号 SH）四种。普通纸面石膏板是以建筑石膏为主要原料，掺入适量纤维增强材料和外加剂等，在与水搅拌后，浇注于护面纸的面纸与背纸之间，并与护面纸牢固地粘结在一起的建筑板材。耐水纸面石膏板是以建筑石膏为主要原料，掺入适量纤维增强材料和耐水外加剂等，在与水搅拌后，浇注于耐水护面纸的面纸与背纸之间，并与耐水护面纸牢固地粘结在一起，旨在改善防水性能的建筑板材。耐火纸面石膏板是以建筑石膏为主要原料，掺入无机耐火纤维增强材料和外加剂等，在与水搅拌后，浇注于护面纸的面纸与背纸之间，并与护面纸牢固地粘结在一起，旨在提高防火性能的建筑板材。耐水耐火纸面石膏板是以建筑石膏为主要原料，掺入耐水外加剂和无机耐火纤维增强材料等，在与水搅拌后，浇注于耐水护面纸的面纸与背纸之间，并与耐水护面纸牢固地粘结在一起，旨在改善防水性能提高防火性能的建筑板材。

2. 石膏空心条板 JC/T 829—2010

石膏空心条板外形与生产方式类似于玻璃纤维增强水泥轻质多孔隔墙条板。它是以建筑石膏为胶凝材料，适量加入各种轻质骨料（如膨胀珍珠岩、膨胀蛭石等）和无机纤维增强材料，经搅拌、振动成型、抽芯模、干燥而成。其长度为 2100～3600mm，宽度为 600mm，厚度有 60mm、90mm、120mm 三种。

石膏空心条板具有质轻、比强度高、隔热、隔声、防火、可加工性好等优点，且安装墙体时不用龙骨，简单方便。适用于各类建筑的非承重内墙，但若用于相对湿度大于 75％的环境中，则板材表面应作防水等相应处理。

3. 石膏纤维板

石膏纤维板是以纤维增强石膏为基材的无面纸石膏板。常用无机纤维或有机纤维为增强材料，与建筑石膏、缓凝剂等经打浆、铺装、脱水、成型、烘干而制成。

石膏纤维板可节省护面纸，具有质轻、高强、耐火、隔声、韧性高、可加工性好的性能。其规格尺寸和用途与纸面石膏板相同。

8.3.3 植物纤维类板材

随着农业的发展，农作物的废弃物（如稻草、麦秸、玉米秆、甘蔗渣等）随之增多，污染环境。上述各种废弃物如经适当处理，则可制成各种板材加以利用。中国是农业大国，农作物资源丰富，该类产品应该得到发展和推广。

1. 稻草板

稻草板生产的主要原料是稻草、板纸和脲醛树脂胶料等。其生产方法是将干燥的稻草热压成密实的板芯，在板芯两面及四个侧边用胶贴上一层完整的面纸，经加热固化而成。板芯内不加任何粘结剂，只利用稻草之间的缠绞拧编与压合而形成密实并有相当刚度的板材。其生产工艺简单，生产能耗低，仅为纸面石膏板生产能耗的 1/4～1/3。

稻草板质轻，保温隔热性能好，隔声好，具有足够的强度和刚度，可以单板使用而不需要龙骨支撑，且便于锯、钉、打孔、粘结和油漆，施工很便捷。其缺点是耐水性差、可燃。稻草板适于用作非承重的内隔墙、顶棚、厂房望板及复合外墙的内壁板。

2. 蔗渣板

蔗渣板是以甘蔗渣为原料，经加工、混合、铺装、热压成型而成的平板。该板生产时可不用胶而利用蔗渣本身含有的物质热压时转化成呋喃系树脂而起胶结作用，也可用合成树脂胶结成有胶蔗渣板。

蔗渣板具有质轻、吸声、易加工（可钉、锯、刨、钻）和可装饰等特点。可用作内隔墙、顶棚、门心板、室内隔断板和装饰板等。

此外，植物纤维类板材中还有麦秸板、稻壳板等。

8.3.4 复合墙板

以单一材料制成的板材，常因材料本身的局限性而使其应用受到限制。如质量较轻、隔热、隔声效果较好的石膏板、加气混凝土板、稻草板等，因其耐水性差或强度较低，通常只能用于非承重的内隔墙。而水泥混凝土类板材虽有足够的强度和耐久性，但其自重大，隔声、保温性能较差。为克服上述缺点，常用不同材料组成多功能的复合墙板以满足需要。

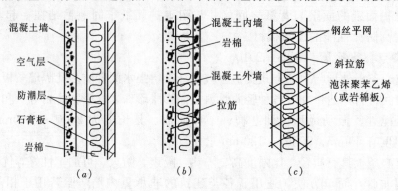

图 8-7　几种复合墙体构造

（a）拼装复合墙；（b）岩棉-混凝土预制复合墙板；（c）泰柏板（或 GY 板）

常用的复合墙板主要由承受外力的结构层（多为普通混凝土或金属板）、保温层（矿棉、泡沫塑料、加气混凝土等）及面层（各类具有可装饰性的轻质薄板）组成，如图 8-7 所示。其优点是承重材料和轻质保温材料的功能都得到合理利用，实现了物尽其用，拓宽了材料来源。

1. 混凝土夹心板

混凝土夹心板是以 20～30mm 厚的钢筋混凝土作内外表面层，中间填以矿渣毡、岩棉毡或泡沫混凝土等保温材料，内外两层面板以钢筋件连结，用于内外墙。

2. 泰柏板

泰柏板是以钢丝焊接成的三维钢丝网骨架与高热阻自熄性聚苯乙烯泡沫塑料组成的芯材板，两面喷（抹）涂水泥砂浆而成，如图 8-8 所示。

泰柏板的标准尺寸为 1.22m×2.44m＝3m²，标准厚度为 100mm，平均自重为 90kg/m²，导热系数小（其热损失比一砖半的砖墙小 50%）。由于所用钢丝网骨架构造及夹心层材料、厚度的差别等，该类板材有多种名称，如 GY 板（夹芯为岩棉毡）、三维板、3D 板、钢丝网节能板等，但它们的性能和基本结构相似。

泰柏板轻质高强、隔热、隔声、防火、防潮、防震、耐久性好、易加工、施工方便。适用于自承重外墙、内隔墙、屋面板等。

3. 轻型夹心板

轻型夹心板是用轻质高强的薄板为面层，中间以轻质的保温隔热材料为芯材组成的复合板。用于面层的薄板有不锈钢板、彩色涂层钢板、铝合金板、纤维增强水泥薄板等。芯材有岩棉毡、玻璃棉毡、矿渣棉

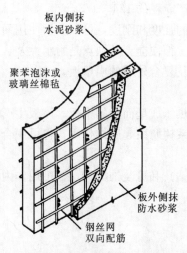

图 8-8　泰柏墙板的示意图

毡、阻燃型发泡聚苯乙烯、阻燃型发泡硬质聚氨酯等。该类复合墙板的性能与适用范围与泰柏板基本相同。

思 考 题

1. 用哪些简易方法可以鉴别欠火砖和过火砖？欠火砖和过火砖能否用于工程中？
2. 如何划分烧结普通砖的质量等级？
3. 某工地备用红砖10万块，尚未砌筑使用，但储存两个月后，发现有部分砖自裂成碎块，断面处可见白色小块状物质。请解释这是何原因所致。
4. 简述多孔砖、空心砖与实心砖相比的优点。
5. 建筑工程中常用的非烧结砖有哪些？常用的墙用砌块有哪些？常用的墙用板材有哪些？
6. 简述改革墙体材料的重大意义及发展方向。你所在的地区采用了哪些新型墙体材料？它们与烧结普通黏土砖相比有何优越性？

9 金 属 材 料

金属可分为黑色金属和有色金属两大类。黑色金属的主要成分是铁及其合金，即通常所称的钢铁，而有色金属是指除钢铁以外的其他金属，如铝、铜、锌及其合金。

金属材料制品，由于材质均匀、强度高、可加工性好，所以被广泛应用于建筑和装饰工程中。

9.1 建 筑 钢 材

钢材具有以下优点：材质均匀，性能可靠，抗拉、抗压、抗弯、抗剪强度都很高，具有一定的塑性和韧性，常温下能承受较大的冲击和振动荷载；具有良好的加工性能，可以铸造、锻压、切削加工、焊接、铆接或螺栓连接，便于装配等。其缺点是：易锈蚀、维修费用大、耐火性差。

9.1.1 钢的冶炼与分类

1. 钢的冶炼

钢是由生铁冶炼而成。生铁是一种 Fe—C 合金，其中碳的含量为 $2.06\%\sim6.67\%$，磷、硫等杂质的含量也较高。生铁硬而脆，无塑性和韧性，不能进行焊接、锻造、轧制等加工。

炼钢的原理就是将熔融的生铁进行氧化，使碳的含量降低到一定的限度，同时把其他杂质的含量也降低到允许范围内。所以，在理论上凡含碳量在 2% 以下，有害杂质含量较少的 Fe—C 合金称为钢。

目前，我国常用的炼钢方法有转炉炼钢法和电炉炼钢法。

在冶炼钢的过程中，由于氧化作用使部分铁被氧化，并残留在钢水中，降低了钢的质量。因此，在炼钢后期精炼时，要进行脱氧处理，即在炉内或钢包中加入脱氧剂（锰铁、硅铁、铝锭）进行脱氧，使氧化铁还原为金属铁。脱氧程度不同，钢的内部状态和性能也不同。按照脱氧程度不同，钢可分为沸腾钢、镇静钢和特殊镇静钢。沸腾钢是脱氧不完全的钢，由于钢水中残存的 FeO 与 C 化合生成 CO，在浇注钢锭时有大量的 CO 气泡逸出，引起钢水沸腾，故称沸腾钢。沸腾钢组织不够致密，气泡含量较多，成分不均匀，质量较差，但其成品率高，成本低。镇静钢是脱氧进行彻底的钢，组织致密，化学成分均匀，机械性能好，是质量较好的钢种，但成本较高。特殊镇静钢是比镇静钢脱氧程度更充分彻底的钢。

2. 钢的分类

钢的品种繁多，可以从以下不同的角度进行分类。

（1）按冶炼方法分 $\begin{cases} 转炉钢 \\ 平炉钢 \\ 电炉钢 \end{cases}$

$$\text{(2) 按脱氧程度分} \begin{cases} \text{沸腾钢} \\ \text{镇静钢} \\ \text{特殊镇静钢} \end{cases}$$

$$\text{(3) 按压力加工方式分} \begin{cases} \text{热加工钢材} \\ \text{冷加工钢材} \end{cases}$$

$$\text{(4) 按化学成分分} \begin{cases} \text{碳素钢} \begin{cases} \text{低碳钢（含碳量}<0.25\%） \\ \text{中碳钢（含碳量 }0.25\%\sim0.60\%） \\ \text{高碳钢（含碳量}>0.60\%） \end{cases} \\ \text{合金钢} \begin{cases} \text{低合金钢（合金元素总量}<5\%） \\ \text{中合金钢（合金元素总量 }5\%\sim10\%） \\ \text{高合金钢（合金元素总量}>10\%） \end{cases} \end{cases}$$

$$\text{(5) 按质量分} \begin{cases} \text{普通碳素钢（含硫量}\leqslant0.055\%\sim0.065\%，\text{含磷量}\leqslant0.045\%\sim0.085\%） \\ \text{优质碳素钢（含硫量}\leqslant0.030\%\sim0.045\%，\text{含磷量}\leqslant0.035\%\sim0.040\%） \\ \text{高级优质钢（含硫量}\leqslant0.020\%\sim0.030\%，\text{含磷量}\leqslant0.027\%\sim0.035\%） \end{cases}$$

$$\text{(6) 按用途分} \begin{cases} \text{结构钢} \begin{cases} \text{建筑工程用结构钢} \\ \text{机械制造用结构钢} \end{cases} \\ \text{工具钢：用于制作刀具、量具、模具等} \\ \text{特殊钢：不锈钢、耐酸钢、耐热钢、耐磨钢、磁钢等} \end{cases}$$

9.1.2 钢的化学成分对钢材性能的影响

钢中除铁、碳两种基本元素外，还含有其他的一些元素，它们对钢的性能和质量有一定的影响。

1. 碳（C）

碳是决定钢材性能的主要元素。如图 9-1 所示，随着含碳量的增加，钢的强度、硬度提高，塑性、韧性降低。但当含碳量大于 1.0% 时，由于钢材变脆，抗拉强度反而下降。

2. 硅（Si）、锰（Mn）

硅和锰是钢材中的有益元素。硅和锰都是炼钢时为了脱氧加入硅铁和锰铁而留在钢中的合金元素。硅的含量在 1% 以内，可提高钢材的强度，对塑性和韧性没有明显影响。但含硅量超过 1% 时，钢材冷脆性增加，可焊性变差。

锰的含量为 0.8%～1% 时，可显著提高钢的强度和硬度，几乎不降低塑性及韧性。当其含量大于 1% 时，在提高强度的同时，塑性及韧性有所下降，可焊性变差。

3. 硫（S）、磷（P）

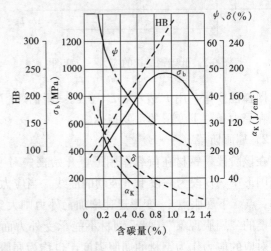

图 9-1 含碳量对热轧
碳素钢性能的影响

153

硫和磷是钢材中主要的有害元素，由炼钢原料带入。

硫能够引起热脆性，热脆性严重降低了钢的热加工性和可焊性。硫的存在还使钢的冲击韧性、疲劳强度、可焊性及耐蚀性降低。

磷能使钢材的强度、硬度、耐蚀性提高，但显著降低钢材的塑性和韧性，特别是低温状态的冲击韧性下降更为明显，使钢材容易脆裂，这种现象称为冷脆性。冷脆性使钢材的冲击韧性以及焊接等性能都下降。

4. 氧（O）、氮（N）

氧和氮是钢材中的有害元素，它们是在炼钢过程中进入钢液的。这些元素的存在降低了钢材的强度、冷弯性能和焊接性能。氧还使钢材的热脆性增加，氮还使钢材的冷脆性及时效敏感性增加。

5. 铝（Al）、钛（Ti）、钒（V）、铌（Nb）

铝、钛、钒、铌等元素是钢材的有益元素，它们均是炼钢时的强脱氧剂，也是合金钢常用的合金元素。适量的这些元素加入钢材内，可改善钢材的组织，细化晶粒，显著提高强度和改善韧性。

9.1.3 力学性能

1. 拉伸性能

拉伸是建筑钢材的主要受力形式，所以拉伸性能是表示钢材性能和选用钢材的重要依据。

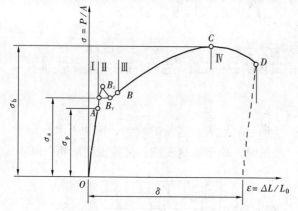

图 9-2 低碳钢受拉的应力—应变图

图 9-2 为低碳钢拉伸过程的应力—应变关系曲线，从图中可以看出，低碳钢拉伸过程经历了四个阶段：弹性阶段、屈服阶段、强化阶段和颈缩阶段。

1）弹性阶段（$O \rightarrow A$）

该阶段钢材表现为弹性，在该阶段，若卸去外力，试件能恢复原来的形状。图形中 OA 段是一条直线，应力与应变成正比。弹性阶段的最高点 A 点所对应的应力值称为弹性极限，用 σ_p 表示。应力与应变的比值为常数，即弹性模量，用 E 表示，$E = \sigma/\varepsilon$。弹性模量反映钢材抵抗弹性变形的能力，是计算钢材在受力条件下变形的重要指标。

2）屈服阶段（$A \rightarrow B$）

在该阶段，钢材在荷载作用下，开始丧失对变形的抵抗能力，并产生明显的塑性变形。图形中 AB 段为一段上下波动的曲线，当应力达到 $B_上$ 点（上屈服点）后，瞬时下降至 $B_下$ 点（下屈服点），变形迅速增加，外力则大致在恒定的位置波动，直到 B 点，这就是所谓的"屈服现象"，似乎钢材不能承受外力而屈服。国家标准规定，以下屈服点 $B_下$ 点所对应的应力作为钢材的屈服强度，也称为屈服点，用 σ_s 表示，计算公式如下：

$$\sigma_s = \frac{F_s}{A_0}$$

式中 σ_s——钢材的屈服强度（MPa）；

$\quad F_s$——钢材拉伸达到屈服点时的屈服荷载（N）；

$\quad A_0$——钢材试件的初始横截面积（mm²）。

屈服强度对钢材的使用有着重要的意义。当钢材的实际应力达到屈服强度时，将产生不可恢复的永久变形，即塑性变形，这在结构上是不允许的，因此屈服强度是确定钢材容许应力的主要依据。

3）强化阶段（B→C）

在该阶段，钢材抵抗外力的能力重新提高。其原因是当应力超过屈服强度后，钢材内部组织中的晶格发生了畸变，阻止了晶格进一步滑移，钢材得到强化，抵抗塑性变形的能力又重新提高。图形中对应于最高点 C 点的应力值，称为抗拉强度或强度极限，用 σ_b 表示，计算公式如下：

$$\sigma_b = \frac{F_b}{A_0}$$

式中 σ_b——钢材的抗拉强度（MPa）；

$\quad F_b$——钢材的极限荷载（N）；

$\quad A_0$——钢材试件的初始横截面积（mm²）。

抗拉强度是钢材受拉时所能承受的最大应力值。

4）颈缩阶段（C→D）

试件受力达到最高点 C 点后，其抵抗变形的能力明显降低，变形迅速发展，应力逐渐下降，试件被拉长，在有杂质或缺陷处，断面急剧缩小，直至断裂，故 CD 段称为颈缩阶段。

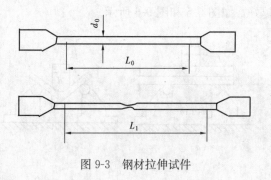

图 9-3　钢材拉伸试件

试件拉断后，可以计算出钢材的伸长率 δ，计算公式如下：

$$\delta = \frac{L_1 - L_0}{L_0} \times 100\%$$

式中 δ——伸长率（当 $L_0 = 5d_0$ 时，为 δ_5；当 $L_0 = 10d_0$ 时，为 δ_{10}）；

$\quad L_1$——试件拉断后标距间的长度（mm）；

$\quad L_0$——试件原标距间长度（$L_0 = 5d_0$ 或 $L_0 = 10d_0$）（mm），如图 9-3 所示。

伸长率 δ 是衡量钢材塑性的一个重要指标，δ 越大说明钢材的塑性越好。对于钢材来说，一定的塑性变形能力，可保证应力重新分布，避免应力集中，从而使钢材用于结构的安全性越大。钢材的塑性主要取决于其组织结构、化学成分和结构缺陷等，此外还与标距的大小有关，对于同一种钢材，其 δ_5 大于 δ_{10}。

2. 冲击韧性

冲击韧性是指钢材抵抗冲击荷载而不破坏的能力。如图 9-4，用试验机摆锤冲击带有 V 形缺口的标准试件的背面，将其折断后，计算试件单位截面积上所消耗的功，作为钢材的冲击韧性指标，以 a_k（J/cm²）表示。a_k 值越大，则冲断试件消耗的能量越多，或者说钢材断裂前吸收的能量越多，表明钢材的冲击韧性越好。

影响钢材冲击韧性的因素很多，钢的化学成分、组织状态，冶炼、轧制、焊接质量以及环境温度都会影响冲击韧性。

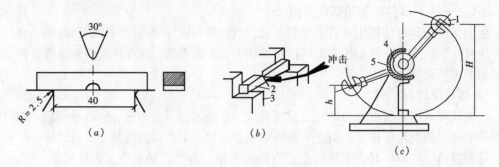

图 9-4　冲击韧性试验图
(*a*) 试件尺寸；(*b*) 试验装置；(*c*) 试验机
1—摆锤；2—试件；3—试验台；4—刻度盘；5—指针

9.1.4　工艺性能

钢材的工艺性能是指钢材在加工过程中表现出的性能，它直接影响钢材的加工质量。

1. 冷弯性能

冷弯性能是指钢材在常温下承受弯曲变形的能力。用弯曲的角度 α、弯心直径 d 与试件直径（或厚度）u 的比值 d/a 来表示。弯曲角度 α 越大，d/a 越小，说明试件冷弯性能越好，如图 9-5 和图 9-6 所示。

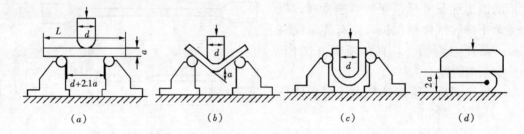

图 9-5　钢材冷弯
(*a*) 试件安装；(*b*) 弯曲 90°；(*c*) 弯曲 180°；(*d*) 弯曲至两面重合

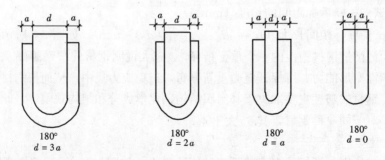

图 9-6　钢材冷弯规定弯心

钢材的冷弯性能通过冷弯试验来检验：按规定的弯曲角度（90°或 180°）和弯心直径进行试验，试件的弯曲处不发生裂纹、裂断或起层，即认为冷弯性能合格。如有一种及以上的现象出现，则冷弯性能不合格。

伸长率和冷弯性能都反映钢材的塑性，但冷弯试验是对钢材塑性更严格的检验。因为伸长率是测定钢材在均匀荷载作用下的变形，而冷弯试验是测定钢材在不均匀荷载作用下产生的不均匀变形，更有利于暴露钢材的某些内在缺陷，如内部组织不均匀、夹杂物、裂纹等。同时冷弯试验对焊接质量也是一种严格的检验，能揭示焊件在受弯表面存在的未熔合、微裂纹及夹杂物等缺陷。

2. 冷加工强化及时效

钢材在常温下，经过以超过其屈服强度但不超过抗拉强度的应力进行加工，产生一定塑性变形，屈服强度、硬度提高，而塑性、韧性及弹性模量降低，这种现象称为冷加工强化。

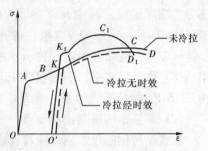

图 9-7 钢筋经冷拉时效后
应力—应变图的变化

钢材冷加工的方式有冷拉、冷拔、冷轧、刻痕等。以钢材的冷拉为例，如图 9-7，图中 $OABCD$ 为未经冷拉时的应力应变曲线。将试件拉至超过屈服点 B 的 K 点，然后卸去荷载，由于试件已经产生塑性变形，所以曲线沿 KO' 下降而不能回到原点。若将此试件立即重新拉伸，则新的应力应变曲线为 $O'KCD$ 虚线，即 K 点成为新的屈服点，屈服强度得到了提高，而塑性、韧性降低。

钢材经冷加工后时效可迅速发展。时效处理的方式有两种，自然时效和人工时效。钢材经冷加工后，在常温下存放 15～20d，为自然时效；加热至 100～200℃ 保持 2h 左右，为人工时效。

如图 9-7 所示，钢材经冷拉后若不是立即重新拉伸，而是经时效处理后再拉伸，则应力应变曲线将成为 $O'KK_1C_1D_1$，这表明经冷拉后的钢材再经时效后，屈服强度、硬度进一步提高，抗拉强度也得到提高，而塑性和韧性进一步降低。

钢材经过冷加工后，一般进行时效处理，通常强度较低的钢材宜采用自然时效，强度较高的钢材则应采用人工时效。

建筑工程中常采用对钢筋进行冷拉和对盘条进行冷拔的方法，以达到节约钢材的目的。

3. 焊接性能

焊接是钢材重要的连接方式。焊接的质量取决于焊接工艺、焊接材料和钢的可焊性能。

钢材的可焊性是指钢材是否适应通常的焊接方法与工艺的性能。可焊性好的钢材易于用一般焊接方法和工艺施焊，在焊缝及附近过热区不产生裂缝，焊接后的力学性能，特别是强度不低于原有钢材，硬脆倾向小。

钢材可焊性的好坏，主要取决于化学成分及其含量。碳、硫、合金元素、杂质等含量的增加，都会使可焊性降低。低碳钢具有良好的可焊性。

9.1.5 建筑钢材的标准及常用建筑钢材

1. 建筑钢材的标准

建筑工程中需要消耗大量的钢材，应用最广泛的钢种主要有碳素结构钢和低合金高强度结构钢。

1）碳素结构钢

碳素结构钢是普通碳素结构钢的简称。在各类钢中，碳素结构钢产量最大，用途最广泛，多轧制成钢板、钢带、型钢等。现行国家标准《碳素结构钢》GB/T 700—2006 具体规定了它的牌号表示方法、技术要求、试验方法、检验规则等。

（1）碳素结构钢的牌号表示方法

碳素结构钢的牌号由代表屈服点的字母、屈服点数值、质量等级符号、脱氧方法等四部分按顺序组成。其中，以字母"Q"代表屈服点；屈服点数值共分 195、215、235 和 275MPa 四种；质量等级以硫、磷等杂质含量由多到少分为四个等级，分别由 A、B、C、D 符号表示；脱氧方法以 F 表示沸腾钢、Z 表示镇静钢、TZ 表示特殊镇静钢，Z 和 TZ 在钢的牌号中予以省略。例如：Q215-A·F 表示屈服点为 215MPa 的 A 级沸腾钢；屈服点为 235MPa 的 C 级镇静钢，其牌号表示为 Q235-C。

（2）碳素结构钢的技术要求

碳素结构钢的化学成分应符合表 9-1 的要求；力学性能应符合表 9-2 的要求；冷弯性能应符合表 9-3 的要求。

碳素结构钢的化学成分 GB/T 700—2006　　　　　　　　　　表 9-1

牌号	统一数字代号①	等级	厚度（或直径）/mm	脱氧方法	化学成分（%），不大于				
					C	Si	Mn	P	S
Q195	U11952	—	—	F、Z	0.12	0.30	0.50	0.035	0.040
Q215	U12152	A	—	F、Z	0.15	0.35	1.20	0.045	0.050
	U12155	B							0.045
Q235	U12352	A		F、Z	0.22	0.35	1.40	0.045	0.050
	U12355	B			0.20②				0.045
	U12358	C		Z	0.17			0.040	0.040
	U12359	D		TZ				0.035	0.035
Q275	U12752	A	—	F、Z	0.24	0.35	1.50	0.045	0.050
	U12755	B	≤40	Z	0.21			0.045	0.045
			>40		0.22				
	U12758	C		Z	0.20			0.040	0.040
	U12759	D		TZ				0.035	0.035

注：①表中为镇静钢、特殊镇静钢牌号的统一数字，沸腾钢牌号的统一数字代号如下：

Q195F—U11950；

Q215AF—U12150，Q215BF—U12153；

Q235AF—U12350，Q235BF—U12353；

Q275AF—U12750。

② 经需方同意，Q235B 的碳含量可不大于 0.22%。

2）低合金高强度结构钢

低合金高强度结构钢是在碳素结构钢的基础上，添加少量的一种或几种合金元素（总含量小于 5%）的一种结构钢。所加元素主要有锰（Mn）、硅（Si）、钒（V）、钛（Ti）、铌（Nb）、铬（Cr）、镍（Ni）及稀土元素，其目的是为了提高钢的屈服强度、抗拉强度、耐磨性、耐蚀性及耐低温性能等。低合金高强度结构钢综合性能较为理想，尤其在大跨度、承受动荷载和冲击荷载的结构中更适用，而且与使用碳素钢相比，可节约钢材 20%～30%，但成本并不很高。

碳素结构钢的力学性能 GB/T 700—2006　　　　　　　　表 9-2

牌号	质量等级	拉 伸 试 验													冲击试验（V 型缺口）	
		屈服强度①σ_s（MPa），不小于						抗拉强度②σ_b（MPa）	断后伸长率 δ（％），不小于					温度（℃）	冲击吸收功（纵向）（J），不小于
		钢材厚度（或直径）（mm）							钢材厚度（或直径）（mm）						
		≤16	>16~40	>40~60	>60~100	>100~150	>150~200		≤40	>40~60	>60~100	>100~150	>150~200		
Q195	—	195	185	—	—	—	—	315~430	33	—	—	—	—	—	—
Q215	A	215	205	195	185	175	165	335~450	31	30	29	27	26	—	—
	B													+20	27
Q235	A	235	225	215	215	195	185	370~500	26	25	24	22	21	—	—
	B													+20	27③
	C													0	
	D													−20	
Q275	A	275	265	255	245	225	215	410~540	22	21	20	18	17	—	—
	B													+20	27
	C													0	
	D													−20	

注：① Q195 的屈服强度值仅供参考，不作交货条件。

② 厚度大于 100mm 的钢材，抗拉强度下限允许降低 20MPa。宽带钢（包括剪切钢板）抗拉强度上限不作交货条件。

③ 厚度小于 25mm 的 Q235B 级钢材，如供方能保证冲击吸收功值合格，经需方同意，可不做检验。

碳素结构钢的冷弯试验指标 GB/T 700—2006　　　　　　表 9-3

牌　号	试样方向	冷弯试验 180° $B=2a$①	
		钢材厚度（或直径）②（mm）	
		≤60	>60~100
		弯心直径 d	
Q195	纵	0	—
	横	0.5a	
Q215	纵	0.5a	1.5a
	横	a	2a
Q235	纵	a	2a
	横	1.5a	2.5a
Q275	纵	1.5a	2.5a
	横	2a	3a

注：① B 为试样宽度，a 为试样厚度（直径）。

② 钢材厚度（或直径）大于 100mm 时，弯曲试验由双方协商确定。

（1）低合金高强度结构钢的牌号表示方法

根据国家标准《低合金高强度结构钢》GB 1591-2008 的规定，低合金高强度结构钢共有八个牌号。其牌号的表示方法由屈服点字母 Q、屈服点数值、质量等级三个部分组成，屈服点数值共分 345MPa、390MPa、420MPa、460MPa、500MPa、550MPa、620MPa、690MPa 八种，质量等级按照硫、磷等杂质含量由多到少分为 A、B、C、D、E 五级。如 Q345A 表示屈服点为 345MPa 的 A 级钢。

（2）低合金高强度结构钢的技术要求

低合金高强度结构钢的化学成分、力学性能和冷弯性能应符合《低合金高强度结构钢》GB 1591—2008 的要求。

2. 常用建筑钢材

1）钢筋混凝土用热轧钢筋

等高肋　　　　　　月牙肋

图 9-8　热轧带肋钢筋的外形

经热轧成型并自然冷却的钢筋，称为热轧钢筋。热轧钢筋主要有用 Q235 碳素结构钢轧制的光圆钢筋和用合金钢轧制的带肋钢筋两类。光圆钢筋的横截面通常为圆形，且表面光滑。带肋钢筋的横截面为圆形，表面通常有两条纵肋和沿长度方向均匀分布的横肋。按横肋的纵截面形状分为月牙肋钢筋和等高肋钢筋。月牙肋钢筋的纵横肋不相交，而等高肋钢筋的纵横肋相交，如图 9-8。

根据《钢筋混凝土用钢　第 1 部分：热轧光圆钢筋》GB 1499.1—2008 及《钢筋混凝土用钢　第 2 部分：热轧带肋钢筋》GB 1499.2—2007 的规定，热轧光圆钢筋的牌号由 HPB 与屈服强度特征值构成，其中 HPB 是热轧光圆钢筋的英文（Hot rolled Plain Bars）缩写；热轧带肋钢筋的牌号由 HRB 与屈服强度特征值构成，其中 HRB 是热轧带肋钢筋的英文（Hot rolled Ribbed Bars）缩写，HRBF 是细晶粒热轧钢筋，F 是"细"的英文（Fine）的缩写。热轧钢筋的力学性能和冷弯性能应符合表 9-4 的要求。

热轧钢筋的力学性能和冷弯性能　　　　　表 9-4

牌　　号	屈服强度（MPa）	抗拉强度（MPa）	断后伸长率（%）	最大力总伸长率（%）	冷弯试验 180°	
	≥				公称直径 a	弯芯直径 d
HPB235	235	370	25.0	10.0	a	d＝a
HPB300	300	420				
HRB335	335	455	17		6～25	3a
HRBF335					28～40	4a
					＞40～50	5a
HRB400	400	540	16	7.5	6～25	4a
HRBF400					28～40	5a
					＞40～50	6a
HRB500	500	630	15		6～25	6a
HRBF500					28～40	7a
					＞40～50	8a

热轧光圆钢筋的强度较低，但塑性及焊接性能很好，便于各种冷加工，因而广泛用作普通钢筋混凝土构件的受力筋及各种钢筋混凝土结构的构造筋。HRB335 和 HRB400 钢筋强度较高，塑性和焊接性能也较好，故广泛用作大、中型钢筋混凝土结构的受力钢筋。HRB500 钢筋强度高，但塑性和焊接性能较差，可用作预应力钢筋。

2）冷轧带肋钢筋

冷轧带肋钢筋是低碳钢热轧圆盘条经冷轧后，在其表面带有沿长度方向均匀分布的三面或两面横肋的钢筋。

根据《冷轧带肋钢筋》GB 13788—2008 的规定，冷轧带肋钢筋的牌号由 CRB 和抗拉强度最小值表示，有 CRB550、CRB650、CRB800、CRB970 四个牌号，C、R、B 分别为冷轧（Cold rolled）、带肋（Ribbed）、钢筋（Bars）三个词的英文首位字母。其力学性能和工艺性能应符合表 9-5 的规定。

冷轧带肋钢筋的力学性能和工艺性能 GB 13788—2008　　　　　　　表 9-5

牌　号	屈服强度 $\sigma_{0.2}$（MPa）	抗拉强度（MPa）	伸长率（%）		弯曲试验 180°	反复弯曲次数	应力松弛初始应力应相当于公称抗拉强度的 70%
			$\delta_{11.3}$	δ_{100}			1000h 松弛率（%）≤
	≥						
GRB550	500	550	8.0	—	$d=3a$	—	
GRB650	585	650	—	4.0		3	8
CRB800	720	800	—	4.0		3	8
CRB970	875	970	—	4.0		3	8

冷轧带肋钢筋 CRB550 宜用于普通钢筋混凝土结构，其他牌号的钢筋宜用于预应力混凝土结构。

3）钢筋混凝土用余热处理钢筋

钢筋混凝土用余热处理钢筋是热轧后利用热处理原理进行表面控制冷却，并利用芯部余热自身完成回火处理所得的成品钢筋。

根据《钢筋混凝土用余热处理钢筋》GB 13014—2013 的规定，钢筋混凝土用余热处理钢筋按屈服强度特征值分为 400 级、500 级，按用途分为可焊和非可焊。牌号有 RRB400、RRB500、RRB400（W）三种，其中 RRB 是余热处理钢筋的缩写，标注 W 为可焊钢筋。

RRB400、RRB500 、RRB400（W）钢筋的公称直径范围为 8～50mm，钢筋通常按定尺长度交货，具体长度应在合同中注明。三种牌号的力学性能及详见表 9-6 所示。可适用于一般结构及抗震等级为三、四的抗震结构的设计和使用要求。

钢筋混凝土用余热处理钢筋力学性能　　　　　　　表 9-6

牌号	屈服强度 R_{eL}（MPa）	抗拉强度 R_m（MPa）	断后伸长率 A（%）	最大力总伸长率 A_g（%t）	冷弯试验 180°	
					公称直径 d	弯芯直径
	不小于					
RRB400	400	540	14	5.0	8～25	4d
RRB500	500	630	13		28～40	5d
RRB400（W）	430	570	16	7.5	8～25	6d

4）低碳钢热轧圆盘条

低碳钢热轧圆盘条是由屈服强度较低的碳素结构钢热轧制成的盘条，大多通过卷线机成盘卷供应，也称为盘圆或线材，是目前用量最大、使用最广的线材。按用途分为：供拉丝等深加工及其他一般用途的低碳钢热轧圆盘条。

根据《低碳钢热轧圆盘条》GB/T 701—2008 的规定，低碳钢热轧圆盘条以氧气转炉、电炉冶炼，以热轧状态交货，每卷盘条的重量不应少于1000kg，每批允许有5%的盘数（不足2盘的允许有2盘）由两根组成，但每根盘条的重量不少于300kg，并且有明显标识。盘条应将头尾有害缺陷切除，截面不应有缩孔、分层及夹杂，表面应光滑，不应有裂纹、折叠、耳子、结疤等。

5）预应力混凝土用钢丝

根据《预应力混凝土用钢丝》GB/T 5223—2014 的规定，预应力混凝土用钢丝按加工状态分为冷拉钢丝（代号为 WCD）和消除应力钢丝两类。消除应力钢丝按松弛性能又分为低松弛级钢丝（代号为 WLR）和普通松弛级钢丝（代号为 WNR）。冷拉钢丝是用盘条通过拔丝等减径工艺经冷加工而成产品，以盘卷供货的钢丝。冷加工后的钢丝进行消除应力处理，即得到消除应力钢丝。若钢丝在塑性变形下（轴应变）进行短时热处理，得到的就是低松弛钢丝；若钢丝通过矫直工序后在适当温度下进行短时热处理，得到的就是普通松弛钢丝。消除应力钢丝的塑性比冷拉钢丝好。

预应力混凝土用钢丝按外形分为光圆钢丝（代号为 P）、螺旋肋钢丝（代号为 H）和刻痕钢丝（代号为 I）三种。螺旋肋钢丝表面沿着长度方向上有规则间隔的肋条，如图9-9所示。刻痕钢丝表面沿着长度方向上有规则间隔的压痕，如图 9-10 所示。刻痕钢丝和螺旋肋钢丝与混凝土的粘结力好。

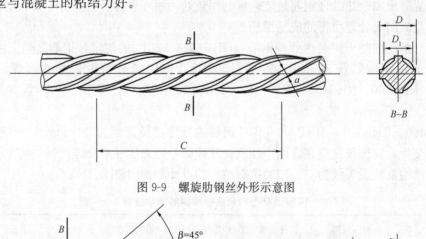

图 9-9　螺旋肋钢丝外形示意图

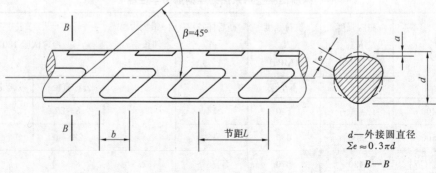

图 9-10　三面刻痕钢丝外形示意图

预应力混凝土用钢丝质量稳定、安全可靠、强度高、无接头、施工方便，主要用于大跨度的屋架、薄腹梁、吊车梁或桥梁等大型预应力混凝土构件，还可用于轨枕、压力管道等预应力混凝土构件。

6）预应力混凝土用钢绞线

根据《预应力混凝土用钢绞线》GB/T 5224—2014 的规定，按照原材料和制作方法的不同，钢绞线有标准型钢绞线、刻痕钢绞线和模拔型钢绞线。标准型钢绞线是由冷拉光圆钢丝捻制成的钢绞线；刻痕钢绞线是由刻痕钢丝捻制成的钢绞线（代号为 I）；模拔型钢绞线是捻制后再经冷拔而成的钢绞线（代号为 C）。钢绞线按结构分为 5 类，其代号为：1×2、1×3、1×3I、1×7I、1×7、（1×7）C1×19S 和 1×19W，其中 1×2、1×3、1×7 是指分别用两根、三根和七根钢丝捻制而成的钢绞线，如图 9-11 所示；1×3I、1×7I 是指用三根七根刻痕钢丝捻制成的钢绞线；（1×7）C 是指用七根钢丝捻制又经模拔的钢绞线；1×19S 是指用十九根钢丝捻制的 1+9+9 西鲁式钢绞线；1×19W 是指用十九根钢丝捻制的 1+6+6/6 瓦林吞式钢绞线。

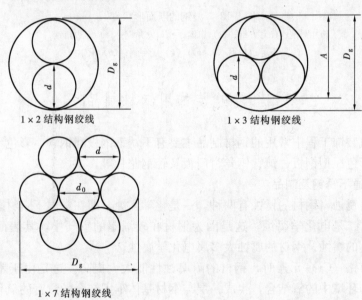

图 9-11 预应力钢绞线截面图

D_g—钢绞线直径（mm）；d_0—中心钢丝直径（mm）；d—外层钢丝直径（mm）；A—1×3 结构钢绞线测量尺寸（mm）

钢绞线具有强度高，与混凝土粘结好，断面面积大，使用根数少，在结构中排列布置方便，易于锚固等优点，主要用于大跨度、大荷载的预应力屋架、薄腹梁等构件，还可用于岩土锚固。

7）型钢

钢结构构件一般应直接选用各种型钢。构件之间可直接连接或附以连接钢板进行连接。连接方式可铆接、螺栓连接或焊接。所以钢结构所用钢材主要是型钢和钢板。型钢是由钢锭在加热条件下加工而成的不同截面的钢材，有圆钢、方钢、扁钢、六角钢、角钢、工字钢、槽钢等。常用的各种型钢如图 9-12 所示。

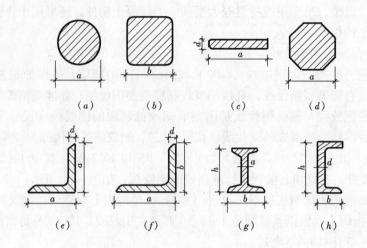

图 9-12　型钢的断面形状

(a) 圆钢；(b) 方钢；(c) 扁钢；(d) 六角钢；(e) 等边角钢；

(f) 不等边角钢（$a>b$）；(g) 工字钢；(h) 槽钢

9.2　建筑装饰用钢材制品

目前，建筑装饰工程中常用的钢材制品主要有不锈钢钢板和钢管、彩色不锈钢板、彩色涂层钢板、彩色压型钢板、镀锌钢卷帘门板及轻钢龙骨等。

9.2.1　普通不锈钢及制品

普通钢材易锈蚀，钢材的锈蚀有两种，一是化学腐蚀，即在常温下钢材表面受氧化而生成氧化膜层；二是电化学腐蚀，这是因为钢材在较潮湿的空气中，其表面发生"微电池"作用而产生的腐蚀。钢材的腐蚀大多属电化学腐蚀。

当钢中含有铬（Cr）元素时，钢材的耐腐蚀性能大大提高。这是由于铬的性质比铁活泼，铬首先与环境中的氧结合，生成一层与钢材基体牢固结合的致密的氧化膜层，称作钝化膜，保护着钢材不致锈蚀，这就是所谓的不锈钢。铬含量越高，钢的抗腐蚀性越好。不锈钢中还含有镍（Ni）、锰（Mn）、钛（Ti）、硅（Si）等元素，这些元素的相对含量会影响不锈钢的强度、塑性、韧性、耐腐蚀性等。

不锈钢按其化学成分可分为铬不锈钢、铬镍不锈钢和高锰低铬不锈钢等几类。按不同耐腐蚀特点，又可分为普通不锈钢（简称不锈钢）和耐酸钢两类，前者具有耐大气和水蒸气侵蚀的能力，后者除对大气和水汽有抗蚀能力外，还对某些化学侵蚀介质（如酸、碱、盐溶液）具有良好的抗蚀性。常用的不锈钢有 40 多个品种，适用于各种用途，其中建筑装饰工程中使用的是普通不锈钢。

不锈钢不但耐腐蚀性强，而且还具有金属光泽。不锈钢经不同的表面加工，可形成不同的光泽度，并按此划分不同的等级。高级抛光不锈钢，具有镜面般的反射能力。

用于建筑装饰的不锈钢材主要有薄板和用薄板加工制成的管材、型材等。常用不锈钢薄板的厚度在 0.2～2.0mm 之间，宽度为 500～1000mm，成品卷装供应。不锈钢薄板表面可加工成不同的光洁度，形成不同的反射性，用于屋面或幕墙。高级的抛光不锈钢表面光泽度可与镜面媲美，适用于大型公共建筑门厅的包柱或墙面装饰。在抛光后的不锈钢板表面还可以处理制成各种花纹图案和色彩，用做电梯包厢、车厢、招牌等处。各种形式的不锈钢管和型材，可用作扶手、栏杆或制作门窗。

9.2.2 彩色不锈钢板

彩色不锈钢板是在不锈钢板上进行技术性和艺术性的加工，使其表面成为具有各种绚丽色彩的不锈钢装饰板，其颜色有蓝、灰、紫、红、青、绿、金黄、橙、茶色等多种。

彩色不锈钢板抗腐蚀性强，耐盐雾腐蚀能超过一般不锈钢；机械性能好，其耐磨和耐刻划性能相当于箔层镀金的性能；彩色面层经久不褪色、色泽随光照角度不同会产生色调变幻等特点，而且彩色面层能耐200℃的温度，当弯曲90°时，彩色层不会损坏。

彩色不锈钢板可用作厅堂墙板、吊顶饰面板、电梯厢板、车厢板、招牌等装饰之用，也可用作高级建筑的其他局部装饰。采用彩色不锈钢板装饰墙面，不仅坚固耐用，美观新颖，而且具有强烈的时代感。

9.2.3 彩色涂层钢板

彩色涂层钢板，又称"彩色有机涂层钢板"，是在冷轧钢板或镀锌薄板表面喷涂烘烤了不同色彩或花纹的涂层，结构如图9-13。这种板材表面色彩新颖、附着力强、抗锈蚀性和装饰性好，并且加工性能好，可进行剪切、弯曲、钻孔、铆接、卷边等。

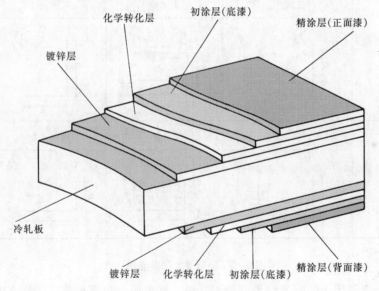

图9-13 彩色涂层钢板

彩色涂层钢板有一涂一烘、二涂二烘两种类型成品。上表面涂料有聚酯硅改性树脂、聚偏二氟乙烯等，下表面涂料有环氧树脂、聚酯树脂、丙烯酸酯、透明清漆等。

彩色涂层钢板耐热、耐低温性能好，耐污染，易清洗，防水性、耐久性强。可用作建筑外墙板、屋面板、护壁板、拱复系统等；也可加工成瓦楞板用作候车厅、货仓的屋面；与泡沫塑料夹层制成的复合板具有保温隔热、防水、自重轻、安装方便等特点，可用作轻型钢结构建筑的屋面、墙壁；此外还可用作防水气渗透板、通风管道、电气设备罩等。

9.2.4 彩色压型钢板

彩色压型钢板是以镀锌钢板为基材，经成型机轧制成型，表面再涂敷各种耐腐蚀涂

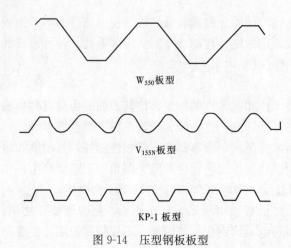

W$_{550}$板型

V$_{155N}$板型

KP-1 板型

图 9-14 压型钢板板型

料，或喷涂彩色烤漆而制成的轻型围护结构材料。压型钢板的板型如图 9-14。

彩色压型钢板的特点是自重轻、色彩鲜艳、耐久性强、波纹平直坚挺、安装施工方便、进度快、效率高。适用于工业与民用建筑的屋面、墙面等围护结构，或用于表面装饰。

9.2.5 轻钢龙骨

轻钢龙骨是用冷轧钢板（带）、镀锌钢板（带）或彩色涂层钢板（带）经轧制而成的薄壁型钢。轻钢龙骨按断面形状分有 U 形、C 形、T 形和 L 形，如图 9-15 所示；按用途分有隔断龙骨（代号 Q）和吊顶龙骨（代号 D），吊顶龙骨又分为主龙骨（承重龙骨）、次龙骨（覆面龙骨），隔断龙骨又分为竖龙骨、横龙骨和通贯龙骨等。

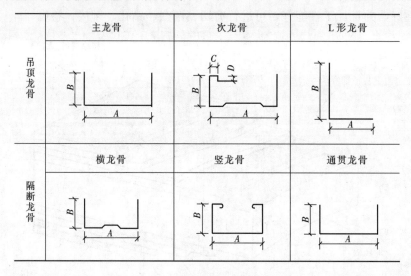

图 9-15 轻钢龙骨的断面形状

轻钢龙骨主要用于装配各种类型的石膏板、钙塑板、吸声板等，用作室内隔墙和吊顶的龙骨支架。与木龙骨相比具有强度高、防火、耐潮，便于施工安装等特点。

与轻钢龙骨配套使用的还有各种配件，如吊挂件、连接件等，可在施工中选用。

9.3 铝及铝合金

9.3.1 铝的性质

铝元素在地壳组成中占 8.13%，仅次于氧和硅。铝在自然界中是以化合物的形式存在的，铝的矿石有铝矾土、高岭土、明矾石等。铝的冶炼是先从铝矿石中提炼出三氧化二铝（Al_2O_3），由三氧化二铝通过电解得到金属铝，再通过提纯，分离出杂质，制成铝锭。

铝属于有色金属中的轻金属，密度为 $2.7g/cm^3$，熔点较低，为 $660℃$。铝呈银白色，对光和热有较强的反射能力。铝的导电性和导热性较好，仅次于铜，所以被广泛用来制作导电材料和导热材料。

铝是活泼金属，与氧的亲和力很强，在空气中表面易生成一层氧化铝（Al_2O_3）薄膜，可以阻止铝继续氧化，对下面的金属起到保护作用，所以铝在大气中耐腐蚀性较强，但这层氧化铝薄膜的厚度一般小于 $0.1\mu m$，且呈多孔状，因而它的耐腐蚀性是有限的。如果纯铝与盐酸、浓硫酸、氢氟酸等接触，或者与元素氯、溴、碘等接触，将会产生化学反应而被腐蚀。另外，铝的电极电位较低，如与电极电位高的金属接触并且有电解质存在时，会形成微电池，而很快受到腐蚀。

铝的强度和硬度较低，延展性和塑性很好，容易加工成各种型材、线材，以及铝箔（厚度为 $6\sim25\mu m$）、铝粉等。铝在低温环境中塑性、韧性和强度不下降，常作为低温材料用于航空、航天工程及制造冷冻食品的储运设施等。

9.3.2 铝合金及其特性

为了提高铝的强度和改善其性能，常在铝中加入镁、锰、铜、锌、硅等元素形成铝合金，如 Al-Mg 合金、Al-Mn 合金、Al-Cu-Mg 系硬铝合金、Al-Zn-Mg-Cu 系超硬铝合金等。铝合金既提高了铝的强度和硬度，同时又保持了铝的轻质、耐腐蚀、易加工等优良性能。在建筑工程中，特别是在装饰领域中，铝合金的应用越来越广泛。

铝合金根据加工方法不同分为变形铝合金和铸造铝合金两类。变形铝合金是指可以进行热态或冷态压力加工的铝合金；铸造铝合金是指用液态铝合金直接浇铸而成的各种形状复杂的制件。

与碳素钢相比，铝合金有如下特性：密度小，仅为钢材的 1/3；弹性模量约为碳素钢的 1/3，因而刚度和承受弯曲的能力较小，而比强度为碳素钢的 2 倍以上；耐大气腐蚀性很好，大大节约了维护费用；没有低温脆性，其机械性能不但不随温度的下降而降低，反而有所提高；无磁性，用铝合金制造驾驶室围壳可以避免对磁罗盘的干扰，用于建造扫雷艇可以避免水雷攻击；延展性好，易于切割、冲压、冷弯、切削等各种机械加工，也可通过轧制或挤压等方法加工成断面形状复杂的各种型材。

9.3.3 建筑装饰用铝合金制品

建筑装饰工程中常用的铝合金制品主要有铝合金门窗、铝合金装饰板、铝合金吊顶龙骨、铝箔、铝粉等。

1. 铝合金门窗

铝合金门窗造价较高，比普通钢门窗高 $3\sim4$ 倍，但因其长期维修费用低、性能好、节约能源、装饰性强，所以在国内外得到广泛应用。

铝合金门窗是将按特定要求成型并经表面处理的铝合金型材，经过下料、钻孔、铣槽、攻丝、配制等加工工艺而制成的门窗框料构件，再与连接件、密封件、开闭五金件等一起组合装配而成的。

1）铝合金门窗的特点

与普通的钢、木门窗相比，铝合金门窗有如下特点：

（1）自重轻　铝合金门窗用材省、质量轻，每平方米耗用铝型材质量平均为 $8\sim$

12kg，而每平方米钢门窗耗材为 17～20kg。

（2）密封性好 铝合金门窗的气密性、水密性、隔声性、隔热性都比普通门窗有显著提高。对防尘、隔声、保温隔热要求较高的建筑，适宜采用铝合金门窗。

（3）色泽美观，造型新颖大方 铝合金门窗框料表面光洁，有银白色、古铜色、暗灰色、黑色等多种颜色，造型新颖大方，线条明快，增加了建筑物立面和内部的美观。

（4）经久耐用 铝合金门窗不锈蚀、不褪色、无需油漆，维修费用少。框料强度高、刚度好、坚固耐用，零件使用寿命长，开闭灵活、无噪声。

（5）便于工业化生产 铝合金门窗的加工、制作、装配、试验都可以在工厂进行大批量工业化生产，有利于实现门窗产品设计标准化，生产工厂化，产品商品化。

铝合金门窗按性能还可分为普通型、隔声型和保温型三种类型。

2）铝合金门窗的技术标准

随着铝合金门窗生产的发展，国家已颁布了一系列标准，其中主要有《铝合金门窗》GB/T 8478 等。

（1）铝合金门窗的分类

铝合金门窗按其开启形式的分类与代号见表 9-7。

铝合金门窗的开启形式与代号　　　　　　　　　　　表 9-7

铝 合 金 门				
开启形式	折叠	平开	推拉	地弹簧	平开下悬
代　号	Z	P	T	DH	PX

铝 合 金 窗										
开启形式	固定	上悬	中悬	下悬	立转	平开	滑轴平开	滑轴	推拉	推拉平开	平开下悬
代　号	G	S	C	X	L	P	HP	H	T	TP	PX

注：1. 固定部分与平开门或推拉门组合时为平开门或推拉门；
　　2. 百叶门符号为 Y，纱扇门符号为 S；
　　3. 固定窗与平开窗或推拉窗组合时为平开窗或推拉窗；
　　4. 百叶窗符号为 Y，纱扇窗符号为 A。

（2）品种规格

平开铝合金门窗和推拉铝合金门窗的品种规格见表 9-8 所示。

铝合金门窗品种规格　　　　　　　　　　　　表 9-8

名　称	洞口尺寸（mm）		厚度基本尺寸系列（mm）
	高	宽	
平开铝合金窗	600,900,1200,1500,1800,2100	600,900,1200,1500,1800,2100	40,45,50,55,60,65,70
平开铝合金门	2100,2400,2700	800,900,1000,1200,1500,1800	40,45,50,55,60,70,80
推拉铝合金窗	600,900,1200,1500,1800,2100	1200,1500,1800,2100,1240,2700,3000	45,55,60,70,80,90
推拉铝合金门	2100,2400,2700,3000	1500,1800,2100,2400,3000	70,80,90

铝合金门窗安装采用预留洞口后安装的方法，预留洞口尺寸应符合《建筑门窗洞口尺寸系列》GB 5824—2008 的规定。选用铝合金门窗时，应注明门窗的规格型号。铝合金门窗的规格型号是以门窗的洞口尺寸表示的。例如洞口宽和高分别为 2400mm 和 2100mm

的窗，其规格型号为"2421"；若洞宽为 1000mm，高为 2100mm 的门，其规格型号为"1021"。

（3）技术性能

铝合金门窗需经检测达到规定的技术性能后才能安装使用，主要检测项目有：

① 抗风压性能　抗风压性能是指关闭着的外门窗在风压作用下不发生损坏和功能障碍的能力。采用定级检测压力差为分级指标，根据分级指标 P_3 的大小分为 9 级。

② 水密性能　水密性能是指关闭着的外门窗在风雨同时作用下，阻止雨水渗漏的能力。采用严重渗漏压力差的前一级压力差作为分级指标，根据分级指标 ΔP 的大小分为 6 级。

③ 气密性能　气密性能是指外门窗在关闭状态下，阻止空气渗透的能力。采用压力差为 10Pa 时的单位缝长空气渗透量 q_1 和单位面积空气渗透量 q_2 作为分级指标，根据分级指标 q_1 和 q_2 的大小分为 4 级。

④ 保温性能　根据分级指标传热系数 K 的大小分为 6 级。

⑤ 空气声隔声性能　采用门窗空气隔声性能的单值评价量——计权隔声量 R_w 作为分级指标，根据分级指标的大小分为 5 级。

⑥ 启闭力　门窗的启闭力应不大于 50N。

⑦ 反复启闭性能　铝合金门的反复启闭应不少于 10 万次，铝合金窗的反复启闭应不少于 1 万次，启闭无异常，使用无障碍。

另外铝合金门还有撞击性能、垂直荷载强度的要求，铝合金窗还有采光性能的要求。

（4）产品标记规则

铝合金门窗产品应印有标记，现以铝合金推拉窗的标记规则示例如下：

铝合金推拉窗标记为 TLC1521-$P_3$2.0-ΔP150-q_1（或 q_2）1.5-K3.5-R_w30-T_r40-A。

其中　　　T——推拉开启形式代号；

　　　　　L——铝合金材质代号；

　　　　　C——窗代号；

　　　1521——洞口宽度为 1500mm，洞口高度为 2100mm；

　　$P_3$2.0——抗风压性能为 2.0kPa；

　　ΔP150——水密性能为 150Pa；

q_1（或 q_2）1.5——气密性能为 1.5m³/（m·h）；

　　K3.5——保温性能为 3.5W/（m²·K）；

　　R_w30——隔声性能为 30dB；

　　T_r40——采光性能为 0.40；

　　　　A——带纱扇窗。

2. 铝合金装饰板

1）铝合金花纹板

铝合金花纹板是采用防锈铝合金坯料，用有一定花纹的轧辊轧制而成。花纹美观大方，筋高适中，不易磨损，防滑性好，耐腐蚀性强，便于冲洗，通过表面处理可以获得各种颜色。花纹板板材平整，裁剪尺寸精确，便于安装，广泛应用于现代建筑的墙面装饰以及楼梯踏板等处。

2）铝质浅花纹板

以冷作硬化后的铝材为基础，表面加以浅花纹处理后得到的装饰板，称为铝质浅花纹板。它的花纹精巧别致，色泽美观大方，除具有普通铝合金板的优点外，刚度提高 20%，抗污垢、抗划伤、抗擦伤能力均有提高。

铝质浅花纹板对日光的反射率达 75%～90%，热反射率达 85%～95%。对酸的耐腐蚀性好，通过表面处理可得到不同色彩和立体图案的浅花纹板。

3）铝合金波纹板

铝合金波纹板主要用于墙面装饰，也可用作屋面。用于屋面时，一般采用强度高、耐腐蚀性能好的防锈铝制成。铝合金波纹板波形如图 9-16。

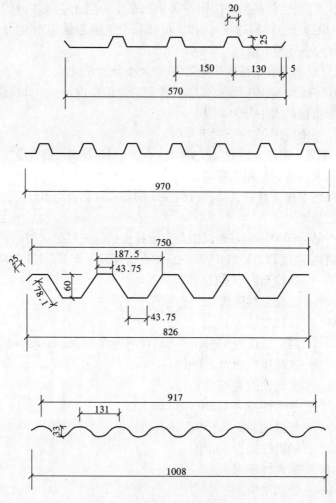

图 9-16　铝合金波纹板的波形

铝合金波纹板的特点是自重轻，对日光反射能力强，防火、防潮、耐腐蚀，在大气中可使用 20 年以上，可多次拆卸、重复使用。主要用于饭店、旅馆、商场等建筑的墙面和屋面装饰。

4）铝合金穿孔板

铝合金穿孔板是将铝合金平板经机械冲压成多孔状。孔形根据设计有圆孔、方孔、长圆孔、长方孔、三角孔、大小组合孔等。

铝合金穿孔板材质轻、耐高温、耐腐蚀、防火、防潮、防震、造型美观、质感强、吸声和装饰效果好。主要用于对音质效果要求较高的各类建筑中，如影剧院、播音室、会议室等，也可用于车间厂房作为降噪声措施。

3. 铝合金龙骨

铝合金龙骨是以铝合金板材为主要原料，轧制成各种轻薄型材后组合安装而成的一种金属骨架。按用途分为隔墙龙骨和吊顶龙骨两类。

铝合金龙骨具有强度大、刚度大、自重轻、不锈蚀、美观、防火、抗震、安装方便等特点，适用于外露龙骨的吊顶装饰。

4. 铝箔

铝箔是用纯铝或铝合金加工成的 0.0063～0.2mm 薄片制品，具有良好的防潮、绝热、隔蒸汽和电磁屏蔽作用。建筑上常用的有铝箔牛皮纸、铝箔布、铝箔泡沫塑料板、铝箔波形板等。

5. 铝粉

铝粉（俗称银粉）是以纯铝箔加入少量润滑剂，经捣击压碎为极细的鳞状粉末，再经抛光而成。

铝粉质轻，漂浮力强，遮盖力强，对光和热的反射性能均很高。在建筑工程中常用它调制装饰涂料或金属防锈涂料，也可用作土方工程中的发热剂和加气混凝土的发泡剂。

思 考 题

1. 何为钢材？钢材有哪些特点？
2. 钢材的化学成分对其性能有什么影响？
3. 低碳钢拉伸时的应力—应变图可划分为哪几个阶段？指出弹性极限 σ_p、屈服强度 σ_s 和抗拉强度 σ_b。
4. 什么是钢材的冷弯性能和冲击韧性？
5. 什么是钢材的冷加工和时效处理？它对钢材性质有何影响？工程中如何利用？
6. 碳素结构钢的牌号是如何表示的？说明下述钢材牌号的含义：①Q195-F；②Q215-A·b；③Q255-D。
7. 低合金高强度结构钢的牌号如何表示？为什么工程中广泛使用低合金高强度结构钢？
8. 混凝土结构工程中常用的钢筋、钢丝、钢绞线有哪些种类？钢结构所用的型钢有哪些截面形式？
9. 建筑装饰用钢材制品有哪些？应用如何？
10. 铝合金门窗有哪些优点？对其有哪些技术要求？
11. 铝和铝合金在建筑装饰工程中有何应用？

10 木　材

木材具有很多优异的性质，如轻质高强、有较好的弹性和韧性、耐冲击和振动；保温性好；木纹自然悦目，表面易于着色和油漆，装饰性好；结构构造简单，容易加工等。但木材也有缺点，如内部构造不均匀，各向异性；易吸水或干燥而产生胀缩变形；易腐朽及虫蛀；易燃烧；天然疵病较多；生长缓慢等。但是经过一定的加工和处理，这些缺点可以得到改善。

木材是人类最早使用建筑材料之一。至今仍有许多举世称颂的木结构、木制品古建筑存世。如山西应县木塔，历经千百年而不朽，依然显现当年的雄姿，堪称木结构的典范，是人类建筑史上的一个奇观。时至今日，木材在建筑结构、装饰上仍以其高贵、典雅、质朴等特性在室内装饰方面大放异彩，为我们创造了一个个美好的生活空间。

10.1　木材的基本知识

10.1.1　木材的分类

木材是由树木加工而成的。按树叶的不同，树木可分为针叶树和阔叶树两大类。

1. 针叶树

针叶树的树叶细长呈针状，多为常绿树。树干通直而高大，纹理顺直，材质均匀且较软，易于加工，又称"软木材"。针叶树强度较高，表观密度和胀缩变形较小，耐腐蚀性好。针叶树木材是主要的建筑用材，广泛用于各种承重构件和门窗、地面和装饰工程。常用的树种有松树、杉树、柏树等。

2. 阔叶树

阔叶树树叶宽大叶脉呈网状，多为落叶树。树干通直部分一般较短，大部分树种表观密度大，材质较硬，难以加工，故又称"硬木材"。阔叶树木材胀缩和翘曲变形大，易开裂，建筑上常用作尺寸较小的构件。有些树种加工后具有美丽的纹理，适用于制作家具、室内装饰和制作胶合板等。常用的树种有榆木、榉木、水曲柳、柞木等。

10.1.2　木材的构造

木材的构造决定木材的性质和应用。由于树种和树木生长环境的不同其构造差异很大。木材的构造分为宏观构造和微观构造。

1. 宏观构造

宏观构造是指用肉眼或放大镜所能看到的木材组织。可从树干的三个不同切面进行观察，如图10-1。

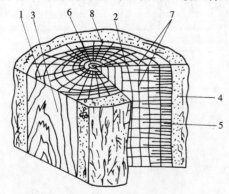

图 10-1　木材的宏观构造

1—横切面；2—径切面；3—弦切面；4—树皮；
5—木质部；6—髓心；7—髓线；8—年轮

横切面——垂直于树轴的切面；

径切面——通过树轴的纵切面；

弦切面——和树轴平行与年轮相切的纵切面。

从图上可以看出，树木是由树皮、木质部和髓心等部分组成。

一般树的树皮在工程中没有使用价值，只有黄菠萝和栓皮栎两种树的树皮是生产高级保温材料软木的原料。

树皮和髓心之间的部分是木质部，它是木材主要使用部分。靠近髓心部分颜色较深，称作心材。靠近外围部分颜色较浅，称为边材，边材含水高于心材容易翘曲。从横切面上看到深浅相间的同心圆，称为年轮。年轮内侧颜色较浅部分是春天生长的木质，组织疏松，材质较软称为春材（早材）。年轮外侧颜色较深部分是夏秋两季生长的，组织致密，材质较硬称为夏材（晚材）。树木的年轮越均匀而密实，材质越好。夏材所占比例越多，木材强度越高。

髓心是树木最早生成的部分，材质松软易腐朽，强度低。从髓心成放射状穿过年轮的组织，称为髓线。髓线与周围组织联结软弱，木材干燥时易沿髓线开裂。年轮和髓线构成木材的天然纹理。

2. 微观构造

木材的微观构造，是指在显微镜下所看到的木材组织。在显微镜下，可以看到木材是由无数管状细胞紧密结合而成的。每个细胞都由细胞壁和细胞腔组成，细胞壁由若干层细纤维组成，纤维之间有微小的空隙能渗透和吸附水分，其纵向连接较横向牢固，故木材的纵向强度高于横向强度。细胞的组织结构在很大程度上决定了木材的性质，细胞壁越厚，细胞腔越小，木材越密实，其表观密度和强度也越高，胀缩变形也越大。

针叶树和阔叶树的微观构造有较大差别，如图 10-2 和图 10-3 所示。针叶树的显微构造简单而规则，主要由管胞、髓线和树脂道组成，其髓线较细而不明显。阔叶树的显微构造较复杂，主要有木纤维、导管和髓线组成，它的最大特点是髓线发达，粗大而明显。导管和髓线是鉴别针叶树和阔叶树的主要标志。

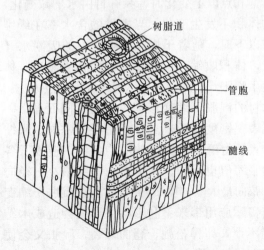

图 10-2 针叶树马尾松微观构造

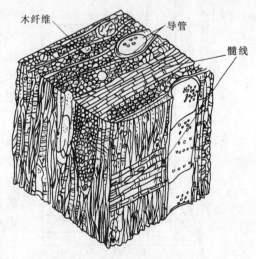

图 10-3 阔叶树柞木微观构造

10.1.3　木材的基本性质

1. 物理性质

1) 密度和表观密度

密度：由于木材的分子结构基本相同，因此木材的密度基本相同，一般为 $1.48\sim$ $1.56g/cm^3$，平均约为 $1.55g/cm^3$。

表观密度：木材的表观密度与木材的孔隙率、含水率等因素有关。木材的表观密度越大，其湿胀干缩变化也越大。树种不同，表观密度也不同。在常用木材中表观密度较大的如麻栎达 $980kg/m^3$，较小的如泡桐仅 $280kg/m^3$。一般表观密度在 $400\sim600kg/m^3$ 之间。

2) 含水率

木材的含水率是指木材中所含水分的质量占木材干燥质量的百分数。

木材中的水分主要有三种：

（1）自由水：是指存在于木材细胞腔和细胞间隙中的水分，自由水的变化只影响木材的表观密度。

（2）吸附水：是指被吸附在细胞壁内细纤维之间的水分。吸附水的变化是影响木材强度和胀缩变形的主要原因。

（3）结合水：即木材化学组成中的结合水。结合水常温下不发生变化，对木材的性质一般没有影响。

木材细胞壁内充满吸附水，达到饱和状态，而细胞腔和细胞间隙中没有自由水时的含水率，称为纤维饱和点。木材的纤维饱和点随树种而异，一般介于 25%～35%，平均值为 30%。它是木材物理力学性质发生变化的转折点。

木材所含水分与周围空气的湿度达到平衡时的含水率称为木材的平衡含水率，是木材干燥加工时的重要控制指标。木材的平衡含水率随所在地区不同以及温度和湿度环境变化而不同，我国北方地区约为 12% 左右，南方约为 18%，长江流域一般为 15%。

3) 湿胀与干缩

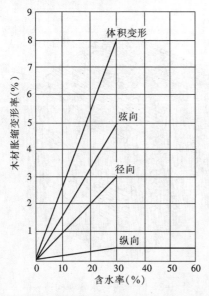

图 10-4　木材含水率与胀缩变形的关系

木材具有显著的湿胀干缩性。当木材含水率在纤维饱和点以上变化时，只有自由水增减变化，木材的体积不发生变化；当木材的含水率在纤维饱和点以下时，随着干燥，细胞壁中的吸附水开始蒸发，体积收缩；反之，干燥木材吸湿后，体积将发生膨胀，直到含水率达到纤维饱和点为止。

木材的湿胀干缩变形随树种的不同而异，一般情况表观密度大的、夏材含量多的木材，胀缩变形较大。由于木材构造的不均匀性，造成了各方向的胀缩值也不同。其中纵向收缩最小，径向较大，弦向最大（如图 10-4）。木材的湿胀干缩变形对其实际应用带来不利影响。干缩会造成木结构拼缝不严、卯榫松弛、翘曲开裂；湿胀又会使木材产生凸起变形。

4) 木材的吸湿性

　　木材具有较强的吸湿性。当环境温度、湿度发生变化时，木材的含水率会发生变化。木材的吸湿性对木材的性能，特别是木材的湿胀干缩影响很大。因此，木材在使用时其含水率应接近或稍低于平衡含水率。我国各省、自治区、直辖市木材的平衡含水率见表10-1。

我国各省、自治区、直辖市木材的平衡含水率　　　　　　　表 10-1

省市名称	平衡含水率			省市名称	平衡含水率		
	最　大	最　小	平　均		最　大	最　小	平　均
黑龙江	14.9	12.5	13.6	内蒙古	14.7	7.7	11.1
吉　林	14.5	11.3	13.1	山　西	13.5	9.9	11.4
辽　宁	14.5	10.1	12.2	河　北	13.0	10.1	11.5
新　疆	13.0	7.5	10.0	山　东	14.8	10.1	12.9
青　海	13.5	7.2	10.2	江　苏	17.0	13.5	15.3
甘　肃	13.9	8.2	11.0	安　徽	16.5	13.3	14.9
宁　夏	12.2	9.7	10.6	浙　江	17.0	14.4	16.0
陕　西	15.9	10.6	12.8	江　西	17.0	14.2	15.6
福　建	17.4	13.7	15.7	云　南	18.3	9.4	14.3
河　南	15.2	11.3	13.2	西　藏	13.4	8.6	10.6
湖　北	16.8	12.9	15.0	台　湾	—	—	—
湖　南	17.0	15.0	16.0	北　京	11.4	10.8	11.1
广　东	17.8	14.6	15.5	天　津	13.0	12.1	12.6
广　西	16.8	14.0	15.5	上　海	—	—	15.6
四　川	17.3	9.2	14.3	重　庆	—	—	14.3
贵　州	18.4	14.4	16.3	全　国	—	—	13.4

2. 力学性质

　　木材的强度按照受力状态分为抗拉、抗压、抗弯和抗剪四种。但由于木材的各向异性，在不同的纹理方向上强度表现不同。当以顺纹抗压强度为1时，木材的不同纹理间的强度关系见表10-2。

木材各种强度间的关系　　　　　　　表 10-2

抗　拉		抗　压		抗　剪		弯　曲
顺　纹	横　纹	顺　纹	横　纹	顺　纹	横　纹	
2~3	1/20~1/3	1	1/10~1/3	1/7~1/3	1/2~1	1.5~2.0

　　木材的强度除与自身的树种构造有关之外，还与含水率、疵病、负荷时间、环境温度等因素有关。当含水率在纤维饱和点以下时，木材的强度随含水率的增加而降低；木材的天然疵病，如节子、构造缺陷、裂纹、腐朽、虫蛀等都会明显降低木材强度；木材在长期荷载作用下的强度会降低 50%~60%（称为持久强度）；木材使用环境的温度超过 50℃ 或者受冻融作用后也会降低强度。

10.2　木材的综合应用

10.2.1　木材分类

　　木材按照加工程度和用途的不同分为：原条、原木、锯材和枕木四类，见表10-3。

木 材 的 分 类 表 10-3

分类名称	说 明	主 要 用 途
原 条	指除去皮、根、树梢、枝杈等，但尚未加工成材的木料	建筑工程的脚手架等
原 木	指除去皮、根、树梢、枝杈等，并已加工成规定直径和长度的圆木段	1. 直接使用的原木：用于建筑工程（如屋架、檩、椽等）、桩木、电杆、坑木等； 2. 加工原木：用于胶合板、造船、车辆、机械模型及一般加工用材等
锯 材	指经过锯切加工的木料。宽度为厚度3倍或3倍以上的，称为板材；不足3倍的称为方材	建筑工程、桥梁、家具、造船、车辆、包装箱板等
枕 木	指按枕木断面和长度加工而成的成材	铁道工程

板材、方材规格尺寸见表10-4所示。

板材、方材规格尺寸 表 10-4

分类	厚度（mm）	宽度（mm）	
		尺寸范围	进级
薄板 中板 厚板	12，15，18，21 25，30，35 40，45，50，60	30～300	10
方材	25×20，25×25，30×30，40×30，60×40，60×50，100×55，100×60		

注：表中未列规格尺寸由供需双方协议商定。

针叶树锯材分为特等、一等、二等和三等四个等级，各等级材质指标见表10-5。长度不足1m的锯材不分等级，其缺陷允许限度不低于三等材。

材 质 指 标 表 10-5

检量缺陷名称	检量与计算方法	允许限度			
		特等	一等	二等	三等
活节及死节	最大尺寸不得超过板宽的	15%	30%	40%	不限
	任意材长1m范围内个数不得超过	4	8	12	
腐朽	面积不得超过所在材面面积的	不允许	2%	10%	30%
裂纹夹皮	长度不得超过材长的	5%	10%	30%	不限
虫眼	任意材长1m范围内个数不得超过	1	4	15	不限
钝棱	最严重缺角尺寸不得超过材宽的	5%	10%	30%	40%
弯曲	横弯最大拱高不得超过内曲水平长的	0.3%	0.5%	2%	3%
	顺弯最大拱高不得超过内曲水平长的	1%	2%	3%	不限
斜纹	斜纹倾斜程度不得超过	5%	10%	20%	不限

10.2.2 人造板材

我国是森林资源贫乏的国家。为了保护环境，实现可持续发展，必须合理地、综合地利用木材。充分利用木材加工后的边角废料以及废木材，加工制成各种人造板材是综合利用木材的主要途径。

人造板材幅面宽、表面平整光滑、不翘曲不开裂，经加工处理后还具有防水、防火、防腐、耐酸等性能。常用的人造板材有：

1. 胶合板

胶合板是用原木旋切成薄片，再按照相邻各层木纤维互相垂直重叠，并且成奇数层经胶粘热压而成。胶合板最多层数有15层，一般常用的是三合板或五合板。

胶合板分类见表10-6。

胶合板分类表 （GB/T 9846.1—2004）　　　　　　　表 10-6

按总体外观分	按构成分	单板胶合板	按主要特征分	按耐久性分	干燥条件下使用
		木芯胶合板（又分为细木工板和层积板）			潮湿条件下使用
					室外条件下使用
		复合胶合板		按表面加工状况分	未砂光板
	按外形和形状分	平面的			砂光板
		成型的			预饰面板
按用途分		普通胶合板			贴面板
		特种胶合板			

其中普通胶合板又分为三类：

1) Ⅰ类胶合板，即耐气候胶合板，供室外条件下使用，能通过煮沸试验；

2) Ⅱ类胶合板，即耐水胶合板，供潮湿条件下使用，能通过 $63\pm3℃$ 热水浸渍试验；

3) Ⅲ类胶合板，即不耐潮胶合板，供干燥条件下使用，能通过干状试验。

胶合板厚度为 2.7mm、3mm、3.5mm、4mm、5mm、5.5mm、6mm，自 6mm 起按 1mm 递增。胶合板的幅宽有 915、1220mm 两种，长度有 915～2440mm 多种规格。胶合板的幅面尺寸见表10-7。胶合板出厂时的含水率应符合表10-8的规定。各类胶合板的胶合强度指标值应符合表10-9的规定。室内用胶合板的甲醛释放量应符合表10-10的规定。

普通胶合板的幅面尺寸　　　　　　　　　表 10-7

宽度（mm）	长　　度　　（mm）				
	915	1220	1830	2135	2440
915	915	1220	1830	2135	—
1220	—	1220	1830	2135	2440

胶合板的含水率（%）　　　　　　　　　表 10-8

胶合板材种	Ⅰ、Ⅱ类	Ⅲ类
阔叶树材（含热带阔叶树树材）	6～14	6～16
针叶树材		

胶合强度指标值（MPa） 表 10-9

树种名称或木材名称或国外商品材名称	类别	
	I、Ⅱ类	Ⅲ类
椴木、杨木、拟赤杨、泡桐、橡胶木、柳安、奥克榄、白梧桐、异翅香、海棠木	≥0.70	≥0.70
水曲柳、荷木、枫香、槭木、榆木、柞木、阿必东、克隆、山樟	≥0.80	
桦木	≥1.00	
马尾松、云南松、落叶松、云杉、辐射松	≥0.80	

胶合板的甲醛释放限量 表 10-10

级别标志	限量值（mg/L）	备注
E_0	≤0.5	可直接用于室内
E_1	≤1.5	可直接用于室内
E_2	≤5.0	必须饰面处理后可允许用于室内

胶合板材质均匀、强度高、不翘曲不开裂、木纹美丽、色泽自然、幅面大、平整易加工、使用方便、装饰性好，应用十分广泛。

2. 纤维板

纤维板是将树皮、刨花、树枝等木材加工的下脚碎料或稻草、麦秸、玉米秆等经破碎浸泡、研磨成木浆，加入一定胶粘剂经热压成型、干燥处理而成的人造板材。生产纤维板可使木材的利用率达 90％以上。纤维板构造均匀克服了木材各向异性和有天然疵病的缺陷，不易翘曲变形和开裂，表面适于粉刷各种涂料或粘贴装裱。

纤维板根据成型时温度和压力的不同分为硬质、半硬质、软质三种。

表观密度大于 $800kg/m^3$ 的硬质纤维板强度高、耐磨、不易变形，可代替木板用于室内壁板、门板、地板、家具等。硬质纤维板的幅面尺寸有 610mm×1220mm，915mm×1830mm，1000mm × 2000mm，915mm × 2135mm，1220mm × 1830mm，1200mm × 2440mm。厚度为 2.50mm、3.00mm、3.20mm、4.00mm、5.00mm。硬质纤维板按其物理力学性能和外观质量分为特级、一级、二级、三级四个等级，各等级应符合表 10-11 的规定。

硬质纤维板的物理力学性能与外观质量要求 表 10-11

项 目			特级	一级	二级	三 级
物理力学性能	体积密度（g/cm³）		>0.80			
	静曲强度（MPa）		≥49.0	≥39.0	≥29.0	≥20.0
	吸水率（％）		≤15.0	≤20.0	≤30.0	≤35.0
	含水率（％）		3.0～10.0			
外观质量	水渍（占板面面积百分比，％）		不许有	≤2	≤20	≤40
	污点	直径（mm）	不许有		≤15	≤30，<15 不计
		每平方米个数（个/m²）			≤2	≤2
	斑纹（占板面面积百分比，％）		不许有			≤5
	粘痕（占板面面积百分比，％）		不许有			≤1
	压痕	深度或高度（mm）	不许有		≤0.4	≤0.6
		每个压痕面积（mm²）			≤20	≤400
		任意每平方米个数（个/m²）			≤2	≤2
	分层、鼓泡、裂痕、水湿、炭化、边角松软		不许有			

半硬质纤维板表观密度为 $400\sim800\text{kg/m}^3$，长度为 1830mm、2135mm、2440mm，宽度为 1220mm，厚度为 10mm、12mm、15（16）mm、18（19）mm、21mm、24（25）mm。半硬质纤维板按外观质量分为特级品、一级品、二级品三个等级，各等级的外观质量和物理性能应符合表 10-12 的规定，力学性能应符合表 10-13 的规定。常制成带有一定图形的盲孔板，表面施以白色涂料，这种板兼具吸声和装饰作用，多用作会议室、报告厅等室内顶棚材料。

半硬质纤维板的外观质量和物理性能要求　　　　表 10-12

项 目		特级品	一级品	二级品
外观质量	局部松软（直径≤80mm）	不允许	1 个	3 个
	边角缺损（宽度≤10mm）	不允许		允 许
	分层、鼓泡、碳化	不允许		
物理性能	出厂含水率（%）	4～13		
	吸水厚度膨胀率（%）	≯12		
	甲醛释放量	每 100g 板重可抽出的甲醛总量≯70mg		
	体积密度偏差（%）	≯±10		

软质纤维板表观密度小于 400kg/m^3，结构松软，强度较低，但吸声和保温性好，适合用作保温隔热材料，主要用于吊顶等。

半硬质纤维板的力学性能要求　　　　表 10-13

板材类型	静曲强度(MPa)			弹性模量(MPa)			平面抗拉强度(MPa)			正面握螺钉力(N)			侧面握螺钉力(N)		
	特级	一级	二级	特级	一级	二级	特级	一级	二级	特级	一级	二级	特级	一级	二级
80 型	29.4	24.5	19.6	2070	1960	1850	0.62	0.55	0.49	1450	1350	1250	900	800	740
70 型	19.6	17.2	14.7	1850	1740	1630	0.49	0.44	0.39	1250	1150	1050	740	660	—
60 型	14.7			1630			0.39	0.34	0.29	1050	950	850	—		—

3. 细木工板

细木工板也称复合木板，属于特种胶合板的一种。它由三层木板粘压而成。上、下两个面层为旋切木质单板，芯板是用短小木板条拼接而成。细木工板按表面加工状态可分为：一面砂光细木工板、两面砂光细木工板、不砂光细木工板；按结构可分为：芯板条不胶拼的和芯板条胶拼的细木工板两种；按使用的胶合剂的不同分为：Ⅰ类胶细木工板和Ⅱ类胶细木工板两种；按面板的材质和加工工艺质量不同分为一、二、三等三个等级。

细木工板具有质坚、吸声、隔热、表面平整、幅面宽大、可代替实木板等特点，使用非常方便，适用于家具、车厢、船舶和建筑物内装修等。细木工板的尺寸规格和技术性能见表 10-14。

细木工板的尺寸规格、技术性能　　　　表 10-14

长 度（mm）						宽度(mm)	厚度(mm)	技 术 性 能
915	1220	1520	1830	2135	2440			
915	—	—	1830	2135	—	915	16 19 22 25	含水率：10±3% 静曲强度（MPa）： 厚度为 16mm，不低于 15； 厚度＜16mm，不低于 12； 胶层剪切强度不低于 1MPa
—	1220	—	1830	2135	2440	1220		

注：芯条胶拼的细木工板，其横向静曲强度为表中所规定值上各增加 10MPa。

4. 刨花板

刨花板是由木材碎料（木刨花、锯末或类似材料）或非木材植物碎料（亚麻屑、甘蔗渣、麦秸、稻草或类似材料）与胶粘剂一起热压而成的板材。

1）分类与规格

按所使用的原料分：木材刨花板、甘蔗渣刨花板、亚麻屑刨花板、麦秸刨花板、竹材刨花板。

按板的构成分：单层结构刨花板、三层结构刨花板、多层结构刨花板、渐变结构刨花板。

按刨花尺寸和形状分：刨花板、定向刨花板；按刨花尺寸和形状分：刨花板、定向刨花板。

按表面状态分：未砂光板、砂光板、涂饰板、装饰材料饰面板（装饰材料如装饰单板、浸渍胶膜纸、装饰层压板、薄膜等）。

按用途分：在干燥状态下使用的普通用板、在干燥状态下使用的家具及室内装修用板、在干燥状态下使用的结构用板、在潮湿状态下使用的结构用板、在干燥状态下使用的增强结构用板、在潮湿状态下使用的增强结构用板。

刨花板的公称厚度为 4mm、6mm、8mm、10mm、12mm、14mm、16mm、19mm、22mm、25mm、30mm 等。

刨花板幅面尺寸为 1220mm×2440mm，经供需双方协议，可生产其他幅面尺寸的刨花板。

2）特性与应用

刨花板表面平整，木材的纹理逼真、美观，可以进行各种贴面处理；表观密度均匀，厚度误差小；生产过程中用胶量小，所以环保系数相对较高；内部交叉错落结构的颗粒状使其各方向性能基本相同，同时由于内部为颗粒状结构，不易于铣型，在裁板时容易造成暴齿的现象，所以部分工艺对加工设备要求较高；另外刨花板还具有良好的吸声和隔声性能。一般用于木地板的基层、吊顶、隔墙等室内装修或家具等。

5. 木丝板、木屑板

木丝板、木屑板是用短小废料制的木丝、木屑等为原料，经干燥后拌入胶料，再经热压成型而制成的人造板材。所用胶结料可为合成树脂胶、也可用水泥、菱苦土等无机胶结料。

这类板材表观密度小，强度较低，主要用作绝热和吸声材料。有的表层做了饰面处理，如粘贴塑料贴面后，可用作吊顶、隔墙或家具等材料。

6. 蜂巢板

蜂巢板是用两片较薄的面板和一层较厚的蜂巢状芯材，牢固粘结在一起制成的。面板除使用胶合板、纤维板外，还可使用石膏板、牛皮纸、玻璃布等。状芯材通常是用合成树脂浸渍过的牛皮纸、玻璃布或铝片，经加工粘合成六角形空腔或波形、网格形等空腔，形成整体的空心芯板，芯板的厚度通常在 15～45mm 范围内，空腔间距在 10mm 左右。蜂巢板的特点是比强度大、受力均匀、导热性低、质轻高强，是极佳的装修材料。

10.2.3 木质地板

1. 实木地板

实木地板是指用木材直接加工而成的地板。

1）分类

实木地板可分为榫接实木地板、平接实木地板、仿古实木地板，涂饰实木地板、未涂饰实木地板，漆饰实木地板、油饰木地板等。

2）技术要求

实木地板的技术要求有分等、规格尺寸与偏差、外观质量、物理力学性能。其中物理力学性能指标有：含水率（7%≤含水率≤我国各地区的平衡含水率）、漆膜表面耐磨度、漆膜附着力和漆膜硬度等。根据产品的外观质量、物理力学性能，实木地板分为优等品、一等品及合格品。

实木地板脚感好，纹理、色彩自然，硬度稍差。且因其是自然的，故纹理、色彩差别较大，铺装时需打木龙骨，价格相对较高。

2. 人造木地板

（1）实木复合地板

实木复合地板是以实木拼板或单板（含重组装饰单板）为面板，以实木拼板、单板或胶合板为芯层或底层，经不同组合层压加工而成的地板，以面板树种来确定地板树种名称（面板为不同树种的拼花地板除外）。

实木复合地板按面板材料分为天然整张单板为面板的实木复合地板、天然拼接单板为面板的实木复合地板、重组装饰单板为面板的实木复合地板、调色单板为面板的实木复合地板；按结构分为两层实木复合地板、三层实木复合地板、多层实木复合地板三大类。

面板常用树种有栎木、核桃木、樱桃木、水曲柳、桦木、槭木、楸木、柚木、筒状非洲楝等；两层实木复合地板和三层实木复合地板的面板厚度应不小于2mm，多层实木复合地板的面板厚度通常应不小于0.6mm，也可根据买卖双方约定生产。

结构组成特点使其既有普通实木地板的优点，又有效地调整了木材之间的内应力，不易翘曲开裂。面层木纹自然美观，可避免天然木材的疵病，安装简便。既适合普通地面铺设，又适合地热采暖地板铺设，因此广泛适用于家庭居室、客厅、办公室、宾馆的中高档地面铺设。

实木复合地板根据产品的外观质量分为优等品、一等品和合格品。

（2）浸渍纸层压木质地板

浸渍纸层压木质地板（强化木地板）以一层或多层专用浸渍热固性氨基树脂铺装在刨花板、中密度纤维板、高密度纤维板等人造板表面，背面加平衡层，正面加耐磨层，经热压而成的人造木地板。

按材质分为刨花板、中密度板、高密度板为基材的强度木地板；按用途分为公共场所用（耐磨转数≥9000转）、家庭用（耐磨转数≥6000转）；按装饰层分为单层浸渍纸、多层浸渍纸、热固性树脂装饰层。

浸渍纸层压木质地板规格尺寸大、花色品种较多、铺设整体效果好、色泽均匀、视觉效果好；表面耐磨性高，有较高的阻燃性能，耐污染腐蚀能力强，抗压、抗冲击性能好。便于清洁、护理，尺寸稳定性好，不易起拱。铺设方便，可直接铺装在防潮衬垫上。价格较便宜，但密度较大、脚感较生硬、可修复性差。强化木地板适用于办公室、会议室、高清洁度实验室等，也可用于中、高档宾馆、饭店及民用住宅的地面装修等。强化木地板虽然有防潮层，但不宜于浴室、卫生间等潮湿场所。

强化木地板根据产品的外观质量、理化性能分为优等品、一等品和合格品，其中理化性能主要包括静曲强度、内结合强度、尺寸稳定性、表面耐划痕、表面耐磨、抗冲击、甲醛释放量等。

（3）软木地板

软木地板被称为是"地板的金字塔尖消费"。软木主要是生长在地中海沿岸及同一纬度的我国秦岭地区的栓皮栎橡树，而软木制品的原料就是栓皮栎橡树的树皮，与实木地板相比更具环保性、隔声性，防潮效果也会更好些，带给人极佳的脚感。软木地板柔软、安静、舒适、耐磨，对老人和小孩的意外摔倒，可提供极大的缓冲作用，其独有的隔声效果和保温性能也非常适合应用于卧室、会议室、图书馆、录音棚等场所。

10.3 其他木质类装饰制品

10.3.1 竹材

竹子有1200多种，主要分布在我国及东南亚地区。竹比树木生长得快，三五年时间便可成材利用。因此推广和使用竹材有利于节约木材，保护环境，促进我国林业的可持续发展。

竹的可用部分是竹竿，竹竿有很高的力学强度，抗拉、抗压能力均优于木材，且富有韧性和弹性，抗弯能力也很强，不易折断，但缺乏刚性。竹材很早就广泛用于制作家具及用于民间风格的装修，如制作竹柜、竹椅、竹屏风等，现代竹材还可用于制作工艺品、竹地板等。

竹材在使用前应经过防霉蛀处理、防裂处理及表面处理（如油光、刮青、喷漆等）。常用的竹材加工工艺如图10-5所示。

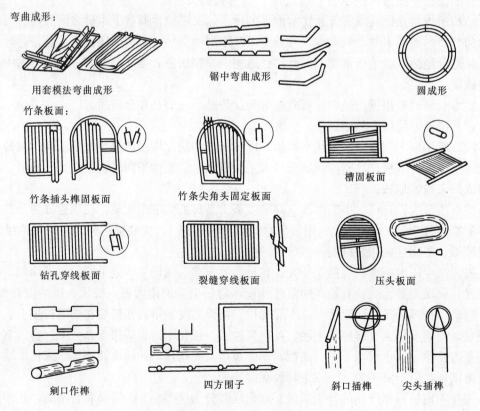

图 10-5 竹材加工工艺

10.3.2 藤材

藤有 200 多种，主要分布在亚洲、大洋洲、非洲等热带地区，其中产于东南亚地区的品质最好。

藤的茎是植物中最长的，质轻而柔韧，极富弹性，一般长至 2m 左右都是笔直的，故常用于制作家具及具有民间风格的室内装饰用面材。藤材一般可加工成藤皮、藤条和藤芯使用，使用前应经日晒，硫磺烟熏等处理，以防虫蛀。

10.3.3 木装饰线条

木装饰线条简称木线条，是用木质坚硬细腻、耐磨、耐腐、不劈裂、切面光滑、加工性能及油漆上色好、钉着力强的木材，经干燥处理后，用机械加工或手工加工而成的。木线条种类繁多，主要有楼梯扶手、压边线、墙腰线、天花角线、弯线、挂镜线等。各类木线条造型各异，每类木线条又有多种断面形状：如平线、半圆线、麻花线、鸠尾线、半圆饰、齿型饰、浮饰、贴附饰、钳齿饰、十字花饰、梅花饰、叶形饰及雕饰等。常用木线的外形及尺寸如图 10-6 所示。

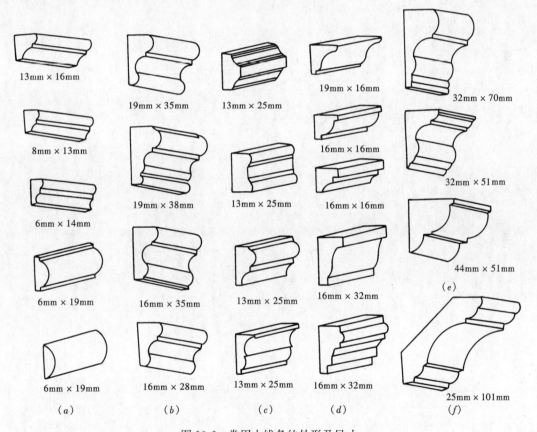

13mm × 16mm   19mm × 35mm   13mm × 25mm   19mm × 16mm   32mm × 70mm

8mm × 13mm   19mm × 38mm   13mm × 25mm   16mm × 16mm   32mm × 51mm

6mm × 14mm   16mm × 16mm

6mm × 19mm   16mm × 35mm   13mm × 25mm   16mm × 32mm   44mm × 51mm   (e)

6mm × 19mm   16mm × 28mm   13mm × 25mm   16mm × 32mm   25mm × 101mm

(a)   (b)   (c)   (d)   (f)

图 10-6　常用木线条的外形及尺寸

(a) 压边线；(b) 封边线；(c) 装饰线；(d) 小压角线；(e) 大压角线；(f) 顶棚角线

思 考 题

1. 木材按树种分为哪几类？各有何特点和用途？
2. 木材从宏观构造观察由哪些部分组成？

3. 木材含水率的变化对木材性能有何影响？

4. 木材按照加工程度和用途的不同分为哪几类？

5. 常用的人造板材有哪几种？各适用于何处？

6. 名词解释：

(1) 自由水；(2) 吸附水；(3) 纤维饱和点；(4) 平衡含水率；(5) 持久强度。

11 建筑塑料、涂料、胶粘剂

以高分子化合物为主要原料加工而成的制品称为合成高分子材料，建筑工程中通常用到以下三类：建筑塑料、涂料和胶粘剂。

11.1 建筑塑料及其制品

塑料是指以合成树脂或天然树脂为主要基料，加入其他添加剂后，在一定条件下经混炼、塑化、成型，且在常温下能保持成品形状不变的材料。用于建筑工程的塑料通常称为建筑塑料。在建筑装饰工程中，采用适当塑料代替其他材料，除能获得良好的装饰及艺术效果外，还能减轻建筑物自重，提高功效，减少施工费用。近年来，塑料在建筑中的应用十分广泛，几乎遍及各个角落。

11.1.1 塑料的特点

建筑塑料与传统建筑材料相比，具有以下优良性能：

1. 表观密度小，比强度大

塑料的表观密度一般为 $0.9 \sim 2.2 g/cm^3$，约为铝的一半，混凝土的 1/3，钢材的 1/4，铸铁的 1/5，与木材相近。比强度高于钢材和混凝土，有利于减轻建筑物的自重，对高层建筑意义更大。

2. 加工性能好

塑料可塑性强，成型温度和压力容易控制，工序简单，设备利用率高，可以采用多种方法模塑成型，切削加工，生产成本低，适合大规模机械化生产，可制成各种薄膜、板材、管材、门窗及复杂的中空异型材等。

3. 耐腐蚀性好

塑料对酸、碱、盐等化学物质的抗腐蚀能力要比金属和一些无机材料好，在空气中也不发生锈蚀，因此被大量应用于民用建筑上下水管材和管件，以及有酸碱等化学腐蚀的工业建筑中的门窗、地面及墙体等。

4. 电绝缘性好

一般塑料都是电的不良导体，在建筑行业中广泛用于电器线路、控制开关、电缆等方面。

5. 导热性低

塑料的导热系数很小，约为金属的 $1/600 \sim 1/500$，泡沫塑料的导热系数最小，是良好的保温隔热材料之一。

6. 富有装饰性

塑料可以制成完全透明或半透明的，或掺入不同的着色剂制成各种色泽鲜艳的塑料制品；通过照相制版印刷，其表面可制成各种色彩和图案，模仿天然材料纹理；还可通过电镀、热压、烫金，制成各种图案和花形，使其表面具有立体感和金属的质感。

7. 功能的可设计性

通过改变塑料的组成与生产工艺，可在相当大的范围内制成具有各种特殊性能的工程材料。如轻质高强的碳纤维复合材料；具有承重、轻质、隔声、保温的复合板材；柔软而富有弹性的密封防水材料等。

此外，塑料还具有减振、吸声、耐磨、耐光等优点。具有弹性模量小、刚度小、变形大、易老化、易燃、热伸缩性大、成本高等缺点，但是可以通过加入添加剂等方法进行改善。

11.1.2 塑料的组成和分类

1. 塑料的组成

塑料分为单组分和多组分，单组分塑料仅含有合成树脂；为了改善性能、降低成本，多数塑料还含有填充料、增塑剂、硬化剂、着色剂以及其他添加剂，故大多数塑料是多组分的。

1）合成树脂

合成树脂简称树脂，是塑料组成材料中最主要的组分。树脂在塑料中起胶结作用，将其他材料牢固地胶结在一起。塑料的主要性质取决于所采用的树脂，塑料的名称也是按其所含树脂的名称来命名的。

单一组分塑料中含有树脂几乎达 100%，如聚甲基丙烯酸甲酯塑料（有机玻璃）。在多组分塑料中，树脂的含量介于 30%～70%。常用的合成树脂有聚乙烯（PE）、聚氯乙烯（PVC）、聚苯乙烯（PS）、ABS 树脂、聚醋酸乙烯（PVAC）、聚丙烯（PP）、聚甲基丙烯酸甲酯（PMMA）、酚醛树脂（PF）、脲醛树脂（UF）、环氧树脂（EP）、不饱和聚酯（UP）、聚氨酯树脂（PU）、有机硅树脂（SI）、聚酯树脂（PES）等。

2）填充料

填充料是塑料中的另一重要组成部分，可以增加制品体积，降低成本（填充料价格低于合成树脂），提高强度和硬度，增加化学稳定性，改善加工性能。

常用的填充料有：木粉、滑石粉、石灰石粉、铝粉、石墨、云母、石棉、玻璃纤维等。

3）增塑剂

增塑剂可以提高塑料的可塑性和流动性，使其在较低的温度和压力下成型；还可以使塑料在使用条件下保持一定的弹性、韧性，改善塑料的低温脆性。

增塑剂一般是高沸点、不易挥发的液体或低熔点的固体有机化合物。常用的增塑剂有：邻苯二甲酸二丁酯、磷酸三辛酯、樟脑、二苯甲酮等。

4）硬化剂

硬化剂又称固化剂或熟化剂，主要作用是促进或调节合成树脂中的线型分子交联成体型分子，使树脂具有热固性，提高强度、硬度。常用的固化剂有胺类和过氧化物等。

5）稳定剂

稳定剂在塑料加工过程中起到减缓反应速度，防止光、热、氧化等引起的老化作用；在使用过程中提高制品质量、延长使用寿命。常用的稳定剂有抗氧剂、热稳定剂等，如硬脂酸盐、铅白、环氧化物等。

6）着色剂

加入着色剂可使塑料具有鲜艳的色彩和光泽。对着色剂的要求是：色泽鲜明、着色力强、遮盖力强、分散性好、与塑料结合牢靠、不起化学反应、不变色等。着色剂分为有机和无机两大类，常用的着色剂有：钛白粉、钛青蓝、联苯胺黄、甲苯胺红、氧化铁红、群青、铬酸铅等。

7）其他添加剂

为使塑料能够满足某些特殊要求，具有更好的性能，还需要加入各种其他添加剂。如紫外线吸收剂、防火剂、阻燃剂、抗静电剂、发泡剂和发泡促进剂等。

2. 塑料的分类

塑料的品种很多，分类方法也很多，通常按树脂的合成方法可分为聚合物塑料和缩聚物塑料；按受热时塑料所发生变化的不同，分为热塑性塑料和热固性塑料。热塑性塑料加热时分子活动能力增加，使塑料具有一定流动性，可加工成各种形状，冷却后分子重新冻结。只要树脂分子不发生降解、交联或解聚等变化，这一过程可以反复进行。热塑性塑料包括全部聚合树脂和部分缩聚树脂。热固性塑料在热和固化剂的作用下，会发生交联等化学反应变成不熔不溶、体型结构的大分子，质地坚硬并失去可塑性。热固性塑料的成型过程是不可逆的，固化后的制品加热不再软化，高温下会发生降解而破坏，在溶剂中只溶胀而不溶解，不能反复加工。大部分缩聚树脂属于热固性塑料。

11.1.3　常用的建筑塑料及其制品

1. 热塑性塑料

1）聚乙烯塑料（PE）

聚乙烯树脂是由乙烯单体聚合而成的。聚乙烯塑料产量大、用途广，在建筑工程中，主要用于防水、防潮材料（管材、水箱、薄膜等）和绝缘材料及化工耐腐蚀材料等。

2）聚氯乙烯塑料（PVC）

聚氯乙烯树脂主要是由乙炔和氯化氢乙烯单体经悬浮聚合而成。聚氯乙烯树脂加入不同数量的增塑剂，可制得硬质或软质制品。

硬质聚氯乙烯塑料机械强度高、抗腐蚀性强、耐风化性能好，在建筑工程中可用于百叶窗、天窗、屋面采光板、水管和排水管等，制成泡沫塑料，可作隔声、保温材料；软质聚氯乙烯塑料材质较软，耐摩擦，具有一定弹性，易加工成型，可挤压成板、片、型材作地面材料和装修材料等。

3）聚苯乙烯塑料（PS）

聚苯乙烯树脂是由苯乙烯单体聚合而成。聚苯乙烯塑料在建筑中主要用来生产水箱、泡沫隔热材料、灯具、发光平顶板、各种零配件等。

4）聚丙烯塑料（PP）

聚丙烯树脂是由丙烯单体聚合而成。聚丙烯塑料常用来生产管材、卫生洁具等建筑制品。

近年来，聚丙烯的生产发展较迅速，聚丙烯已与聚乙烯、聚氯乙烯等共同成为建筑塑料的主要品种。

5）聚甲基丙烯酸甲酯（PMMA）（有机玻璃）

聚甲基丙烯酸甲酯是由丙酮、氰化物和甲醇反应生成的甲基丙烯酸甲酯单体经聚合而形成的，是透光性最好的一种塑料，它能透过92％以上的日光，73.5％的紫外光。聚甲基丙烯酸甲酯主要用来制造有机玻璃，在建筑工程中可制作板材、管材、室内隔断等。

2. 热固性塑料

1) 酚醛塑料（PF）

酚醛树脂由酚和醛在酸性或碱性催化剂作用下缩聚而成。酚醛塑料在建筑上主要用来生产各种层压板、玻璃钢制品、涂料和胶粘剂等。

2) 聚酯树脂

聚酯树脂由二元或多元醇和二元或多元酸缩聚而成，通常分为不饱和聚酯树脂和饱和聚酯树脂（又称线型聚酯）两类。

不饱和聚酯树脂是一种热固性塑料，常用来生产玻璃钢、涂料和聚酯装饰板等。

线型聚酯是一种热塑性塑料，常用来拉制成纤维或制作绝缘薄膜材料、音像制品基材以及机械设备元件和某些精密铸件等。

3) 玻璃纤维增强塑料（俗称玻璃钢）

玻璃纤维增强塑料是由合成树脂胶结玻璃纤维制品（纤维或布等）而制成的一种轻质高强的塑料。玻璃钢中一般采用热固性树脂为胶结材料，常用的有酚醛、聚酯、环氧、有机硅等，使用最多的是不饱和聚酯树脂。玻璃钢可以同时作为结构和采光材料使用。

3. 常用的建筑塑料制品

1) 塑料门窗

随着建筑塑料工业的发展，全塑料门窗、喷塑钢门窗和塑钢门窗将逐步取代木门窗、金属门窗，得到越来越广泛的应用。与其他门窗相比，塑料门窗具有耐水、耐腐蚀、气密性、水密性、绝热性、隔声性、耐燃性、尺寸稳定性、装饰性好，而且不需要粉刷油漆，维修保养方便，节能效果显著等优点。

2) 塑料管材及管件

建筑塑料管材管件制品应用极为广泛，正在逐步取代陶瓷管和金属管。塑料管材与金属管材相比，具有生产成本低、容易模制，质量轻、运输和施工方便、表面光滑、流体阻力小，不生锈、耐腐蚀、适应性强，韧性好，强度高，使用寿命长，能回收加工再利用等优点。

塑料管材按用途可分为受压管和无压管；按主要原料可分聚氯乙烯管、聚乙烯管、聚丙烯管、ABS管、聚丁烯管、玻璃钢管等；还可分为软管和硬管等。塑料管材的品种有建筑排水管、给水管、雨水管、电线穿线管、天然气输送管等。

3) 塑料装饰板

塑料装饰板常用的品种有硬质PVC板材、塑料贴面板、覆塑装饰板、铝塑复合板、有机玻璃板和玻璃钢板等。

（1）硬质PVC板材

硬质PVC板材有平板、波形板、格子板和异型板之分。透明PVC平板和波形板可作为发光顶棚、透明屋面及高速公路隔声墙的装饰材料，不透明的PVC波形板可用于外墙装饰。硬质PVC异型板主要用于室内墙面、卫生间吊顶及隔断的罩面装饰。

（2）塑料贴面板

塑料贴面板又称三聚氰胺树脂装饰板或装饰防火板，是将底层纸、装饰纸等用酚醛树脂及三聚氰胺树脂浸渍后，经干燥、组坯、热压后形成的。它具有图案丰富逼真、耐磨、耐烫、耐酸碱腐蚀、防火、易清洁等特点。塑料贴面板的表面可制成各种木材和石材的纹理图案，适用于室内外的门面、墙裙、包柱、家具等处的贴面装饰，效果逼真。

（3）覆塑装饰板

覆塑装饰板是以塑料贴面装饰板或塑料薄膜为面层，以胶合板、纤维板、刨花板等板材为基层，采用胶粘剂热压而成的一种装饰板材。主要有覆塑胶合板、覆塑中密度纤维板和覆塑刨花板。

覆塑装饰板既有基层板的厚度、刚度，又具有塑料贴面板和薄膜的光洁、质感强、美观、装饰效果好，同时还具有耐磨、耐烫、不变形、不开裂、易清洗等优点，使用时可不用油漆。可用于高级建筑的内装修及制作家具，也可用于汽车、火车、船舶等。

（4）铝塑复合板

铝塑复合板是在铝箔和塑料（或其他薄板作芯材）中间夹以塑料薄膜，经热压工艺制成的复合板。用铝塑板作为装饰材料已成为一种新的装饰潮流，其使用也越来越广泛，如建筑物的外墙装饰、计算机房、无尘操作间、店面、包柱、家具、天花板和广告招牌等。

铝塑板可与绚丽的玻璃幕墙和典雅的石材幕墙媲美，在阳光的照射下，它的面层既艳丽又凝重，同时避免了光污染。铝塑板具有轻质高强、防水、防热、隔声、适温性好、耐腐蚀、耐粉化、不易变形、良好的加工性、优异的光洁度、易清洁等特点，并且价格适中、用途广泛。

4）塑料地板

塑料地板与传统的地面材料相比，具有质轻、美观、耐磨、耐腐蚀、防潮、防火、吸声、绝热、有弹性、施工简便、易于清洗与保养等特点，广泛用于室内地面的装饰。

塑料地板按所使用的树脂，可分为聚氯乙烯塑料地板、氯乙烯—醋酸乙烯塑料地板和聚乙烯、聚丙烯塑料地板。按外形可分为块材地板和卷材地板。

5）塑料壁纸

塑料壁纸是以纸或其他材料为基材，表面进行涂塑后，再经印花、压花或发泡处理等多种工艺制成的一种墙面装饰材料。塑料壁纸分为普通壁纸、发泡壁纸和特种壁纸。

塑料壁纸装饰效果好，粘贴方便，使用寿命长，容易维修保养，根据需要可加工成具有难燃、隔热、吸声、防霉、可水洗、不易受机械损伤的产品。

11.2 建 筑 涂 料

建筑涂料是指涂刷于建筑物表面，能与基体材料很好粘结，形成完整而坚韧的保护膜的一类物质。涂料的主要作用是装饰和保护建筑物，具有工期短、工效高、工艺简单、色彩丰富、质感逼真、装饰效果好、造价低、维修方便、更新方便等优点，应用十分广泛。

11.2.1　涂料的组成

虽然不同的涂料其具体组成成分各不相同，但按所起的作用，可分为主要成膜物质、次要成膜物质、溶剂和助剂四部分。

1. 主要成膜物质

主要成膜物质即胶粘剂或固着剂，是决定涂料性质的最主要组分。它的作用是把各组分粘结成一体，附着于被涂基层表面形成完整而又坚韧的保护膜，主要成膜物质应具有较好的耐碱性，较好的耐水性，较高的化学稳定性和一定的机械强度。

主要成膜物质多属于高分子化合物（如天然树脂或合成树脂）或成膜后能形成高分子化合物的有机物质（各种植物和动物油料），常用的有干性油（如亚麻油）、半干性油（如豆油）、不干性油（如花生油）、天然树脂（如松香虫胶）、人造树脂（如松香甘油脂）、合成树脂（如聚氯乙烯树脂）等。

2. 次要成膜物质

次要成膜物质主要包括颜料和填充料，它们不能离开主要成膜物质单独形成涂膜，必须依靠主要成膜物质的粘结而成为膜的一个组成部分。

颜料是一种不溶于水、溶剂或涂料的一种微细粉末状的有色物质，能均匀地分散在涂料介质中，可增加涂料的色彩和机械强度，改善涂膜的化学性能，增加涂料的品种，常选用耐光、耐碱的无机矿物质着色颜料。

填料一般是一些白色粉末状的无机物质，可以增加涂膜的厚度，加强涂膜的体质，提高其耐磨性和耐久性。填料包括滑石粉、硅酸钙、硫酸钡等。

3. 溶剂

溶剂又称稀释剂，是溶剂型涂料的一个重要组成部分。溶剂是能挥发的液体，具有溶解成膜物质的能力，可降低涂料的黏度，使涂料便于涂刷、喷涂，同时可增加涂料的渗透力，改善涂膜与基层之间的粘结力，也能降低涂料的成本。但溶剂的掺入量应有所控制，掺入量过多或过少都会影响涂膜的强度和耐久性。

常用的溶剂有石油溶剂、煤焦溶剂、酯类、醇类、酮类等，如松节油、松香水、酒精、汽油、苯、丙酮和乙醚等。

4. 助剂

助剂又称辅助材料，主要作用是改善涂料的性能，如涂料的干燥时间、柔韧性、抗氧化、抗紫外线作用、耐老化性能等。它的用量很少，一般是千分之几到百分之几，但作用很大，品种很多。常用的助剂有催干剂、增塑剂、固化剂、防污剂、分散剂、润滑剂、悬浮剂、稳定剂等。

11.2.2 涂料的分类

涂料的分类方法很多，按使用部位可分为外墙涂料、内墙涂料、地面涂料、顶棚涂料等；按涂膜厚度分为薄涂料、厚涂料、砂粒状涂料等；按使用功能可分为防火涂料、防水涂料、防霉涂料、防结露涂料等；按所用的溶剂可分为溶剂型涂料和水性涂料；按主要成膜物质的化学组成可分为有机高分子涂料、无机高分子涂料和复合高分子涂料。

1. 有机涂料

1) 溶剂型涂料

溶剂型涂料是以有机高分子合成树脂为主要成膜物质，有机溶剂为溶剂，加入适量的颜料、填料及其他助剂，经研磨而成的挥发性涂料。溶剂型涂料的优点是涂膜细腻而坚韧，并且有一定的耐水性和耐老化性，但易燃，挥发后对人体有害，污染环境，在潮湿基层上施工容易起皮、剥落，且价格较贵。

常见的溶剂型涂料成膜物质的种类有环氧树脂、聚氨酯树脂、氯化橡胶、过氯乙烯、苯乙烯焦油、聚乙烯醇缩甲醛等。

2）水溶性涂料

水溶性涂料是以水溶性合成树脂为主要成膜物质，以水为溶剂，加入适量的颜料、填充料及助剂，经研磨而制成的一种涂料。水溶性涂料无毒、不易燃、价格便宜、有一定的透气性，施工时对基层的干燥度要求不高，但它的耐水性、耐候性和耐擦洗性较差，一般只用于内墙面的装饰。

3）乳液型涂料

乳液型涂料又称乳胶漆，是将合成树脂研磨成极细微的颗粒后，散布于水中形成乳液，并以乳液为主要成膜物质，加入适量的颜料、填料及助剂，经研磨而成的一种涂料。乳液型涂料价格比较便宜，不易燃、无毒、有一定的透气性，涂膜耐水、耐擦洗性较好，涂刷时不要求基层很干燥，可作为内外墙建筑涂料，是今后建筑涂料发展的主流。

2. 无机涂料

与有机涂料相比，无机涂料有以下优点：

（1）原材料资源丰富，生产工艺简单，价格便宜，对环境的污染程度低。

（2）涂膜的粘结力较高、遮盖力强，对基层处理的要求较低，耐久性好，色彩丰富，有较好的装饰效果。

（3）对温度的适应性、耐刷洗性能、储存稳定性优异，具有良好的耐热性、无毒、不燃。

无机涂料是一种有发展前途的建筑涂料，目前主要有以碱金属硅酸盐为主要成膜物质的无机涂料和以胶态二氧化硅为主要成膜物质的无机涂料。

3. 无机－有机复合涂料

无机－有机复合涂料可使有机、无机涂料发挥各自的优势，取长补短，对于降低成本，改善性能，适应建筑装饰的新要求提供了一条有效途径。无机－有机复合涂料的品种有聚乙烯醇水玻璃内墙涂料、硅溶胶－丙烯酸外墙涂料等。

11.2.3　涂料的主要技术性能

1. 遮盖力

遮盖力是指涂料干结后的膜层遮盖基层表面颜色的能力。遮盖力的大小与涂料中的颜料着色力和含量有关，涂料的涂刷量越多，则它的遮盖力就越低。

2. 黏度

涂料的黏度可反映它的流平性，也就是涂料涂抹后的膜层应平整光滑、不产生流挂现象。涂料的黏度与涂料成膜物质中的胶粘剂和填料的种类及含量有关，即固含量。涂料的黏度值应该适中，黏度太高，涂料的成本过高，而且涂料涂抹时易在膜层上留下抹刷的痕迹，同时膜层的固化时间变长；涂料的黏度值过低，施工时易产生流挂现象。

3. 细度

涂料的细度是指涂料中固体颗粒大小的分布程度。细度的大小会影响到涂膜表面的平整性和光泽度。

4. 附着力

涂料膜层与基体之间的粘结力可用附着力表示。附着力的大小与涂料中成膜物质的性质以及基层的性质和处理方法有关。

涂料还有粘结强度、抗冲击强度、抗冻性、耐刷洗性、耐磨性、耐碱性、耐污染性、耐老化性和耐温性等方面的要求。

11.2.4 常用的建筑涂料

1. 内墙涂料和顶棚涂料

内墙涂料和顶棚涂料大致可分为以下几种类型：

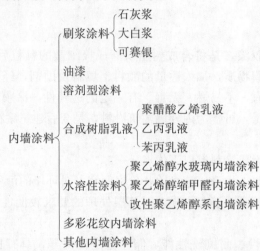

1）溶剂型内墙涂料

溶剂型内墙涂料与溶剂型外墙涂料基本相同，由于其透气性差，容易结露，较少用于住宅内墙，但其光泽度好，易于冲洗，耐久性好，可用于厅堂、走廊等处。

溶剂型内墙涂料的主要品种有：过氯乙烯墙面涂料、氯化橡胶墙面涂料、丙烯酸酯墙面涂料、聚氨酯系墙面涂料等。

2）水溶性内墙涂料

水溶性内墙涂料是以水溶性化合物为基料，加入一定量的填料、颜料和助剂，经过研磨、分散后而制成的。常用的有聚乙烯醇水玻璃内墙涂料（俗称"106 内墙涂料"），聚乙烯醇缩甲醛内墙涂料（俗称"803 内墙涂料"）和改性聚乙烯醇系内墙涂料等。

（1）聚乙烯醇水玻璃涂料

聚乙烯醇水玻璃涂料（俗称"106 内墙涂料"）是以聚乙烯醇树脂水溶液和水玻璃为主要成膜物质，加入一定量的颜料、填料和少量助剂，经搅拌、研磨而成的水溶性涂料。特点是：配制简单、无毒无味、不易燃，施工方便、涂膜干燥快、能在稍湿的墙面上施涂，粘结力强，涂膜表面光洁平滑，装饰效果好，但膜层的耐擦洗性能较差、易产生起粉脱落现象。聚乙烯醇水玻璃涂料的颜色品种有白、奶白、湖蓝、天蓝、果绿和蛋清等，适用于住宅、商场、医院、旅馆、剧场、学校等民用及公共建筑的内墙装饰。

（2）聚乙烯醇缩甲醛涂料

聚乙烯醇缩甲醛涂料（俗称"803 内墙涂料"）是以聚乙烯醇半缩醛经氨基化处理后加入颜料、填料及其他助剂，经研磨而成的一种水溶性涂料。特点是：无毒无味、干燥快、遮盖力强、涂膜光滑平整，在冬季较低气温下不易结冻，施涂方便，装饰效果好，耐湿性、耐擦洗性好，粘结力较强，能在稍湿的基层及新老墙面上施工。可涂刷于混凝土、纸筋石灰及灰泥墙面，适用于各类民用和公共建筑的内墙装饰。

3）合成树脂乳液内墙涂料——内墙乳胶漆

合成树脂乳液内墙涂料是以合成树脂乳液为主要成膜物质的薄型内墙涂料。一般用于室内墙面装饰，但不宜用于厨房、卫生间、浴室等潮湿的墙面。目前常用的品种有聚醋酸乙烯乳液乳胶漆、乙丙乳胶漆、苯丙乳胶漆等。

（1）聚醋酸乙烯乳胶漆

聚醋酸乙烯乳胶漆是在聚醋酸乙烯乳液中加入适量的颜料、填料和其他助剂后，经加工而成的一种乳液涂料。聚醋酸乙烯乳胶漆由于用水作为分散剂，所以它无毒、不燃，它的涂膜细腻平滑、色彩鲜艳、透气性好，价格较低，但其耐水性、耐碱性和耐候性比其他的共聚乳液差，比较适合内墙的装饰，不宜用作外墙的装饰。

（2）乙丙乳胶漆

乙丙乳胶漆是以乙丙共聚乳液为主要成膜物质，掺入适量的颜料、填料和辅助材料后，经过研磨或分散后配置而成的半光或有光内墙涂料。乙丙乳胶漆的耐碱性、耐水性和耐候性优于聚醋酸乙烯乳胶漆，属于高档内外墙装饰涂料。

4）多彩花纹内墙涂料

多彩花纹内墙涂料又称多彩内墙涂料，它是一种两相互不融合的体系，一相为分散介质，另一相为分散相。常用的分散介质为水相，分散相为涂料相。在分散相中有两种或两种以上的着色粒子，它们分散悬浮在含有保护胶体的水中，处于一种稳定状态，可使涂饰干燥后的涂膜形成各种色彩。

多彩花纹内墙涂料具有涂层色泽优雅，富有立体感，装饰效果好的特点。涂膜质地较厚，弹性、整体性、耐久性好。适用于建筑物内墙、顶棚的喷涂，属中高档内墙装饰用涂料。

5）其他内墙涂料

（1）隐形变色发光涂料

隐形变色发光涂料是一种能隐形、变色、发光的特种涂料。它由成膜物质、溶剂、发光材料、稀土隐色材料等助剂组成。这种涂料能用刷、滚、喷或印刷等方法制成图案，这种图案在普通光线下为一种颜色，但在紫外光谱等波长的光线作用下，能呈现各种色彩和美丽的花型图案。可用于舞厅墙面的装饰，还能用于广告、舞台布景等方面。

（2）多彩立体涂料

多彩立体涂料是一种纤维质水溶性多彩立体内墙涂料，它的色调高雅、质感独特，有一定的立体感和透气性，无毒、无味、保温性及吸声性好，耐潮湿。适用于室内各种底材基层，可用涂抹方法进行施工，适合用于居室、舞厅、宾馆、办公室等场所的内墙装饰，也可制成壁画形式。

（3）静电植绒涂料

静电植绒涂料是在基体表面先涂抹或喷涂一层底层涂料，再用静电植绒机将合成纤维短绒头"植"在涂层上。这种涂料的表面具有丝绒布的质感、不反光、无气味、不褪色，对声波有较好的吸收作用，但它的耐潮湿性能和耐污性较差，表面不能擦洗。可用于家庭、宾馆客房、会议室、舞厅等场所。

（4）仿瓷涂料

仿瓷涂料对墙面有良好的附着力，漆膜平整丰满、坚硬光亮、光泽柔和，有陶瓷的光泽感，耐水性和耐腐蚀性好，施工方便。可用于厨房、卫生间、医院、餐厅等场所的墙面装饰以及某些工业设备的表面装饰和防腐。

（5）彩砂涂料

彩砂涂料由合成树脂乳液、彩色石英砂、着色颜料及各种助剂组成。该涂料无毒、不燃、附着力强、保色性及耐候性好，耐水、耐酸碱腐蚀、色彩丰富，表面有较强的立体感，适用于各种场所的室内外墙面的装饰。

（6）仿丝绸幻彩涂料

仿丝绸幻彩涂料是一种新型的水溶性涂料，具有无毒、防火、耐擦洗等特点。可用刷、滚、喷等施工方法进行施工。其表面能做成各种花型图案，涂膜能给人以丝光流溢、富丽豪华的感觉，具有与丝绸相似的装饰效果。

2. 外墙涂料

外墙涂料的功能是装饰和保护建筑物的外墙面。它应有装饰性强、耐水性和耐候性好、耐污染性强、易于清洗等特点。其主要类型如下：

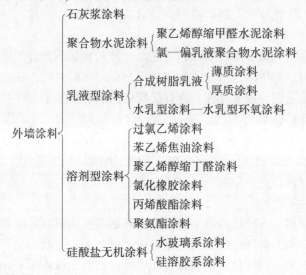

1）溶剂型外墙涂料

（1）氯化橡胶外墙涂料

氯化橡胶外墙涂料又称氯化橡胶水泥漆，它是由氯化橡胶、溶剂、颜料、填料和助剂等配置而成的。

氯化橡胶外墙涂料的施工温度范围较广，能够在－20～50℃的环境温度内进行施工，可在水泥、混凝土和钢材的表面进行涂饰，与基层之间有良好的粘结力，具有良好的耐碱性、耐水性、耐腐蚀性和耐候性，施工方便，有一定的防霉功能。氯化橡胶外墙涂料对基层的要求不高，可直接涂抹在干燥清洁的水泥砂浆表面。如果在氯化橡胶旧涂膜上施工时，只要将原基体表面的灰尘、污垢和脱皮的涂层铲除干净后，可直接在旧涂膜上涂饰。

（2）丙烯酸酯外墙涂料

丙烯酸酯外墙涂料是以热塑性丙烯酸酯合成树脂为主要成膜物质，加入溶剂、颜料、填料和助剂等，经研磨而成的一种挥发型溶剂涂料。

丙烯酸酯外墙涂料的耐候性好，不易变色、粉化、脱落，与基体之间的粘结牢固，施工时受环境温度的影响小，施工方便，可采用涂刷、滚涂和喷涂等方法进行施工。这种涂料由于易燃、有毒，在施工时应注意采取适当的保护措施。

2）乳液型外墙涂料

（1）乙—丙乳胶漆

乙—丙乳胶漆是由醋酸乙烯和几种丙烯酸酯类单体、乳化剂、引发剂，通过乳液聚合反应制成的乙—丙共聚乳液为主要成膜物质，加入颜料、填料和助剂配制而成。乙—丙乳胶漆以水为溶剂，安全无毒、涂膜干燥快、耐候性、耐腐蚀性和保光保色性良好，施工方便。适用于住宅、商场、宾馆、工矿及企事业单位的建筑外墙涂料。

（2）水乳型环氧树脂外墙涂料

水乳型环氧树脂外墙涂料是以水乳型合成树脂为主要成膜物质，加入颜料、填料和各种助剂等材料配置而成的。

水乳型环氧树脂外墙涂料是以水为分散剂，无毒无味，对环境的污染程度小，施工安全，它与基体的粘结力较高，膜层不易脱落，耐老化性能、耐候性好，膜层表面可做成一定的质感，具有较好的装饰性。

3）硅酸盐无机涂料

（1）碱金属硅酸盐系外墙涂料

碱金属硅酸盐系外墙涂料是以硅酸钠、硅酸钾等为主要成膜物质，加入颜料、填料和助剂后，经过搅拌混合而成。它的品种有钠水玻璃涂料、钾水玻璃涂料和钾、钠水玻璃涂料等三种。

碱金属硅酸盐系外墙涂料的耐水性、耐老化性较好，涂膜在受到火的作用时不燃，有一定的防火作用。该涂料无毒无味、施工方便，还具有较好的耐酸碱腐蚀性、抗冻性、耐污性。

（2）硅溶胶外墙涂料

硅溶胶外墙涂料是以二氧化硅胶体为主要成膜物质，加入颜料、填料和助剂后，经过搅拌混合，研磨而成的一种水溶性涂料。

硅溶胶外墙涂料是以水为分散剂，具有无毒无味的特点，施工性能好，遮盖力强，膜层表面的耐污性强，与基层之间有较强的粘结力，涂膜的质感细腻、致密坚硬，耐酸碱腐蚀，有较好的装饰性。

11.3 建 筑 胶 粘 剂

胶粘剂又称粘结剂、结合剂，是一种有粘合性能的物质，它能将木材、玻璃、橡胶、塑料、织物、纸张、金属等材料紧密粘结在一起。粘结技术和粘结材料已越来越受到人们的重视，新的胶粘剂不断出现，已成为建筑材料的一个重要组成部分。

应用于建筑行业的各类胶粘剂叫做建筑胶粘剂，包括用于建筑结构构件在施工、加固、维修等方面的建筑结构胶，应用于室内、外装修用的建筑装修胶以及用于防水、保温等方面的建筑密封胶，还有用于工程应急维修、堵漏用的各种胶粘剂等。

11.3.1 胶粘剂的组成、分类

1. 胶粘剂的组成

由于要粘结的材料性能各异，因此对胶粘剂的要求也各不相同。胶粘剂是由多组分物质组成的，起粘结作用的基本组分是粘剂，为了使胶粘剂具有更好的粘结效果，一般还要加入某些配合剂。胶粘剂的主要组成有：

1）粘剂

粘剂又称粘料，是胶粘剂产生粘结作用的主要成分，决定了胶粘剂的粘结性能。粘剂包括热固性树脂（如酚醛树脂、脲醛树脂、环氧树脂、有机硅树脂等）和热塑性树脂（如聚醋酸乙烯酯、聚乙烯醇缩醛类酯、聚苯乙烯等）。一般胶粘剂是用粘剂的名称来命名的。

2）固化剂

固化剂是调节或促进固化反应的物质，能使某些线性分子通过交联作用，形成不溶不熔的网状体型结构的高聚物，固化结果使分子间距离、形态、热稳定性、化学稳定性等发生显著的变化，获得更好的粘结与机械性能。固化剂也是胶粘剂的主要成分，其性质和用量对胶粘剂的性能起着重要的作用。常用的固化剂有酸酐类、胺类等。

3）溶剂

溶剂又称稀释剂，起着溶解粘剂、调节胶粘剂黏度的作用，能改善胶粘剂的施工性能，但随着溶剂掺量的增加，粘结强度将下降。溶剂的挥发速度不能太快，否则胶层表面迅速干燥形成封闭膜，阻止内部溶剂挥发；也不能太慢，否则影响粘结强度和施工进度。

4）填料

填料呈粉状或纤维状，一般在胶粘剂中不发生化学反应，但加入填料，可增加胶粘剂的稠度，使黏度增大，降低膨胀系数，减少收缩性，提高耐热性，提高冲击韧性，降低成本。常用的填料有石棉粉、滑石粉、石英粉、氧化铝粉、银粉等。

5）其他外加剂

为了满足某些特殊要求，在塑料胶粘剂中还可掺入其他助剂，如防腐剂、防霉剂、增塑剂、增韧剂、稳定剂、阻燃剂等。

2. 胶粘剂的分类

塑料胶粘剂品种繁多，用途不同，组成各异，分类方法很多。

1）按主要成分分

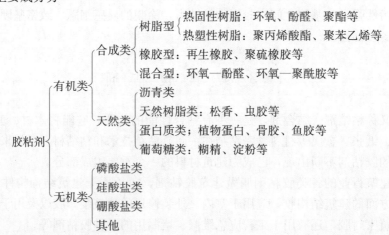

2）按固化后强度特性分

胶粘剂按固化后的强度特性分为结构型、次结构型和非结构型三大类。结构型胶粘剂用于结构部件的受力部位，非结构型胶粘剂用于受力较小的物件上或仅作定位作用，次结构型胶粘剂的物理力学性能在结构型和非结构型之间。

3）按固化形式分

胶粘剂按固化形式分为溶剂挥发型、化学反应型、热熔型和厌氧型等。

4）按外观形态分

胶粘剂按外观形态分为溶液型、乳胶型、膏糊型、粉末型、薄膜型、固体型等。

11.3.2 胶粘剂的主要技术性能

胶粘剂在建筑装饰工程中广泛使用，在选用胶粘剂时，应根据使用对象和使用要求，充分考虑它的各项技术性能。

1. 工艺性

胶粘剂的工艺性是指胶粘剂粘结操作方面的性能，如胶粘剂的调制、涂胶、凉置、固化条件等。工艺性是对胶粘剂粘结操作难易程度的总评价。

2. 粘结强度

粘结强度是胶粘剂的主要性能，指两种材料在胶粘剂的粘结作用下，经过一定条件变化后能达到使用要求的强度而不分离脱落的性能。

3. 稳定性

粘结试件在指定介质中于一定温度下浸渍一段时间后的强度变化称为胶粘剂的稳定性。

4. 耐久性

胶粘剂所形成的粘结层会随着时间的推移逐渐老化，直至失去粘结强度，粘结剂抵抗这种老化的性能称为耐久性。

5. 耐温性

胶粘剂在规定温度范围内的性能变化情况，包括耐热性、耐寒性及耐高低温交变性等。

6. 耐候性

用胶粘剂粘结的构件暴露在室外时，粘结层抵抗雨水、阳光、风雪等自然气候的性能称为耐候性。

7. 耐化学性

大多数合成树脂及某些天然树脂型胶粘剂，在化学介质的影响下会发生溶解、膨胀、老化或腐蚀等不同的变化，胶粘剂抵抗化学介质作用的性能称为胶粘剂的耐化学性。

8. 其他性能

胶粘剂的性能还包括颜色、刺激性气味、毒性的大小、储藏稳定性等其他性能。

11.3.3 影响粘结强度的因素

影响粘结强度的因素很多，主要有胶粘剂的性能（如粘剂的分子量、分子空间结构、极性、黏度和体积的收缩等）、被粘材料的性质（如被粘材料的组成和粘结表面结构等）、粘结工艺和施工环境条件（如粘结的温度、压力、环境湿度、干燥时间、被粘材料表面加工处理及胶层厚度等）等。

11.3.4 常用的建筑胶粘剂

1. 聚乙烯醇缩甲醛胶粘剂

聚乙烯醇缩甲醛具有水溶性，俗称801胶，是由聚乙烯醇和甲醛为主要原料，加入少量盐酸、氢氧化钠和水，在一定条件下缩聚而成的无色透明胶体。聚乙烯醇缩甲醛耐热性好，耐老化性好，胶结强度高，施工方便，是一种应用最广泛的胶粘剂。建筑工程中可以用于胶结塑料壁纸、墙布、玻璃、瓷砖等，还能和水泥复合使用，可显著提高水泥材料的粘结性、耐磨性、抗冻性和抗裂性等。

2. 环氧树脂胶粘剂

环氧树脂必须加入适量的固化剂，经室温放置或加热固化后才能成为不熔、不溶的固体，从而产生粘结强度。环氧树脂胶粘剂具有粘结力强、收缩小、稳定性高、耐化学腐蚀、耐热、耐久性好等优点。在建筑工程中，环氧树脂胶粘剂用于金属、塑料、混凝土、木材、陶瓷等多种材料的粘结。

3. 聚醋酸乙烯乳液胶粘剂

俗称白乳胶，是由醋酸乙烯经乳液聚合而成的一种白色、黏稠液体。白乳胶的优点是配制方便，固化较快，粘结强度高，耐久性好，不易老化；缺点是耐水性、耐热性差。建筑工程中广泛用于粘结各种墙纸、木材、纤维等，也可用于陶瓷饰面材料的粘贴。

4. 酚醛树脂胶粘剂

酚醛树脂胶粘剂以是酚醛树脂为基料配制而成的。具有优良的耐热性、耐老化性、耐水性、耐溶剂性、电绝缘性以及很高的粘结强度；但最大的缺点是胶层脆性大，所以通常用其他高分子化合物改性后使用。用于粘结非金属、塑料等。

5. 聚氨酯胶粘剂

聚氨酯胶粘剂是以多异氰酸酯或聚氨甲酸酯为基料的一类粘合剂。聚氨酯胶粘剂具有优良的耐水、耐溶剂、耐臭氧和防霉菌性，工艺性好，初粘强度高，可加热固化，也可室温固化；主要缺点是耐热性较差，所含异氰酸酯基具有一定毒性，使用时须加以注意。在建筑工程中主要用于粘结钢、铝、塑料、橡胶、玻璃、陶瓷、木材等。

思　考　题

1. 与传统建筑材料相比较，建筑塑料有哪些优缺点？
2. 热塑性树脂与热固性树脂主要有什么不同？
3. 热塑性塑料和热固性塑料主要有哪些品种？在建筑工程中各有什么用途？
4. 建筑涂料主要包括哪些组分？各组分在涂料中起什么作用？
5. 建筑涂料的技术性能包括哪些？
6. 常用的内墙涂料有哪些？常用的外墙涂料有哪些？
7. 胶粘剂主要成分有哪些？各起什么作用？
8. 胶粘剂的技术性能包括哪些？
9. 影响胶粘剂粘结强度的因素主要有哪些？粘结塑料墙纸、木材家具和装饰玻璃应分别选用哪种胶粘剂？

12 建 筑 防 水 材 料

建筑物的屋面、地下室、基础、盥洗室、卫生间以及水塔、水池等水工构筑物都须进行防水处理。

工程中用到的防水材料很多，常用的有屋面瓦、金属或塑料屋面板、防水卷材、防水涂料、建筑密封材料等。此外用于刚性结构防水的还有防水混凝土和防水砂浆等材料。

12.1 坡屋面刚性防水材料

铺贴或直接安装在坡屋顶的覆面材料主要有各种瓦和防水板材，起到排水和防水的作用。

12.1.1 黏土瓦

黏土瓦是以黏土（包括页岩、煤矸石等粉料）为主要原料，经泥料处理、成型、干燥和焙烧而制成。

黏土瓦的原料和生产工艺与黏土砖相近，不同之处在于原料的塑性要求更好，制成的瓦坯须用瓦托晾干。由于黏土瓦成本低，施工方便，防水可靠，耐久性好，因此千百年来一直是住宅、公共建筑等传统坡形屋面的防水材料。

黏土瓦的主瓦类型有平瓦、槽形瓦、波形瓦、鳞形瓦、小青瓦等。与之配套用于屋脊处的还有脊瓦。

小青瓦在建筑工程设计中已不使用，只在农村或小城镇中有生产使用。

黏土平瓦和脊瓦的主要形式见图 12-1、图 12-2。

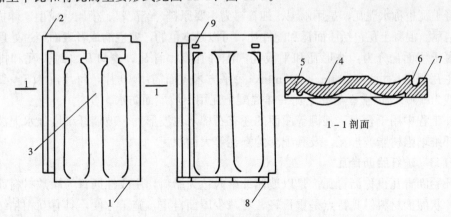

1－1 剖面

图 12-1 黏土平瓦

1—瓦头；2—瓦尾；3—瓦脊；4—瓦槽；5—内槽；6—外槽；7—边筋；8—前爪；9—后爪

黏土瓦的规格尺寸为 400mm×240mm～360mm×220mm，脊瓦的长度大于 300mm，宽度大于 180mm，高度为宽度的 1/4。常用平瓦的单片尺寸为 385mm×235mm×15mm，

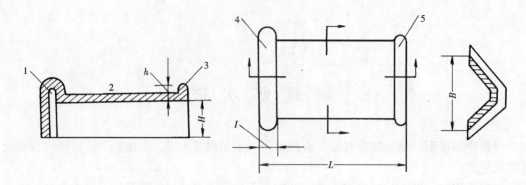

图 12-2　黏土脊瓦
1—瓦槽；2—瓦脊；3—边筋；4—瓦头；5—瓦尾

铺设后实际有效面积为 0.0644m²，每平方米需挂瓦 16 片。通常每片干重 3kg，湿重 3.3kg。

国家标准规定，每平方米平瓦吸水后重不得超过 55kg，单片平瓦和脊瓦的弯曲破坏荷载≥1200N。

在某些特殊环境（如受冻融或长期水浸泡等）条件下使用时，应做耐久性检验，经冻融试验后不得产生分层、开裂等现象。

在园林建筑和仿古建筑中还常用到各种琉璃瓦或琉璃装饰制品。琉璃制品是以难熔黏土作原料，经配料、成型、干燥、素烧、表面施釉，再经釉烧而制成，是我国民族传统建筑特有的装饰材料。

琉璃制品种类很多，常用的瓦类制品有：板瓦、筒瓦、滴水、底瓦、勾头、脊筒瓦等。琉璃瓦表面色泽绚丽光滑，古朴华贵。釉色主要有金黄、翠绿、浅棕、深棕、古铜、钴蓝等。

12.1.2　混凝土瓦

混凝土瓦也称水泥瓦，是用水泥、细骨料为主要原料，经配料、模压、成型、养护而成的非烧结瓦。混凝土瓦包括屋面瓦和配件瓦，可以是本色的、着色的或者表面经过处理的。

混凝土屋面瓦分为：波形瓦和平板瓦。配件瓦有：脊瓦、檐口瓦、封头瓦和排水瓦等。其主瓦规格尺寸为 420mm×332mm，每平方米屋面需用 10 片，每片重 3.5~4.5kg。单片承载力 1000N 以上。与黏土瓦一样混凝土瓦用于坡屋面防水。

另外工程中用于仓库、工棚等屋面的还有石棉水泥波形瓦、玻璃纤维增强水泥波形瓦和玻璃纤维增强树脂波形瓦，及其配套的脊瓦等大面积瓦。

12.1.3　玻纤胎沥青瓦

玻纤胎沥青瓦也称沥青瓦，是以玻璃纤维薄毡为胎料，用改性沥青为涂敷材料而制成的一种片状屋面材料。其特点是重量轻，可减少屋面自重，施工方便，具有互相粘结的功能，有很好的抗风化能力。沥青瓦表面通过着色或撒布不同色彩的矿物粒料，可制得彩色沥青瓦，对建筑物起到美化装饰作用。沥青瓦适用于一般民用建筑坡屋面，彩色沥青瓦可用于别墅、园林、侨乡等处仿欧建筑的坡屋面防水工程。

12.1.4　金属屋面板材

金属屋面板材具有自重轻、刚度大、幅面宽、施工安装方便等优点。常见的金属屋面板有镀锌钢板、复合铝板、彩色涂层压型钢板、彩色夹芯复合钢板等屋面材料。经轧制有水波纹瓦楞槽型的镀锌钢板，可用于简易仓库、车棚、市场等不要求保温隔热的场所，安装方便，造价低。

在一些大开间的礼堂及体育场馆，常采用铝合金波纹板、铝合金压型板、复合铝板平板、铝合金板夹层板等屋面板材。

彩色涂层压型钢板具有较好的刚度、强度、耐久性和装饰效果，可以制成多种形式的坡屋面、平屋面板（图 12-3）或拱（弧）形屋面板，特别是压型钢板拱形屋面板（图 12-4)可以省去支撑梁、檩条和龙骨等，形成自身承重结构。彩色夹芯复合钢板结构如图 12-5，它具有良好的保温隔声效果，自身有很强的刚度，可以直接用作建筑物的屋面而无需进行保温与装饰处理，是大型工业厂房、仓储用房、大型市场和大面积场馆较理想的屋面材料。

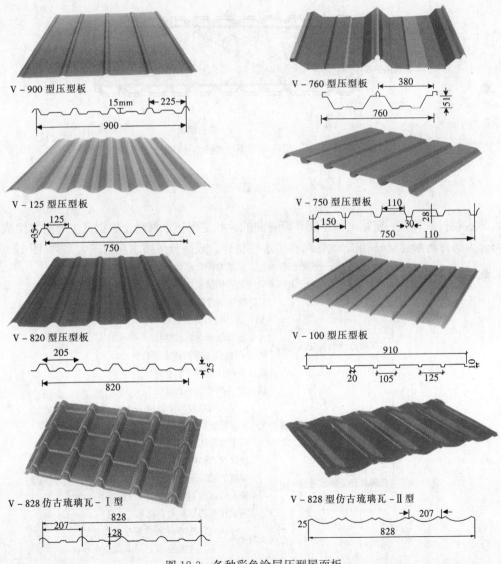

图 12-3　各种彩色涂层压型屋面板

图 12-4　拱形屋面板

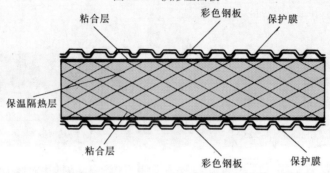

图 12-5　彩色夹芯复合钢板结构图

12.2　防　水　卷　材

防水卷材是具有一定宽度和厚度并可卷曲的片状定型防水材料。根据其主要防水组成材料可分为沥青防水卷材、高聚物改性沥青防水卷材和合成高分子防水卷材三大系列(图 12-6)。

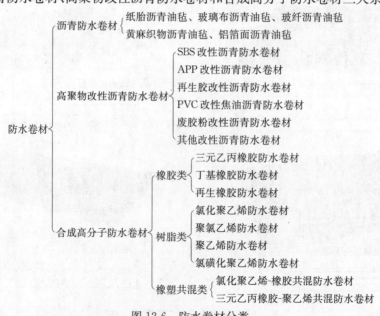

图 12-6　防水卷材分类

沥青防水卷材是传统的防水材料（俗称油毡），成本低、性能稍差、耐用年限较短，施工较复杂，属低档防水材料。后两个系列防水卷材的性能较沥青防水材料优异，是防水卷材的发展方向。

为满足建筑工程的要求，防水卷材须具备以下性能：

（1）耐水性：指被水浸润后其性能基本不变，在压力水作用下，在规定的时间内不会被水渗透，常用不透水性等指标表示。

（2）温度稳定性：指在高温下不流淌、不起泡、不分层滑动，低温下不易脆裂的性能，即在一定温度变化下保持原有性质不变的能力，常用耐热度等指标表示。

（3）机械强度、延伸性和抗断裂性：指防水卷材承受一定荷载、应力或在一定变形的条件下不易断裂的性能，常用拉力、拉伸强度和断裂伸长率等指标表示。

（4）柔韧性：指在低温条件下仍保持柔韧的性能。它对于保证冬期施工和使用很重要，常用柔度、低温弯折性等指标表示。

（5）大气稳定性：指在阳光、空气、冷热和干湿交替及其他化学介质的侵蚀等因素的长期综合作用下抵抗侵蚀的能力，常用耐老化性、热老化保持率等指标表示。

常用的防水卷材有以下类型和品种。

12.2.1 沥青防水卷材

沥青防水卷材俗称油毡，是以原纸、织物、纤维毡等材料为胎基，浸涂石油沥青，再撒布矿物粉料或塑料膜为隔离材料制成的防水卷材。

沥青防水卷材最具代表性的是纸胎石油沥青防水卷材，简称油毡，是以石油沥青浸渍原纸，再涂盖其两面，表面涂或撒隔离材料而制成的。油毡按卷重和物理性能分为Ⅰ型、Ⅱ型和Ⅲ型。Ⅰ型每卷重不小于 17.5kg、Ⅱ型每卷重不小于 22.5kg、Ⅲ型每卷重不小于 28.5kg。油毡幅宽为 1000mm，每卷油毡的总面积为（20±0.3）m^2。Ⅰ、Ⅱ型油毡适用于辅助防水、保护隔离层、临时性建筑防水、防潮及包装等。Ⅲ型油毡适用于屋面工程的多层防水。油毡的物理性能应符合表 12-1 规定。

石油沥青纸胎油毡物理性能（GB 326—2007）　　　　　　　表 12-1

项　目		指　标		
		Ⅰ型	Ⅱ型	Ⅲ型
单位面积浸涂材料总量（g/m^2）≥		600	750	1000
不透水性	压力（MPa）≥	0.02	0.02	0.10
	保持时间（min）≥	20	30	30
吸水率（%）≤		3.0	2.0	1.0
耐热度		（85±2）℃，2h涂盖层无滑动、流淌和集中性气泡		
拉（纵向）（N/50mm）≥		240	270	340
柔度		（18±2）℃，绕ϕ20mm棒或弯板无裂纹		

注：本标准Ⅲ型产品物理性能要求为强制性的，其余为推荐性的。

纸胎油毡抗拉强度较低、易腐蚀、耐久性差，通过改进胎体材料可改善沥青防水卷材的性能。目前已大量使用玻璃布沥青油毡、玻纤沥青油毡、黄麻织物沥青油毡、铝箔面油毡等品种的沥青防水卷材。沥青防水卷材一般都采用多层热粘贴铺设施工。常用的沥青防水卷材的特点及适用范围见表 12-2。

石油沥青防水卷材的特点及适用范围　　　　　　　　　表 12-2

卷材名称	特　点	适 用 范 围	施 工 工 艺
石油沥青纸胎油毡	传统的防水材料，低温柔韧性差，防水层耐用年限较短，但价格较低	三毡四油、二毡三油叠层设的屋面工程	热玛𧝣脂、冷玛𧝣脂粘贴施工
玻璃布胎沥青油毡	抗拉强度高，胎体不易腐烂，材料柔韧性好，耐久性比纸胎油毡提高一倍以上	多用作纸胎油毡的增强附加层和突出部位的防水层	热玛𧝣脂、冷玛𧝣脂粘贴施工
玻纤毡胎沥青油毡	具有良好的耐水性、耐腐蚀性和耐久性，柔韧性也优于纸胎沥青油毡	常用作屋面或地下防水工程	热玛𧝣脂、冷玛𧝣脂粘贴施工
黄麻胎沥青油毡	抗拉强度高，耐水性好，但胎体材料易腐烂	常用作屋面增强附加层	热玛𧝣脂、冷玛𧝣脂粘贴施工
铝箔面油毡	有很高的阻隔蒸汽的渗透能力，防水功能好，且具有一定的抗拉强度	与带孔玻纤毡配合或单独使用，宜用于隔气层	热玛𧝣脂粘贴

12.2.2　高聚物改性沥青防水卷材

高聚物改性沥青防水卷材是以合成高分子聚合物改性石油沥青为涂盖层，聚酯毡、玻纤毡或聚酯玻纤复合毡为胎基，细砂、矿物粉料或塑料膜为隔离材料，制成的防水卷材。

在沥青中添加适量的高聚物可以提高沥青防水卷材的温度稳定性、延伸性和抗断裂等性能。按改性高聚物的种类，有弹性 SBS 改性沥青防水卷材、塑性 APP 改性沥青防水卷材、聚氯乙烯改性焦油沥青防水卷材、三元乙丙改性沥青防水卷材、再生胶改性沥青防水卷材等。按油毡使用的胎体又可分为玻纤胎、聚乙烯膜胎、聚酯胎、黄麻布胎、复合胎等品种。此类防水卷材按厚度分为 2、3、4、5mm 等规格。

1. 弹性体改性沥青防水卷材

弹性体改性沥青防水卷材（简称 SBS 防水卷材）是用沥青或热塑性弹性体（如苯乙烯-丁二烯-苯乙烯 SBS）改性沥青（简称"弹性体沥青"）浸渍胎基，两面涂以弹性体沥青涂盖层，上表面撒以细砂（S）、矿物粒（片）料（M）或覆盖聚乙烯膜（PE），下表面撒以细砂或覆盖聚乙烯膜所制成的一类防水卷材。根据《弹性体改性沥青防水卷材》GB 18242—2008 规定，该类卷材按胎体材料分为聚酯毡胎（PY），玻纤毡胎（G）和玻纤增强聚酯毡（PYG）；按材料性能分为Ⅰ型和Ⅱ型。卷材公称宽度为 1000mm。聚酯胎卷材厚度为 3mm、4mm、5mm；玻纤胎卷材公称厚度为 3mm、4mm；玻纤增强聚酯毡卷材公称厚度为 5mm。每卷面积为 7.5mm²、10mm² 或 15mm²。SBS 改性沥青防水卷材的技术要求包括：单位面积质量、面积、厚度、外观及材料物理性能等。

2. 塑性体改性沥青防水卷材

塑性体改性沥青防水卷材简称 APP 防水卷材。塑性体沥青防水卷材是以聚酯毡或玻纤毡为胎基，无规聚丙烯（APP）或聚烯烃类聚合物（APAO、APO）作改性剂，表面覆以隔离材料所制成的防水卷材。根据《塑性体改性沥青防水卷材》GB 18243—2008 规定，该类卷材按胎体材料分为聚酯毡胎（PY），玻纤毡胎（G）和玻纤增强聚酯毡（PYG）；按材料性能分为 I 型和 II 型。卷材公称宽度为 1000mm。聚酯胎卷材厚度为 3mm、4mm、5mm；玻纤胎卷材公称厚度为 3mm、4mm；玻纤增强聚酯毡卷材公称厚度为 5mm。每卷面积为 7.5mm²、10mm² 或 15mm²。APP 防水卷材的技术要求包括：单位面积质量、面积、厚度、外观及材料物理性能等。

高聚物改性沥青防水卷材除弹性 SBS 改性沥青防水卷材和塑性 APP 改性沥青防水卷材外，还有许多其他品种，它们因高聚物品种和胎体品种的不同而性能各异，在建筑防水工程中的适用范围也各不相同。常见的几种高聚物改性沥青防水卷材的特点和适用范围见表 12-3。

常用高聚物改性沥青防水卷材的特点和适用范围 表 12-3

卷 材 名 称	特 点	适 用 范 围	施 工 工 艺
SBS 改性沥青防水卷材	耐高、低温性能有明显提高，卷材的弹性和耐疲劳性明显改善	单层铺设的屋面防水工程或复合使用，适合于寒冷地区和结构变形频繁的建筑	冷施工铺贴或热熔铺贴
APP 改性沥青防水卷材	具有良好的强度、延伸性、耐热性、耐紫外线照射及耐老化性能	单层铺设，适合于紫外线辐射强烈及炎热地区屋面使用	热熔法或冷粘法铺设
聚氯乙烯改性焦油防水卷材	有良好的耐热及耐低温性能，最低开卷温度为 −18℃	有利于在冬季负温度下施工	可热作业亦可冷施工
再生胶改性沥青防水卷材	有一定的延伸性，且低温柔性较好，有一定的防腐蚀能力，价格低廉属低档防水卷材	变形较大或档次较低的防水工程	热沥青粘贴
废橡胶粉改性沥青防水卷材	比普通石油沥青纸胎油毡的抗拉强度、低温柔性均有明显改善	叠层使用于一般屋面防水工程，宜在寒冷地区使用	热沥青粘贴

根据《屋面工程技术规范》GB 50345—2012 规定：屋面防水工程应根据建筑物的类别、重要程度、使用功能要求确定防水等级，并按相应等级进行防水设防；对防水有特殊要求的建筑屋面，应进行专项防水设计。屋面防水等级分为 I 级和 II 级，其中 I 级用于重要建筑和高层建筑，需进行两道防水设防；II 级用于一般建筑，进行一道防水设防。高聚物改性沥青防水卷材的性能除了满足材料标准之外，尚需满足施工质量验收规范的规定，如《屋面工程技术规范》GB 50345—2012 中规定高聚物改性沥青防水卷材的主要物理性能应满足表 12-4 的要求。

高聚物改性沥青防水卷材主要物理性能

表 12-4

项目		指　标				
		聚酯毡胎体	玻纤毡胎体	聚乙烯胎体	自粘聚酯胎体	自粘无胎体
可溶物含量 （g/m²）		3mm 厚≥2100 4mm 厚≥2900		—	2mm 厚≥1300 3mm 厚≥2100	—
拉力 （N/50mm）		≥500	纵向≥350	≥200	2mm 厚≥350 3mm 厚≥450	≥150
延伸率（%）		最大拉力时 SBS≥30 APP≥25	—	断裂时 ≥120	最大拉力时 ≥30	最大拉力时 ≥200
耐热度 （℃，2h）		SBS 卷材 90，APP 卷材 110，无滑动、流淌、滴落		PEE 卷材 90， 无流淌、起泡	70，无滑动、 流淌、滴落	70，滑动 不超过 2mm
低温柔性（℃）		SBS 卷材－20；APP 卷材－7； PEE 卷材－20			－20	
不透 水性	压力 （MPa）	≥0.3	≥0.2	≥0.4	≥0.3	≥0.2
	保持时间 （min）	≥30				≥120

注：SBS 卷材为弹性体改性沥青防水卷材；APP 卷材为塑性体改性沥青防水卷材 PEE 卷材为改性沥青聚乙烯胎
防水卷材。

12.2.3　合成高分子防水卷材

合成高分子防水卷材是以合成橡胶、合成树脂或两者共混为基料，加入适量的助剂和
填料，经混炼压延或挤出等工序加工而成的防水卷材。

合成高分子防水卷材具有拉伸强度和抗撕裂强度高、断裂伸长率大、耐热性和低温柔
性好、耐腐蚀、耐老化等一系列优异的性能，是新型高档防水卷材。常用的有再生胶防水
卷材、三元乙丙橡胶防水卷材、三元丁橡胶防水卷材、聚氯乙烯防水卷材、氯化聚乙烯防
水卷材、氯化聚乙烯-橡胶共混防水卷材等。此类卷材按厚度分为 1mm、1.2mm、
1.5mm、2.0mm、2.5mm 等规格。

1. 聚氯乙烯（PVC）防水卷材

聚氯乙烯防水卷材是以聚氯乙烯树脂为主要原料，掺加填充料和适量的改性剂、增塑
剂等，经混炼、压延或挤出成型、分卷包装而成的防水卷材。

聚氯乙烯防水卷材按有无复合层分类，无复合层的为 N 类、用纤维单面复合的为 L
类、织物内增强的为 W 类。每类产品按物化性能分为Ⅰ型和Ⅱ型。该类卷材耐热性、耐
腐蚀性、耐细菌性等均较好，适用于各类建筑的屋面防水工程和水池、堤坝等防水抗渗
工程。

2. 三元乙丙（EPDM）橡胶防水卷材

三元乙丙橡胶防水卷材是以三元乙丙橡胶为主体，掺入适量的硫化剂、促进剂、软化
剂、填充料等，经密炼、拉片、过滤、压延或挤出成型、硫化、分卷包装而成的防

水卷材。

三元乙丙橡胶防水卷材具有优良的耐候性、耐臭氧性和耐热性。适用于防水要求高、耐用年限长的建筑防水工程。

3. 氯化聚乙烯-橡胶共混型防水卷材

氯化聚乙烯-橡胶共混型防水卷材是以氯化聚乙烯树脂和合成橡胶共混物为主体，加入适量的硫化剂、促进剂、稳定剂、软化剂和填充料等，经过素炼、混炼、过滤、压延或挤出成型、硫化、分卷包装等工序制成的防水卷材。

氯化聚乙烯-橡胶共混型防水卷材兼有塑料和橡胶的特点。它不仅具有氯化聚乙烯所特有的高强度和优异的耐臭氧、耐老化性能，而且具有橡胶类材料所特有的高弹性、高延伸性和良好的低温柔韧性。所以该卷材具有良好的物理性能，特别适用于寒冷地区或变形较大的建筑防水工程。

合成高分子防水卷材除以上三种典型品种外，还有再生胶、三元丁橡胶、氯化聚乙烯等品种。常见合成高分子防水卷材的特点和应用范围如表12-5所示。合成高分子防水卷材的性能除了满足材料标准之外，尚需满足施工质量验收规范的规定，如《屋面工程技术规范》（GB 50345—2012）中规定合成高分子防水卷材的主要物理性能应满足表12-6的要求。

常见合成高分子防水卷材的特点和适用范围　　　　　　　　　表 12-5

卷 材 名 称	特　　　点	适 用 范 围	施 工 工 艺
氯化聚乙烯防水卷材	具有良好的耐候、耐臭氧、耐热老化、耐油、耐化学腐蚀及抗撕裂的性能	单层或复合使用宜用于紫外线强的炎热地区	冷粘法施工
聚氯乙烯防水卷材	具有较高的拉伸和撕裂强度，延伸率较大，耐老化性能好，原材料丰富，价格便宜，容易粘结	单层或复合使用于外露或有保护层的防水工程	冷粘法或热风焊接法施工
三元乙丙橡胶防水卷材	防水性能优异，耐候性好，耐臭氧性、耐化学腐蚀性、弹性和抗拉强度大，对基层变形开裂的适用性强，重量轻，使用温度范围宽，寿命长，但价格高，粘结材料尚需配套完善	防水要求较高，防水层耐用年限长的工业与民用建筑，单层或复合使用	冷粘法或自粘法
三元丁橡胶防水卷材	有较好的耐候性、耐油性、抗拉强度和延伸率，耐低温性能稍低于三元乙丙防水卷材	单层或复合使用于要求较高的防水工程	冷粘法施工
氯化聚乙烯-橡胶共混防水卷材	不但具有氯化聚乙烯特有的高强度和优异的耐臭氧、耐老化性能，而且具有橡胶所特有的高弹性、高延伸性以及良好的低温柔性	单层或复合使用，尤宜用于寒冷地区或变形较大的防水工程	冷粘法施工

合成高分子防水卷材物理性能　　　　　　　　　　表 12-6

项　目		指　标			
		硫化橡胶类	非硫化橡胶类	树脂类	树脂类（复合片）
断裂拉伸强度（MPa）		≥6	≥3	≥10	≥60 N/10mm
扯断伸长率（%）		≥400	≥200	≥200	≥400
低温弯折（℃）		-30	-20	-25	-20
不透水性	压力（MPa）	≥0.3	≥0.2	≥0.3	≥0.3
	保持时间（min）	≥30			
加热收缩率（%）		<1.2	<2.0	≤2.0	≤2.0
热老化保持率（80℃×168h，%）	断裂拉伸强度	≥80		≥85	≥80
	扯断伸长率	≥70		≥80	≥70

12.3 防 水 涂 料

防水涂料（胶粘剂）是以高分子合成材料、沥青等为主体，在常温下呈流态或半流态，可采用刷、刮、喷等工艺涂布在基层表面，待溶剂或水分挥发或者各组分化学反应后，形成具有一定厚度的坚韧防水膜的物料的总称。

防水涂料固化成膜后的防水涂膜具有良好的防水性能，特别适合于各种复杂不规则部位的防水，能形成与基层牢固粘结的连续无接缝的防水膜。它大多采用冷施工，不必加热熬制，涂布的防水涂料既是防水层的主体，也是粘结剂，还可以与胎体增强材料配合使用。施工质量容易保证，维修也较简单。因此，防水涂料广泛适用于建筑的屋面防水工程，地下室防水工程和地面防潮、防渗等。

防水涂料按液态类型可分为溶剂型、水乳型和反应型三种；按成膜物质的主要成分分为沥青类、高聚物改性沥青类、合成高分子类和聚合物水泥类，各类的主要品种如图12-7所示。

1. 沥青基防水涂料

沥青基防水涂料是指以沥青为基料配制的水乳型或溶剂型防水涂料。这类涂料可与沥青防水卷材配合用于建筑结构基层的涂刷处理，也可用于低防水等级的建筑物表面防水层。主要品种有石灰膏乳化沥青、膨润土乳化沥青和水性石棉沥青防水涂料等。

2. 高聚物改性沥青防水涂料

高聚物改性沥青防水涂料是指以沥青为基料，用合成高分子聚合物进行改性，制成的水乳型或溶剂型防水涂料。这类涂料在柔韧性、抗裂性、拉伸强度、耐久性和使用寿命等方面比沥青基涂料有较大改善。主要品种有再生橡胶改性防水涂料、氯丁橡胶改性沥青防水涂料、SBS橡胶改性沥青防水涂料、聚氯乙烯改性沥青防水涂料等。适用于屋面、地面、地下室和卫生间等的防水工程。高聚物改性沥青防水涂料的质量应符合表12-7的要求。

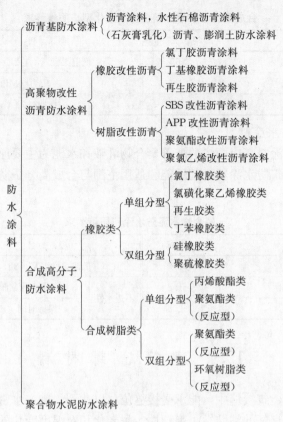

图 12-7 防水涂料分类

3. 合成高分子防水涂料

合成高分子防水涂料是以合成橡胶或合成树脂为主要成膜物质，配制成的单组分或多组分防水涂料。这类涂料具有高弹性、高耐久性及优良的耐高低温性能。主要品种有聚氨酯防水涂料、丙烯酸酯防水涂料、环氧树脂防水涂料和有机硅防水涂料等。合成高分子防水涂料的性能除应满足材料产品标准要求之外，尚应满足工程技术规范的规定，表 12-8 是《屋面工程技术规范》中对合成高分子防水涂料质量要求。

高聚物改性沥青防水涂料质量要求　　　　　　　表 12-7

项　　　目		指　　　标	
		水乳型	溶剂型
固体含量（%）		≥45	≥48
耐热性（80℃，5h）		无流淌、起泡、滑动	
低温柔性（℃，2h）		−15，无裂纹	−15，无裂纹
不透水性	压力（MPa）	≥0.1	≥0.2
	保持时间（min）	≥30	≥30
断裂伸长率（%）		≥600	—
抗裂性（mm）		—	基层裂缝 0.3mm，涂膜无裂纹

合成高分子防水涂料（挥发固化型）质量要求　　　表 12-8

项　目	指　标	项　目		指　标
固体含量（%）	≥65		低温柔性（℃，2h）	—20，无裂纹
拉伸强度（MPa）	≥1.5	不透水性	压力（MPa）	≥0.3
断裂伸长率（%）	≥300		保持时间（min）	≥30

4. 聚合物水泥防水涂料

聚合物水泥防水涂料是以丙烯酸酯等聚合物乳液和水泥为主要原料，加入其他外加剂制得的双组分水性建筑防水涂料。其性能和适用范围与合成高分子防水涂料接近，其质量要求见表 12-9。

聚合物水泥防水涂料质量要求　　　表 12-9

项　目	指　标	项　目		指　标
固体含量（%）	≥70		低温柔性（℃，2h）	—10，无裂纹
拉伸强度（MPa）	≥1.2	不透水性	压力（MPa）	≥0.3
断裂伸长率（%）	≥200		保持时间（min）	≥30

12.4　建筑密封材料

密封材料是嵌入建筑接缝中，能承受接缝位移以达到气密、水密目的的材料。

密封材料应具有良好的粘结性、弹塑性、耐老化和对温度变化的适应性，能长期经受被粘构件的收缩变形以及振动而不失去密封性能。

密封材料分为定形和不定形两种形式。定形密封材料供货时具有一定形状和尺寸，如密封带、止水带等。不定形密封材料通常为黏稠状。

按照材料组成密封材料可分为：改性石油沥青密封材料和合成高分子密封材料两大类。改性石油沥青密封材料按耐热度和低温柔性分为Ⅰ类和Ⅱ类。改性石油沥青密封材料的物理性能见表 12-10。合成高分子密封材料按拉伸模量分为低模量（LM）和高模量（HM）两个次级别；按弹性恢复率分为弹性（E）和塑性（P）两个次级别。合成高分子密封材料物理性能见表 12-11。

改性石油沥青密封材料物理性能　　　表 12-10

项　目		性　能　要　求	
		Ⅰ　类	Ⅱ　类
耐 热 度	温度（℃）	70	80
	下垂值（mm）	≤4.0	
低温柔性	温度（℃）	—20	—10
	粘 结 状 态	无裂纹和剥离现象	
拉伸粘结性（%）		≥125	
浸水后拉伸粘结性（%）		125	
挥发性（%）		≤2.8	
施 工 度（mm）		≥22.0	≥20.0

注：改性石油沥青密封材料按耐热度和低温柔性分为Ⅰ类和Ⅱ类。

合成高分子密封材料物理性能   表 12-11

项　　目	技　术　指　标						
	25LM	25HM	20LM	20HM	12.5E	12.5P	7.5P
拉伸模量　　23℃ （MPa）　　−20℃	≤0.4 和 ≤0.6	>0.4 或 >0.6	≤0.4 和 ≤0.6	>0.4 或 >0.6			
定伸粘结性	无破坏					—	
浸水后定伸粘结性	无破坏					—	
热压冷拉后粘结性	无破坏					—	
拉伸压缩后粘结性	—					无破坏	
断裂伸长率（%）	—					≥100	≥20
浸水后断裂伸长率（%）	—					≥100	≥20

注：合成高分子密封材料按拉伸模量分为低模量（LM）和高模量（HM）两个次级别；按弹性恢复率分为弹性（E）和塑性（P）两个次级别。

目前常用的密封材料有以下种类：

1. 沥青嵌缝油膏

沥青嵌缝油膏是以石油沥青为基料，加入改性材料、稀释剂及填充料混合制成的密封膏。改性材料有废橡胶粉和硫化焦鱼油；稀释剂有松焦油、松节重油和机油；填充料有石棉绒和滑石粉等。

沥青嵌缝油膏主要作为屋面、墙面、沟和槽的防水嵌缝材料。

2. 聚氯乙烯接缝膏

聚氯乙烯接缝膏是以煤焦油和聚氯乙烯（PVC）树脂粉为基料，按一定比例加入增塑剂（邻苯二甲酸二丁脂、邻苯二甲酸二辛脂）、稳定剂（三盐基硫酸铝、硬脂酸钙）及填充料（滑石粉、石英类）等，在140℃温度下塑化而成的膏状密封材料，简称PVC接缝膏。

PVC接缝膏有良好的粘结性、防水性、弹塑性，耐热、耐寒、耐腐蚀和抗老化性能也较好。PVC接缝膏可以热用，也可以冷用。热用时将其用文火加热，加热温度不得超过140℃，达塑化状态后，应立即浇灌于清洁干燥的缝隙或接头等部位。冷用时，加溶剂稀释。适用于各种屋面嵌缝或表面涂布作为防水层，也可用于水渠、管道等接缝。用于工业厂房自防水屋面嵌缝，大型墙板嵌缝等的效果也好。

3. 丙烯酸酯密封膏

丙烯酸酯密封膏是以丙烯酸酯乳化液为基料，掺入增塑剂、分散剂，碳酸钙等配制而成的建筑密封膏。

丙烯酸酯密封膏在一般建筑基底（包括砖、砂浆、大理石、花岗石、混凝土等）上不产生污渍。具有很好的延伸率和抗紫外线性能。主要用于屋面、墙板、门、窗嵌缝。其耐水性不很好，所以不宜用于经常泡在水中的工程。

4. 硅酮密封膏

硅酮密封膏是以硅氧烷聚合物为主体，加入硫化剂、硫化促进剂以及增强填料组成的室温固化型密封材料。具有良好的耐热、耐寒和耐候性，与各种材料都有较好的粘结性能，耐水性好，耐拉伸压缩疲劳性强。

根据《硅酮建筑密封胶》（GB/T14683—2003）的规定，硅酮建筑密封膏分为 F 类和 G 类两种类别。其中，F 类为建筑接缝用密封膏，适用于预制混凝土墙板、水泥板、大理石板的外墙接缝，混凝土和金属框架的粘结，卫生间和公路接缝的防水密封等；G 类为镶装用密封膏，主要用于镶嵌玻璃和建筑门、窗的密封。

12.5 屋面防水材料选择

屋面防水卷材可按合成高分子防水卷材和高聚物改性沥青防水卷材选用，应根据当地历年最高气温、最低气温、屋面坡度和使用条件等因素，选择耐热度、低温柔性相适应的卷材。其外观质量和品种、规格应符合国家现行有关材料标准的规定。

屋面防水涂料可按合成高分子防水涂料、聚合物水泥防水涂料和高聚物改性沥青防水涂料选用，应根据当地历年最高气温、最低气温、屋面坡度和使用条件等因素，选择耐热性、低温柔性相适应的涂料，其外观质量和品种、规格应符合国家现行有关材料标准的规定。

卷材防水、涂膜防水及复合防水层的最小厚度符合表 12-12、表 12-13、表 12-14 的规定。

每道卷材防水层最小厚度　　　　　　　　　　　　　　　表 12-12

防水等级	合成高分子防水卷材	高聚物改性沥青防水卷材		
		聚酯胎、玻纤胎、聚乙烯胎	自粘聚酯胎	自粘无胎
Ⅰ级	1.2	3.0	2.0	1.5
Ⅱ级	1.5	4.0	3.0	2.0

每道涂膜防水层最小厚度　　　　　　　　　　　　　　　表 12-13

防水等级	合成高分子防水涂膜	聚合物水泥防水涂膜	高聚物改性沥青防水涂膜
Ⅰ级	1.5	1.5	2.0
Ⅱ级	2.0	2.0	3.0

复合防水层最小厚度　　　　　　　　　　　　　　　　　表 12-14

防水等级	合成高分子防水卷材＋合成高分子防水涂膜	自粘聚合物改性沥青防水卷材(无胎)＋合成高分子防水涂膜	高聚物改性沥青防水卷材＋高聚物改性沥青防水涂膜	聚乙烯丙纶卷材＋聚合物水泥防水胶结材料
Ⅰ级	1.2+1.5	1.5+1.5	3.0+2.0	(0.7+1.3)×2
Ⅱ级	1.0+1.0	1.2+1.0	3.0+1.2	0.7+1.3

思 考 题

1. 试述黏土瓦、混凝土瓦、油毡瓦的基本性能和适用范围。

2. 金属屋面板有哪些种类？有何特点？适用于哪些工程？

3. 与传统的沥青防水卷材相比，高聚物改性沥青防水卷材和合成高分子防水卷材有什么优点？

4. 为满足防水要求，防水卷材应具备哪些技术性能？

5. 防水涂料有何特点？适用于什么部位的防水工程？

6. 防水涂料如何分类？有哪些主要品种？

7. 建筑密封材料用于何处？应具备什么性能？

8. 常用的建筑密封材料按组成材料分为哪两大类型？

13   绝热材料与吸声材料

13.1   绝 热 材 料

绝热材料指对热流具有显著阻抗性的材料或材料复合体，是保温材料和隔热材料的总称。习惯上把用于控制室内热量外流的材料叫做保温材料；把防止外部热量进入室内的材料叫做隔热材料。在建筑工程中，对于处于寒冷地区的建筑物为保持室内温度的恒定、减少热量的损失，要求围护结构具有良好的保温性能；而对于炎热夏季使用空调的建筑物则要求围护结构具有良好的隔热性能。

13.1.1   绝热材料的作用原理

在理解材料绝热原理之前，先了解传热的原理。传热是指热量从高温区向低温区的自发流动，是一种由于温差而引起的能量转移，在自然界中，无论是在一种介质内部，还是在两种介质之间，只要有温差存在，就会出现传热过程。传热的方式有三种：导热、对流和辐射。

导热是依靠物体内各部分直接接触的物质质点（分子、原子、自由电子）等作热运动而引起的热能传递过程；对流是指较热的液体或气体因遇热膨胀而密度减小从而上升，冷的液体或气体就会补充过来，形成分子的循环流动，这样热量就从高温的地方通过分子的相对位移，转向低温的地方；热辐射是依靠物体表面对外发射电磁波而传递热量的现象，高温物体辐射给低温物体的能量大于低温物体辐射给高温物体的能量，其结果为热从高温物体传递给低温物体。因此，要实现绝热必须使材料表观密度降到极其小，对流弱到极其小，热辐射降到极其小。

在实际的传热过程中，往往同时存在着两种或三种传热方式。建筑材料的传热主要是靠导热，由于建筑材料内部孔隙中含有空气和水分，所以同时还有对流和热辐射存在，只是对流和热辐射所占比例较小。

对绝热材料的基本要求是导热系数小于 $0.23W/(m \cdot K)$，表观密度小于 $1000kg/m^3$，抗压强度大于 $0.3MPa$。

13.1.2   绝热材料的性能

1. 导热系数

导热系数 λ 是说明材料本身传导能力大小。λ 的物理意义是在稳定传热条件下，当材料层单位厚度内的温差为 $1℃$ 时，在 $1s$ 内通过 $1m^2$ 表面积的热量。λ 值越小，材料的导热能力越差，而保温隔热性能好。影响材料导热系数的因素有：

（1）材料的化学组成及分子结构

不同化学成分的材料其导热系数有很大的差异，通常金属导热系数最大，其次为非金属，液体较小而气体则更小。化学成分相同但具有不同分子结构的材料，其导热系数也不一样。一般晶体结构的材料导热系数最大，微晶体结构次之，玻璃体结构最小。为了获得导热系数较低的材料，可以通过改变其分子结构的方法实现。如将熔融的高炉矿渣通过骤冷得到的膨胀矿渣珠，具有玻璃体结构，导热系数降低，是一种较好的绝热材料。

(2) 材料的表观密度和孔隙特征

由于固体物质的导热系数要比空气的导热系数大很多。因此，表观密度小的材料孔隙率大，其导热系数也较小。当孔隙率相同时，孔隙尺寸小而封闭的材料由于空气热对流作用的减弱因而比孔隙尺寸粗大且连通的孔有更小的导热系数。

(3) 材料所处环境的温、湿度

当温度升高时材料固体分子的热运动增强，同时材料孔隙中空气的导热和孔壁间的辐射作用也有所增强，材料的导热系数将随温度的升高而增大。但是当温度在 0～50℃ 范围内变化时，这种影响并不显著，只有处于高温或负温下，才考虑温度的影响。

当材料受潮后，由于孔隙中增加了水蒸气的扩散和水分子的热传导作用，致使材料导热系数增大[$\lambda_{水}=0.58W/(m \cdot K)$，$\lambda_{空气}=0.029W/(m.K)$，水的导热系数比空气大 20 多倍]，而当材料受冻后，水变成冰之后，其导热系数将更大[$\lambda_{冰}=2.33W/(m \cdot K)$]。因而绝热材料使用时切忌受潮受冻。

(4) 热流方向的影响

材料如果是各向异性的，如木材等纤维质材料，当热流平行于纤维延伸方向时，受到的阻力小，而热流垂直于纤维延伸方向时受到的阻力最大。例如松木，当热流垂直于木纹时 $\lambda=0.175W/(m \cdot K)$，而当热流平行于木纹时，则 $\lambda=0.349W/(m \cdot K)$。

2. 热阻 R

热阻是材料层（墙体或其他围护结构）抵抗热流通过的能力，或者说热流通过材料层所受到的阻力，其大小可用下式表达：

$$R = a/\lambda$$

式中　a——材料的厚度；

　　　λ——材料的导热系数。

热阻说明保温隔热材料抵抗热流通过的能力，即热流通过时所遇阻力，同样温度条件下，热阻越大，通过保温材料的热量越少，材料的保温隔热能力越强。

3. 强度

绝热材料的强度通常采用抗压强度和抗折强度。由于绝热材料含有大量孔隙，故其强度一般均不高，因此不宜将绝热材料用于承受外界荷载的部位。

4. 温度稳定性

材料在受热作用下保持其原有性能不变的能力，称为绝热材料的温度稳定性，通常用其不致丧失绝热性能的极限温度来表示。

13.1.3　常用的绝热材料

绝热材料按其化学组成，可分为无机绝热材料、有机绝热材料和复合绝热材料三大类型。

无机绝热材料是用矿物质原材料制成的材料；有机绝热材料是用有机原材料（各种树脂、软木、木丝、刨花等）制成；复合绝热材料可以是金属与非金属的复合也可以是无机与有机材料的复合。一般说来，无机绝热材料的表观密度大，不易腐蚀，耐高温；而有机绝热材料吸湿性大，不耐久，不耐高温，只能用于低温绝热。

绝热材料按形态分类有纤维状绝热材料、微孔状绝热材料、气泡状绝热材料和层状绝热材料，详见表13-1。

绝热材料分类表

表13-1

纤 维 状	无 机 质	天 然	石棉纤维
		人 造	矿物纤维（矿渣棉、岩棉、玻璃棉、硅酸铝棉）
	有 机 质	天 然	软质纤维板（木纤维板、草纤维板）
微 孔 状	无 机 质	天 然	硅 藻 土
		人 造	硅酸钙、碳酸镁
气 泡 状	有 机 质	天 然	软 木
	无 机 质	人 造	膨胀珍珠岩、膨胀蛭石、加气混凝土
			泡沫玻璃、泡沫硅玻璃、火山灰微珠
			泡沫黏土等
	有 机 质	人 造	泡沫聚苯乙烯塑料、泡沫聚氨酯塑料、泡沫酚醛树脂、泡沫尿素树脂、泡沫橡胶、钙塑绝热板
层 状	金 属	人 造	镀膜玻璃、铝箔

1. 无机保温隔热材料

1）石棉及其制品

石棉为常见的保温隔热材料，是一种纤维状无机结晶材料，石棉纤维具有极高的抗拉强度，并具有耐高温、耐腐蚀、绝热、绝缘等优良特性，是一种优质绝热材料，通常将其加工成石棉粉、石棉板、石棉毡等制品，用于热表面绝热及防火覆盖。

2）矿棉及其制品

岩棉和矿渣棉统称为矿棉。岩棉是由玄武岩、辉绿岩等矿物在冲天炉或电炉中熔化后，用压缩空气喷吹法或离心法制成；矿渣棉是以工业废料矿渣为主要原料，熔融后，用高速离心法或压缩空气喷吹法制成的一种棉丝状的纤维材料。矿棉具有质轻、不燃、绝热和电绝缘等性能，且原料来源广，成本较低。矿棉制品一般分为板、管、毡、绳、粒状棉和块状制品等六种类型。

矿棉用于建筑保温大体可包括墙体保温、屋面保温和地面保温等几个方面。其中，墙体保温最为主要，可采用现场复合墙体和工厂预制复合墙体两种形式。前者中的一种是外墙内保温，即外层采用砖墙、钢筋混凝土墙、玻璃幕墙或金属板材，中间为空气层加矿棉层，内侧面采用纸面石膏板。另一种是外墙外保温，即在建筑物外层粘贴矿棉层，再加外饰层，其优点是不影响建筑的使用面积。外保温层是全封闭的，基本消除了冷热桥现象，保温性能优于外墙内保温。工厂预制复合墙体（即各种矿棉夹芯复合板，矿棉复合墙体）的推广对我国尤其三北地区的建筑节能具有重要的意义。

3）玻璃棉及其制品

玻璃棉是以石英砂、白云石、蜡石等天然矿石，配以其他化工原料，如纯碱、硼等，在熔融状态下经拉制、吹制或甩制而成极细的纤维状材料。建筑业中常用的玻璃棉分为两种，即普通玻璃棉和普通超细玻璃棉。普通棉的纤维长度一般长50~150mm，纤维直径

$12\mu m$，而超细玻璃棉细得多，一般在 $4\mu m$ 以下，其外观洁白如棉。

在玻璃棉纤维中，加入一定量的胶粘剂和其他添加剂，经固化、切割、贴面等工序即可制成各种用途的玻璃棉毡、玻璃棉板、玻璃棉套管及一些异形制品。具有轻质（表观密度仅为矿棉密度的一半左右）、导热系数低、吸声性能好、过滤效率高、不燃烧、耐腐蚀等性能，是一种优良的绝热、吸声、过滤材料。

玻璃棉毡、卷毡主要用于建筑物的隔热、隔声，通风、空调设备的保温、隔声，播音室、消声室及噪声车间的吸声，计算机房和冷库的保温、隔热。玻璃棉板用于大型录音棚、冷库、仓库、船舶、火车、汽车的保温、隔热、吸声等。玻璃棉管套主要用于通风、供热、供水、动力等设备各种管道的保温。

在工业发达国家，玻璃棉及其制品已是一种非常普及的建筑绝热保温和吸声材料。以美国为例，其玻璃棉年产量达百万吨以上，玻璃棉制品在建筑上的用量占其玻璃棉总量的80%以上。由于建筑节能的需要，我国及世界各国对玻璃棉及其制品的需要都在不断增加。

4）膨胀珍珠岩及其制品

膨胀珍珠岩是一种酸性火山玻璃质岩石，是以珍珠岩矿石为原料，经破碎、分级、预热、高温焙烧瞬时急剧加热膨胀而成的一种轻质、多功能材料。内部含有 3%～6% 的结合水，当受高温作用时，玻璃质由固态软化为黏稠状态，内部水则由液态变为一定压力的水蒸气向外扩散，使黏稠的玻璃质不断膨胀，当被迅速冷却达到软化温度以下时就形成一种多孔结构的物质称为膨胀珍珠岩。具有表观密度轻、导热系数低、化学稳定性好、使用温度范围广、吸湿能力小，且无毒、无味、吸声等特点，占我国保温材料年产量的一半左右，是国内使用最为广泛的一类轻质保温材料。

膨胀珍珠岩产品可分为无定型产品和定型产品两大类。无定型产品主要涉及以膨胀珍珠岩散料和涂料两大应用领域；定型产品主要是以膨胀珍珠岩为主要原材料，用水泥、石膏、水玻璃、沥青、合成高分子树脂将其胶结成整体而制成的具有规则形状的材料，称为膨胀珍珠岩绝热制品。由于这类产品资源丰富，生产简便，耐高温、耐酸碱、导热系数小，因此被广泛应用于各种绝热工程。水泥膨胀珍珠岩制品与其他保温材料的比较如表13-2所示。

水泥膨胀珍珠岩制品与其他保温材料的比较 表13-2

制品名称	表观密度（kg/m³）	使用温度（℃）	导热系数［W/（m·K）］
水泥珍珠岩制品	320	600	0.065
水泥蛭石制品	420	600	0.104
硅藻土制品	450～500	900	0.099
粉煤灰泡沫混凝土	450	350	0.100

5）膨胀蛭石及其制品

蛭石是一种层状的含水镁铝硅酸盐矿物，外形似云母，多由黑云母经热液蚀变或化学风化等作用次生形成。因其受热膨胀时呈挠曲状，形态酷似水蛭，故称蛭石。膨胀蛭石是由天然矿物蛭石，经烘干、破碎、焙烧（850～1000℃），在短时间内体积急剧膨胀（6～20倍），而成的一种金黄色或灰白色的颗粒状材料，具有表观密度轻、导热系数小、防火、防腐、化学性能稳定、无毒无味等特点，因而是一种优良的保温、隔热建筑材料。

作为轻质保温绝热吸声材料，膨胀蛭石及其制品被广泛应用于工业与民用建筑、热工设备以及各种管道的保温绝热、隔声，也用于冷藏设施的保冷中。与膨胀珍珠岩相同，它除与水泥、水玻璃以及合成树脂、沥青等胶结材料制成各种制品外，也可以作为散料，用作保温绝热填充材料、现浇水泥蛭石保温层、膨胀蛭石灰浆以及配制膨胀蛭石混凝土、制作膨胀蛭石复合材料等。

6）泡沫玻璃

泡沫玻璃是以玻璃碎料和发泡剂配制成的混合物经高温煅烧而得到的一种内部多孔的块状绝热材料。玻璃质原料在加热软化或熔融冷却时，具有很高的黏度，此时引入发泡剂，体系内有气体产生，使黏流体发生膨胀，冷却固化后，便形成微孔结构。泡沫玻璃具有均匀的微孔结构，孔隙率高达 $80\%\sim90\%$，孔径尺寸一般为 $0.1\sim5mm$，且多为封闭气孔，因此，具有良好的防水抗渗性、不透气性、耐热性、抗冻性、防火性和耐腐蚀性。

大多数绝热材料都具有吸水透湿性，因此随着时间的增长，其绝热效果也会降低，而泡沫玻璃由于其基质为玻璃，故不吸水。又由于绝热泡沫玻璃内部是封闭的，故其既不存在毛细现象，也不会渗透，仅表面附着残留水分，因此导热系数长期稳定，不因环境影响发生改变，实践证明，泡沫玻璃在使用 20 年后，其性能没有任何改变。且使用温度较宽，其工作温度一般在 $-200\sim430℃$，这也是其他材料无法替代的。

2. 有机保温绝热材料

1）泡沫塑料

泡沫塑料是高分子化合物或聚合物的一种，以各种树脂为基料，加入各种辅助料经加热发泡制得的轻质、保温、隔热、吸声、防震材料。它保持了原有树脂的性能，并且同塑料相比，具有表观密度小、导热系数低、防震、吸声、耐腐蚀、耐霉变、加工成型方便、施工性能好等优点。泡沫塑料按其泡孔结构可分为闭孔、开孔和网状泡沫塑料三类；按泡沫塑料的表观密度可分为低发泡、中发泡和高发泡泡沫塑料；按泡沫塑料的柔韧性可分为软质、硬质和半硬质泡沫塑料；按燃烧性能可分为自熄性和非自熄性；按塑料种类可分为热塑性和热固性塑料。

目前我国生产的有聚苯乙烯、聚氯乙烯、聚氨酯及脲醛树脂等泡沫塑料。通过选择不同的发泡剂和加入量，可以制得孔隙率不同的发泡材料，以适应不同场合的应用。与国外相比，泡沫塑料用于建筑业我国目前刚刚起步，用作建筑保温时，常填充在围护结构中或夹在两层其他材料中间做成夹芯板，主要品种是钢丝网架夹芯复合内外墙板、金属夹芯板。随着我国节能降耗工作的深入开展，工业和建筑保温要求的逐渐提高，泡沫塑料的应用前景，将会异常广阔。

2）碳化软木板

碳化软木板是以一种软木橡树的外皮为原料，经适当破碎后再在模型中成型，在300℃左右热处理而成。由于软木树皮层中含有无数树脂包含的气泡，所以成为理想的保温、绝热、吸声材料，且具有不透水、无味、无毒等特性，并且有弹性，柔和耐用，不起火焰只能阴燃。

3）植物纤维复合板

植物纤维复合板是以植物纤维为主要材料加入胶结料和填料而制成。如木丝板是以木材下脚料制成的木丝，加入硅酸钠溶液及普通硅酸盐水泥混合，经成型 、冷压、养护、干燥而制成。甘蔗板是以甘蔗渣为原料，经过蒸制、加压、干燥等工序制成的一种轻质、吸声、保温材料。

3. 反射型保温绝热材料

我国建筑工程的保温绝热，目前普遍采用的是利用多孔保温材料和在围护结构中设置普通空气层的方法来解决。但在围护结构较薄的情况下，仅利用上述方法来解决保温隔热问题是较为困难的，反射型保温绝热材料为解决上述问题提供了一条新途径。如铝箔波形纸保温隔热板，它是以波形纸板为基层，铝箔作为面层经加工而制成的，具有保温隔热性能、防潮性能、吸声效果好，且质量轻、成本低，可固定在钢筋混凝土屋面板下及木屋架下作保温隔热顶棚用，也可以设置在复合墙体上，作为冷藏室、恒温室及其他类似房间的保温隔热墙体使用。常用绝热材料如表 13-3 所示。

常用绝热材料简表 表 13-3

名　　称	主要组成	导热系数 W/（m·K）	主要应用
硅 藻 土	无定形 SiO_2	0.060	填充料、硅藻土砖
膨胀蛭石	铝硅酸盐矿物	0.046～0.070	填充料、轻骨料
膨胀珍珠岩	铝硅酸盐矿物	0.047～0.070	填充料、轻集料
微孔硅酸钙	水化硅酸钙	0.047～0.056	绝热管、砖
泡沫玻璃	硅、铝氧化物玻璃体	0.058～0.128	绝热砖、过滤材料
岩棉及矿棉	玻 璃 体	0.044～0.049	绝热板、毡、管等
玻 璃 棉	钙硅铝系玻璃体	0.035～0.041	绝热板、毡、管等
泡沫塑料	高分子化合物	0.031～0.047	绝热板、管及填充
纤 维 板	木 材	0.058～0.307	墙壁、地板、顶棚等

13.2 吸 声 材 料

13.2.1 吸声材料的作用原理和基本要求

声音起源于物体的振动，发出声音的发声体称为声源。当声源振动时，使邻近空气随之振动并产生声波，通过空气介质向周围传播。当声波入射到建筑构件（如墙、顶棚）时，声能的一部分反射，一部分被传透，还有一部分由于构件的振动或声音在其内部传播时介质的摩擦或热传导而被损耗，通常称为材料的吸收。如图 13-1 所示，单位时间内入射到构件上的总声能为 E_0，反射声能为 E_r，透过构件的声能为 E_t，通常把材料吸收的能量（$E_a + E_t$）与全部声能的比值称为材料的吸声系数，用 α 表示，其表达式为

$$\alpha = \frac{E_a + E_t}{E_0} \qquad (13\text{-}1)$$

材料的吸声性能除与声波方向有关外，还与

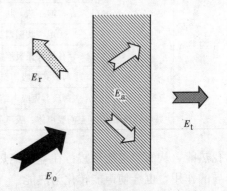

图 13-1 声能的反射、透射和吸收

声波的频率有着密切的关系，同一种材料对高、中、低不同频率声波的吸声系数有着较大的差异，故不能按同一频率的吸声系数来评定材料的吸声性能。为了全面地反映材料的吸声频率特性，工程上通常认为对 125、250、500、1000、2000、4000Hz 等 6 个频率的平均吸声系数大于 0.2 的材料称之为吸声材料。

一般来讲，坚硬、光滑、结构紧密的材料吸声能力差，反射能力强，如水磨石、大理石、混凝土、水泥粉刷墙面等；粗糙松软、具有互相贯穿内外微孔的多孔材料吸声能力好，反射性能差，如玻璃棉、矿棉、泡沫塑料、木丝板、半穿孔吸声装饰纤维板和微孔砖等。

13.2.2　影响多孔性材料吸声性能的因素

1. 材料内部孔隙率及孔隙特征

一般说来，相互连通的细小的开放性的孔隙其吸声效果好，而粗大孔、封闭的微孔对吸声性能是不利的，这与保温绝热材料有着完全不同的要求，同样都是多孔材料，保温绝热材料要求必须是封闭的不相连通的孔。

2. 材料的厚度

增加材料的厚度，可提高材料的吸声系数，但厚度对高频声波系数的影响并不显著，因而为提高材料的吸声能力盲目增加材料的厚度是不可取的。

3. 材料背后的空气层

空气层相当于增加了材料的有效厚度，因此它的吸声性能一般来说随空气层厚度增加而提高，特别是改善对低频的吸收，它比增加材料厚度来提高低频的吸声效果更有效。

4. 温度和湿度的影响

温度对材料的吸声性能影响并不很显著，温度的影响主要改变入射声波的波长，使材料的吸声系数产生相应的改变。

湿度对多孔材料的影响主要表现在多孔材料容易吸湿变形，滋生微生物，从而堵塞孔洞，使材料的吸声性能降低。

13.2.3　吸声材料的分类

吸声材料和吸声结构的种类很多，按其材料结构状况可分为如下几类，详见表 13-4。

吸声材料（结构）类型　　　　表 13-4

多孔吸声材料	纤维状	
	颗粒状	
	泡沫状	
结构类型 / 共振吸声结构	单个共振器	
	穿孔板共振吸声结构	
	薄板共振吸声结构	
	薄膜共振吸声结构	
特殊吸声结构	空间吸声体、吸声尖劈等	

13.2.4　常用吸声材料

1. 多孔吸声材料

多孔吸声材料的构造特征是：材料从表到里具有大量内外连通的微小间隙和连续气泡，有一定的通气性。这些结构特征和隔热材料的结构特征有区别，隔热材料要求封闭的微孔。当声波入射到多孔材料表面时，声波顺着微孔进入材料内部，引起孔隙内的空气的振动，由于空气与孔壁的摩擦、空气的黏滞阻力，使振动空气的动能不断转化成微孔热能，从而使声能衰减；在空气绝热压缩时，空气与孔壁间不断发生热交换，由于热传导的作用，也会使声能转化为热能。

凡是符合多孔吸声材料构造特征的，都可以当成多孔吸声材料来利用。目前，市场上出售的多孔吸声材料品种很多。有呈松散状的超细玻璃棉、矿棉、海草,麻绒等;有的已加工成毡状或板状材料,如玻璃棉毡、半穿孔吸声装饰纤维板、软质木纤维板、木丝板;另外还有微孔吸声砖、矿渣膨胀珍珠岩吸声砖、泡沫玻璃等,常见类型如表 13-5 所示。

多孔吸声材料基本类型   表 13-5

主要种类		常用材料举例	使 用 情 况
纤维材料	有机纤维材料	动物纤维:毛毡	价格昂贵,使用较少
		植物纤维:麻绒、海草	防火、防潮性能差,原料来源丰富
	无机纤维材料	玻璃纤维:中粗棉、超细棉、玻璃棉毡	吸声性能好,保温隔热,不自燃,防腐防潮,应用广泛
		矿渣棉:散棉、矿棉毡	吸声性能好,松散材料易下沉,施工扎手
	纤维材料制品	软质木纤维板、矿棉吸声板、岩棉吸声板、玻璃棉吸声板	装配式施工,多用于室内吸声装饰工程
颗粒材料	砌 块	矿渣吸声砖、膨胀珍珠岩吸声砖、陶土吸声砖	多用于砌筑截面较大的消声器
	板 材	膨胀珍珠岩吸声装饰板	质轻、不燃、保温、隔热、强度偏低
泡沫材料	泡沫塑料	聚氨酯及脲醛泡沫塑料	吸声性能不稳定,吸声系数使用前需实测
	其 他	泡沫玻璃	强度高、防水、不燃、耐腐蚀、价格昂贵,使用较少
		加气混凝土	微孔不贯通,使用较少
		吸声粉刷	多用于不易施工的墙面等处

2. 薄膜、薄板共振吸声结构

薄膜、薄板共振吸声结构,是由皮革、人造革、塑料薄膜等材料因具有不透气、柔软、受张拉时有弹性等特点,将其固定在框架上,背后留有一定的空气层,即构成薄膜共振吸声结构。某些薄板固定在框架上后,也能与其后面的空气层构成薄板共振吸声结构,当声波入射到薄膜、薄板结构时,声波的频率与薄膜、薄板的固有频率接近时,膜、板产生剧烈振动,由于膜、板内部和龙骨间摩擦损耗,使声能转变为机械运动,最后转变为热能,从而达到吸声的目的。由于低频声波比高频声波容易使薄膜、薄板产生振动,所以薄膜、薄板吸声结构是一种很有效的低频吸声结构。

3. 共振吸声结构

共振吸声结构又称共振器,它形似一个瓶子,结构中间封闭有一定体积的空腔,并通过有一定深度的小孔与声场相联系。当瓶腔内空气受到外力激荡时,空腔内的空气会按一定的共振频率振动,此时开口颈部的空气分子在声波作用下,像活塞一样往复振动,因摩擦而消耗声能,起到吸声的效果。如腔口蒙一层细布或疏松的棉絮,可有助于加宽吸声频率范围和提高吸声量。也可同时用几种不同共振频率的共振器,加宽和提高共振频率范围内的吸声量。

4. 穿孔板组合共振吸声结构

在各种穿孔板、狭缝板背后设置空气形成吸声结构，其实也属于空腔共振吸声结构，其原理同共振器相似，它们相当于若干个共振器并列在一起，这类结构取材方便，并有较好的装饰效果，所以使用广泛。穿孔板具有适合于中频的吸声特性。穿孔板还受其板厚、孔径、穿孔率、孔距、背后空气层厚度的影响，它们会改变穿孔板的主要吸声频率范围和共振频率；若穿孔板背后空气层还填有多孔吸声材料的话，则吸声效果更好。

5. 帘幕

纺织品中除了帆布一类因流阻很大，透气性差而具有膜状材料的性质以外，大都具有多孔材料的吸声性能，只是由于它的厚度一般较薄，仅靠纺织品本身作为吸声材料使用是得不到大的吸声效果。如果幕窗帘等离开墙面和窗玻璃有一定的距离，恰如多孔材料背后设置了空气层，尽管没有完全封闭，对中高频甚至低频的声波具有一定的吸声作用。

6. 空间吸声体

空间吸声体是一种悬挂于室内的吸声构造。它与一般吸声结构的区别在于它不是与顶棚、墙体等壁面组成吸声结构，而是自成体系。空间吸声体常用形式有平板状、圆柱状、圆锥状等，它可以根据不同的使用场合和具体条件，因地制宜地设计成各种形状，既能获得良好的声学效果，又能获得建筑艺术效果。

13.2.5 隔声材料

能减弱或隔断声波传递的材料称为隔声材料。人们要隔绝的声音按其传播途径可分空气声（由于空气的振动）和固体声（由于固体撞击或振动）两种。两者隔声的原理不同。

对空气声的隔绝，主要是依据声学中的"质量定律"，即材料的密度越大，越不易受声波作用而产生振动，因此，其声波通过材料传递的速度迅速减弱，其隔声效果越好。因此应选择密实、沉重的材料（如黏土砖、钢板、钢筋混凝土等）作为隔声材料，而吸声性能好的材料，一般为轻质、疏松、多孔材料不宜用作隔声材料。

对固体声隔绝的最有效措施是断绝其声波继续传递的途径。即在产生和传递固体声波的结构（如梁、框架与楼板、隔墙，以及它们的交接处等）层中加入具有一定弹性的衬垫材料，如软木、橡胶、毛毡、地毯或设置空气隔离层等，以阻止或减弱固体声波的继续传播。

思 考 题

1. 何谓绝热材料？评定绝热材料绝热性好坏的指标是什么？
2. 何谓材料的导热系数？影响材料导热系数大小的因素有哪些？
3. 绝热材料为什么总是轻质的？使用时为什么一定要注意防潮？
4. 试列举几种常用的绝热材料，并指出它们各自的用处。
5. 何谓吸声材料？材料的吸声系数是什么？
6. 影响多孔吸声材料吸声性能的因素有哪些？
7. 绝热材料与吸声材料在内部构造特征上有什么区别？
8. 吸声材料与隔声材料有何区别？试述隔绝空气声和固体撞击传声的处理原则。
9. 试列举几种常用的吸声材料和吸声结构。

14 建筑与装饰材料试验

14.1 天然饰面石材试验

14.1.1 试验依据

《天然饰面石材试验方法》GB/T 9966

14.1.2 天然饰面石材干燥、水饱和及冻融循环后的压缩强度试验

1. 主要仪器

材料试验机：具有球形支座并应保证一定的加荷速率，示值相对误差不超过±1%，试样破坏的最大负荷在量程的 20%～90% 范围内。

游标卡尺：读数值为 0.10mm。

2. 试样

制作尺寸为 50mm 的立方体试样，尺寸偏差±0.5mm。每种试验条件下的试样取五个为一组。若进行干燥、水饱和、冻融循环后的垂直和平行层理的压缩强度试验需制备试样 30 个。

试样应标出岩石层理方向。

试样两个受力面应平行、光滑，相邻面夹角应为 90°±0.5°。

试样不允许掉棱、掉角和有可见的裂纹。

3. 试验步骤

1) 干燥状态压缩强度

(1) 试样处理：将试样在 105±2℃ 的烘箱内干燥 24h，再放入干燥器中冷却到室温。

(2) 测量试样受力面的边长并计算面积。

(3) 将试样放置在材料试验机下压板的中心部位，以每秒钟 1500±100N 的速率施加负荷，直至试样破坏，读出试样破坏时的最大负荷值。

2) 水饱和状态压缩强度

(1) 试样处理：将试样放在 20±2℃ 的水中，浸泡 48h，从水中取出，用拧干后的湿毛巾将试样表面水分擦去。

(2) 面积计算及试验方法同干燥状态压缩强度试验。

3) 冻融循环后压缩强度

(1) 试样处理：试样用清水洗干净，先在 20±2℃ 的水中浸泡 48h。然后将试样在 -20±2℃ 的冷冻箱中冻 4h，取出在流动的水中放置 4h 为一次冻融。反复冻融 25 次后用拧干后的湿毛巾将试样表面水分擦去。

(2) 面积计算及试验方法同干燥状态压缩强度试验。

4. 计算

压缩强度按下式计算：

$$P = \frac{F}{S}$$

式中　P——压缩强度（MPa）；

　　　F——破坏荷载（N）；

　　　S——试样受力面面积（mm²）。

5. 结果评定

计算试样不同层理的算术平均值作为该条件下的压缩强度。

14.1.3　弯曲强度试验

1. 主要仪器

材料试验机：示值相对误差不超过±1%。试样破坏的最大负荷在材料试验机刻度的20%～90%范围内。

游标卡尺：精度为0.10mm。

2. 试样

试样厚度（H）可按实际情况确定。当试样厚度（H）≤68mm时宽度为100mm；当试样厚度＞68mm时宽度为1.5H。试样长度为10×H+50mm。长度尺寸偏差±1mm，宽度、厚度尺寸偏差±0.3mm。每种试验条件下的试样取五个为一组。如对干燥、水饱和条件下垂直和平行层理的弯曲强度试验应制备20个试样。

试样应标出岩石层理方向。

试样两个受力面应平整且平行。正面与侧面夹角应为90°±0.5°。试样不得有裂纹、缺棱和缺角。

3. 试验步骤

1）干燥状态弯曲强度

将试样放在105±2℃的烘箱内干燥24h，再放入干燥器内冷却至室温。

调节支座之间的距离为标准值，把试样放在支架上，施加负荷以每分钟1800±50N的速率直至试样断裂，读出断裂时的负荷值。

2）水饱和状态弯曲强度

将试样放在20℃±2℃的清水中浸泡48h后取出，用拧干的湿毛巾擦去试样表面水分，立即进行试验。调节支座距离及试验方法同干燥状态弯曲试验。

4. 计算

弯曲强度按下式计算：

$$P_w = \frac{3FL}{2KH^2}$$

式中　P_w——试样的弯曲强度（MPa）；

　　　F——试样断裂荷载（N）；

　　　L——支点间距离（mm）；

　　　K——试样宽度（mm）；

　　　H——试样高度（mm）。

5. 试验结果

计算试样不同层理的算术平均值作为弯曲强度。

14.1.4 耐磨性试验

1. 原理

试样在耐磨试验机上，在一定的压力下，经过规定研磨时间、转数，称其磨前磨后质量，计算单位面积磨耗量。

2. 主要仪器

试验机：道瑞式耐磨试验机。

标准砂、天平、烘箱等。

3. 试样

制作直径为 25±0.5mm，长 60±1mm 的圆柱体试样。有层理的试样，垂直与平行层理方向各取 4 个；没有层理试样取 4 个。

4. 试验步骤

1）将试样放入 105±2℃烘箱中干燥 24h。取出后冷却至室温立即进行称量（精确到 0.01g）。

2）将称量过的试样装到耐磨机上，每个卡具重量为 1250g，圆盘转 1000 转完成一次试验，其余按仪器操作说明进行试验。试验完将试样取下，用刷子刷去粉末，称量磨后质量（精确到 0.01g）。

3）用游标卡尺测量试样受磨端互相垂直的两个直径，用平均值求受磨面积。

5. 结果评定

耐磨率按下式计算：

$$M = \frac{m_0 - m_1}{A},$$

式中　M——耐磨性（g/cm^2）；

　　m_0——磨前质量（g）；

　　m_1——磨后质量（g）；

　　A——试样的受磨面积（cm^2）。

计算试样不同层理耐磨性的算术平均值，作为该条件下的试样耐磨性。

14.1.5 耐酸性试验

1. 原理

观察试样在二氧化硫气氛中经一定时间表面光泽度及其他特性的变化。

2. 试剂和仪器

1）试剂

硫酸：化学纯。

无水亚硫酸钠：化学纯。

2）主要仪器

反应器：容积为 $0.02m^3$，深度 250mm 的具有磨口盖的玻璃方缸；距上口和底 20～30mm 处各有一气口，内装试样架。

天平：最大称量 200g，感量 10mg。

烘箱：温度可控制在 105±2℃范围内。

3. 试样

制作尺寸为 80mm×60mm×20mm 的两面或一面抛光的试样。

有层理的试样，平行和垂直层理方向的试样各取 4 块；没有层理的取 4 块，其中 3 块作耐酸试验用，1 块留作对比用，测量并记录各块试样的光泽度。

4. 试验步骤

（1）将试样置于 105 ± 2℃烘箱内，干燥 24h，取出，放入干燥器内冷却至室温，称量质量（m_0）。

（2）根据以下反应产生二氧化硫，将二氧化硫通入去离子水中制成二氧化硫溶液。

$$Na_2SO_3 + H_2SO_4 \rightarrow Na_2SO_4 + H_2O + SO_2 \uparrow$$

$$SO_2 + H_2O \leftrightarrow H_2SO_3$$

（3）反应容器中注入 1900mL 去离子水，放入试样架，试样以相隔 10mm 的距离依次放在架上，盖上容器盖。

（4）由下口通入二氧化硫气于水中，通入约 100g 的二氧化硫气，关闭下口，在室温下放置 14d。

（5）取出试样，并观察表面变化。

（6）烘干，冷却至室温，称量（m_1）。

（7）按以上步骤更换新的二氧化硫溶液，再放置 14d。取出，观察表面变化。烘干，冷却至室温，称量（m_2）。

5. 计算

14d 后相对质量变化 $[m_{14}（\%）]$ 及 28d 后相对质量变化 $[m_{28}（\%）]$ 按下式计算：

$$m_{14} = \frac{m_1 - m_0}{m_0} \times 100\%$$

$$m_{28} = \frac{m_2 - m_0}{m_0} \times 100\%$$

式中　m_0——未经酸腐蚀的试样质量（g）；

　　　m_1——经酸腐蚀 14d 后的质量（g）；

　　　m_2——经酸腐蚀 28d 后的质量（g）。

6. 试验结果

报告出 m_{14}、m_{28} 的算术平均值。

报告出光泽度及其他特性的变化。

14.2　水　泥　试　验

本试验方法适用于通用硅酸盐水泥。

14.2.1　试验依据

《通用硅酸盐水泥》GB 175—2007

《水泥取样方法》GB 12573—2008

《水泥细度检验方法（筛析法）》GB 1345—2005

《水泥标准稠度用水量、凝结时间、安定性检验方法》GB 1346—2011

《水泥胶砂强度检验方法（ISO 法）》GB/T 17671—1999

14.2.2　水泥试验的一般规定

取样方法：

（1）散装水泥：按同一生产厂家、同一品种、同一强度等级、同一批号且连续进场总质量不超过 500t 的水泥为一批，取样应有代表性，可从 20 个以上的不同部位取等量样品，经混拌均匀后不得少于 12kg。

（2）袋装水泥：按同一生产厂家、同一品种、同一强度等级、同一批号且连续进场总质量不超过 200t 的水泥为一批，取样应有代表性，随机抽取不少于 20 袋，取等量样品，经混拌均匀后不得少于 12kg。

（3）取得的试样应充分拌匀，分成两等份，一份进行水泥各项性能试验，一份密封保存 3 个月，供作仲裁检验时使用。试验前，将水泥通过 0.9mm 方孔筛，并记录筛余百分率及筛余物情况。

（4）试验室用水必须是洁净的淡水。

（5）试验室的温度应保持在 20±2℃，相对湿度大于 50％；湿气养护箱温度为 20±1℃，相对湿度大于 90％；养护池水温为 20±1℃。

水泥试样、标准砂、拌合水、仪器和用具的温度均应与试验室温度相同。

14.2.3 水泥细度检验

水泥细度检验分为筛析法和比表面积法。比表面积法适合用于硅酸盐水泥和普通硅酸盐水泥，筛析法适合用于其他各种水泥。

1. 筛析法：

细度检验可采用负压筛析法、水筛法和手工干筛法。在检验工作中，如负压筛法与水筛法或手工干筛法测定结果发生争议时，以负压筛法为准。

1）负压筛析法

（1）主要仪器

负压筛析仪　负压筛析仪由筛座、负压源及收尘器组成，其中筛座由转速为 30±2r/min 的喷气嘴、负压表、控制板、微电机及壳体等构成。筛析仪负压可调范围为 4000～6000Pa。

负压筛　负压筛筛网采用边长为 0.080mm 或 0.045mm 的方孔铜丝筛布制成。

（2）试验步骤

筛析试验前，应把负压筛放在筛座上，盖上筛盖，接通电源，检查控制系统，调节负压至 4000～6000Pa 范围内。

试验时，80μm 筛析试验称取试样 25g，45μm 筛析试验称取试样 10g。称取试样精确至 0.01g，置于洁净的负压筛中，盖上筛盖并放在筛座上，开动筛析仪连续筛析 2min，在此期间如有试样附着在筛盖上，可轻轻地敲击，使试样落下。筛毕，用天平称量筛余物的质量。

当工作负压小于 4000Pa 时，应清理吸尘器内水泥，使负压恢复正常。

2）水筛法

（1）主要仪器

水筛　筛网采用边长 0.080mm 的方孔铜丝筛布。

喷头、水筛架、天平等。

（2）试验步骤

筛析试验前，应检查水中无泥、砂，调整好水压及水筛架的位置，使其能正常运转。喷头底面和筛网之间距离为 35～75mm。

称取试样的规定同负压筛析法。将试样置于洁净的水筛中，立即用淡水冲洗至大部分细粉通过后，放在水筛架上，用水压为 0.05 ± 0.02MPa 的喷头连续冲洗 3min。筛毕，用少量水把筛余物冲至蒸发皿中，等水泥颗粒全部沉淀后，小心倒出清水，烘干并用天平称量筛余物的质量。

3）手工筛法。

（1）称取烘干的水泥试样 50g，置于干筛内，盖上筛盖，用一只手执筛往复摇动，另一只手轻轻拍打，拍打速度每分钟约 120 次，每 40 次向同一方向转动 60，使试样均匀分布在筛网上，直至每分钟通过的试样量不超过 0.03g 为止。

（2）筛毕，用天平称量全部筛余物的质量，精确至 0.01g。

4）试验结果

水泥试样筛余百分数按下式计算：

$$F = \frac{R_s}{W} \times 100\%$$

式中　F——水泥试样的筛余百分数（%）；

R_s——水泥筛余物的质量（g）；

W——水泥试样的质量（g）。

结果计算至 0.1%。

2. 比表面积法（GB/T 8074—2008《水泥比表面积测定方法　勃氏法》）

水泥比表面积测定原理是以一定量的空气，透过具有一定空隙率和一定厚度的压实粉层时所受阻力不同而进行测定的。并采用已知比表面积的标准物料对仪器进行校正。

图 14-1　勃氏比
表面积透气仪

1）主要仪器设备

（1）勃氏比表面积透气仪（如图 14-1 所示）。

（2）分析天平：分度值为 0.001g。

（3）烘箱。

（4）秒表：精确至 0.5s。

2）试验步骤

（1）首先用已知密度、比表面积等参数的标准粉对仪器进行校正，用水银排代法测粉料层的体积，同时须进行漏气检查。

（2）根据所测试样的密度和试料层体积等计算出试样量，称取烘干备用的水泥试样（精确至 0.1g），制备粉料层。

（3）进行透气试验，开动抽气泵，使比表面仪压力计中液面上升到一定高度，关闭旋塞和气泵，记录压力计中液面由指定高度下降至一定距离时的时间 T（s），同时记录试验温度。

3）试验结果计算

当试验时温差≤3℃，且试样与标准粉具有相同的孔隙率时，水泥比表面积 S 可按下式计算（精确至 $10\mathrm{cm^2/g}$）：

$$S = \frac{S_s \sqrt{T}}{\sqrt{T_s}}$$

式中　S——水泥比表面积，$\mathrm{cm^2/g}$；

T——水泥试样在透气试验中测得的时间，s；

T_s——标准粉在透气试验中测得的时间，s；

S_S——标准粉的比表面积，cm²/g。

水泥比表面积应由两次试验结果的平均值确定，如两次试验结果相差 2% 以上时，应重新试验。

14.2.4 水泥标准稠度用水量的测定

1. 主要仪器

1）水泥净浆搅拌机 净浆搅拌机主要由搅拌锅、搅拌叶片、传动机构和控制系统组成，搅拌叶片在搅拌锅内作旋转方向相反的公转和自转。

2）标准法维卡仪 如图 14-2，包括试杆、试针与试模。滑动部分的总质量为 300±

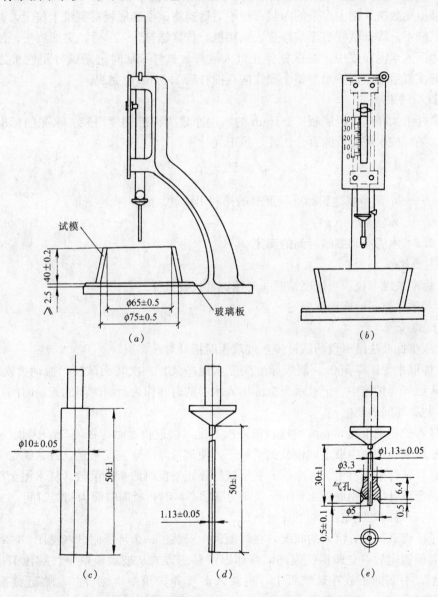

图 14-2 测定水泥标准稠度和凝结时间的维卡仪

(a) 测初凝时间时用试模正位测视图；(b) 终凝时间测定时把模子
翻过来的正视图；(c) 标准稠度试杆；(d) 初凝针；(e) 终凝针

1g。滑动杆表面应光滑,能靠重力自由下落,不得有紧涩和旷动现象。

2. 试验步骤

1)调整试杆接触玻璃板时指针对准零。

2)用水泥净浆搅拌机搅拌,搅拌锅和搅拌叶片先用湿布擦过,将拌合水倒入搅拌锅内,然后在5~10s内小心将称好的500g水泥加入水中,防止水和水泥溅出;拌合时,先将锅放在搅拌机的锅座上,升至搅拌位置,启动搅拌机,低速搅拌120s,停15s,同时将叶片和锅壁上的水泥浆刮入锅中间,接着高速搅拌120s停机。

3)拌合结束后,立即将拌制好的水泥净浆装入已置于玻璃板上的试模中,用小刀插捣,轻轻振动数次,刮去多余的净浆;抹平后迅速将试模和底板移到维卡仪上,并将其中心定在试杆下,降低试杆直至与净浆表面接触,拧紧螺钉1~2s后,突然放松,使试杆垂直自由地沉入水泥净浆中。在试杆停止沉入或释放试杆30s时记录试杆距底板之间的距离。提起试杆后,立即擦净。整个操作应在搅拌后1.5min内完成。

3. 试验结果

以试杆沉入净浆并距底板6±1mm的水泥净浆为标准稠度净浆。水泥的标准稠度用水量P(%)按水泥质量的百分比计,按下式计算:

$$P = \frac{m_1}{m_2} \times 100\%$$

式中 m_1——水泥净浆达到标准稠度时的拌和用水量(g);

    m_2——水泥质量(g)。

14.2.5 水泥净浆凝结时间的测定

1. 主要仪器

1)标准法维卡仪:测定凝结时间时用试针代替试杆。

2)其他仪器同标准稠度测定。

2. 试验步骤

1)调整标准法维卡仪的试针接触玻璃板时指针对准零点。

2)称取水泥试样500g,制成标准稠度水泥净浆。一次装满试模,振动数次后刮平,立即放入湿气养护箱中。记录水泥全部加入水中的时间作为凝结时间的起始时间。

3)初凝时间的测定:

试件养护至加水后30min时进行第一次测定,临近初凝时,每隔5min测定一次。测定时,从湿气养护箱中取出试模放到试针下,使试针与净浆表面接触,拧紧螺钉1~2s后突然放松,试针垂直自由沉入净浆。观察试针停止下沉时的指针读数。从水泥全部加入水时刻起,至试针沉至距底板4±1mm(即初凝状态)时,所需时间为初凝时间,

4)终凝时间的测定:

为了准确观测试针沉入的状况,在终凝针上安装了一个环形附件(见图14-2e)。在完成初凝时间测定后,立即将试模连同浆体以平移的方式从玻璃板取下,翻转180°,直径大端向上,小端向下放在玻璃板上,再放入湿气养护箱中继续养护。临近终凝时每隔15min测定一次,当试针沉入试体0.5mm时,即环形附件开始不能在试体上留下痕迹时,为水泥达到终凝状态,所需时间为终凝时间。

5)注意事项

在最初测定操作时应轻轻扶持金属柱，使其徐徐下降，以防试针撞弯，但结果以自由下落为准；在整个测试过程中试针沉入的位置至少要距试模内壁 10mm，每次测定不能让试针落入原针孔，每次测试完毕须将试针擦净，并将试模放回湿气养护箱内。整个测试过程要防止试模受振。到达初凝或终凝时应立即重复测一次，当两次结论相同时才能定为到达初凝或终凝状态。初凝时间和终凝时间都用"min"来表示。

14.2.6 水泥安定性的测定

安定性试验可以用饼法，也可以用雷氏法，有争议时以雷氏法为准。

1. 主要仪器

水泥净浆搅拌机　同标准稠度用水量所用水泥净浆搅拌机。

沸煮箱　有效容积为 410mm×240mm×310mm，能在 30±5min 内将箱内水由室温加热至沸腾，并在不需要补充水的情况下保持沸腾状态 3h。

雷氏夹　由铜质材料制成，形状如图 14-3。当用 300g 砝码校正时，两根针的针尖距离增加应在 17.5±2.5mm 范围内，如图 14-4。

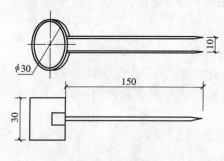

图 14-3　雷氏夹

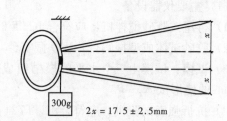

$2x = 17.5 \pm 2.5\text{mm}$

图 14-4　雷氏夹校正图

雷氏夹膨胀测定仪　如图 14-5 所示，标尺最小刻度为 0.5mm。

2. 试验步骤

（1）称取水泥试样 500g，按标准稠度用水量制成标准稠度净浆。

（2）试饼法

采用试饼法时，将制好的净浆取出一部分，分成两等份，使之呈球形，放在预先涂过油的玻璃板上，轻轻振动玻璃板使水泥浆摊开，并用湿布擦过的小刀由边缘向中央抹动，做成直径 70～80mm，中心厚约 10mm，边缘渐薄，表面光滑的试饼，接着将试饼放入湿气养护箱内养护 24±2h。

从养护箱中取出试饼，脱去玻璃板，并检查试饼是否完整。在试饼无缺陷的情况下将试饼放在沸煮箱的箅板上。调好水位，在 30±5min 内加热至沸腾并保持 3h±5min。

沸煮结束，放掉热水，冷却至室温。目测

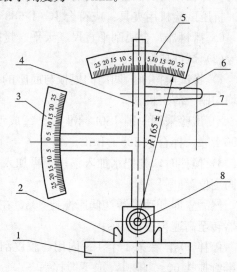

图 14-5　雷氏夹膨胀测定仪

1—底座；2—模子座；3—测弹性标尺；
4—立柱；5—测膨胀值标尺；6—悬臂；
7—悬丝；8—弹簧顶钮

未发现裂缝，用直尺检查也没有弯曲，表明安定性合格，反之为不合格。如两个试饼判别结果相矛盾时，也判为不合格。

（3）雷氏法

采用雷氏法时，将雷氏夹放在已涂过油的玻璃板上，用制好的净浆装满雷氏夹模内，轻轻扶持试模，用宽约 25mm 的直边刀在浆体表面轻轻插捣 3 次然后抹平，盖上稍涂油的玻璃板，立即将雷氏夹放入湿气养护箱中养护 24±2h。

养护结束后先测量两指针尖端之间的距离（A），精确至 0.5mm，然后将雷氏夹放入沸煮箱水中的算板上，两根指针朝上。在 30±5min 内加热至沸腾，并恒沸 3h±5min。

沸煮结束，放掉热水，打开箱盖，冷却至室温后取出雷氏夹试件，再次测量雷氏夹两指针尖端间的距离（C），精确至 0.5mm。

计算两次测量指针尖端之间距离的差值（C-A）。当两个试件沸煮后增加距离（C-A）的平均值不大于 5.0mm 时，表明安定性合格，当两个试件的（C-A）值相差超过 5.0mm 时，应用同一样品立即重做一次试验。以复检结果为准。

14.2.7 水泥胶砂强度试验

（1）主要仪器设备

1）行星式胶砂搅拌机：应符合 JC/T 681 的要求。

2）胶砂试体成型振实台（ISO 振实台）：应符合 JC/T 682 的要求。

3）试模：试模由三个水平的模槽组成，可同时成型三条截面为 40mm×40mm、长 160mm 的棱形试体。

4）抗折强度试验机：应符合 JC/T724 的要求。

5）抗压试验机和抗压夹具：

抗压强度试验机：最大荷载以 200～300kN 为佳，具有按 2400±200N/s 速率加荷的能力，并在较大的五分之四量程范围内有±1%的荷载记录精度。

抗压试验机用夹具：应符合 JC/T 683 的要求，受压面积为 40mm×40mm。

6）播料器、金属刮平直尺、天平、量筒等。

（2）试件成型

1）将试模擦净，四周的模板与底座的接触面上应涂黄油，紧密装配，防止漏浆，内壁均匀刷一薄层机油。

2）试验采用中国 ISO 标准砂。每成型一联三条试件需称取水泥 450±2g，标准砂 1350±5g，拌合水 225±1mL。

3）搅拌时，先把水加入锅里，再加入水泥，把锅放在胶砂搅拌机的固定架上，上升至固定位置。

然后立即开动机器，低速搅拌 30s，在第二个 30s 开始的同时均匀地将砂子加入。把机器转至高速再搅拌 30s。

停拌 90s，在第 1 个 15s 内用一胶皮刮具将叶片和锅壁上的胶砂刮入锅中间，在高速下继续搅拌 60s。停机，取下搅拌锅。

各个搅拌阶段，时间误差应在±1s 以内。

4）胶砂制备后立即进行成型。将空试模和模套固定在振实台上。用一个适当的勺子直接从搅拌锅里将胶砂分两层装入试模。装第一层时，每个槽里约放 300g 胶砂，用大播料器垂直架在模套顶部,沿每个模槽来回一次将料层播平,振实 60 次。再装入第二层胶砂,用小播料器播平,再振实 60 次。

移走模套,取下试模,用一金属刮平尺以近似 90°的角度架在试模顶的一端,然后沿试模长度方向以横向锯割动作慢慢向另一端移动,一次将超过试模部分的胶砂刮去,并用同一直尺在近乎水平的情况下将试件表面抹平。

5)在试模上作标记后放入湿气养护箱养护。

(3)脱模与养护

1)试体的养护:将试模放入雾室或湿箱的水平架子上养护,湿空气应能与试模周边接触,不应将试模放在其他试模上,一直养护到规定的脱模时间时取出脱模。

2)脱模前用防水墨汁或颜料对试体进行编号和做其他标记(两个龄期以上的试体,在编号时应将同一试模中的三条试体分在两个以上龄期内);脱模应非常小心,可用塑料锤或橡皮榔头或专门的脱模器,对于 24h 龄期的,应在破型试验前 20min 内脱模,对于 24h 以上龄期的,应在 20~24h 之间脱模;将做好标记的试体水平或垂直放在 (20±1)℃ 水中养护,水平放置时刮平面应朝上,养护期间试体之间间隔或试体上表面的水深不得小于 5mm。

(4)强度测定

试件龄期是从水泥加水搅拌开始试验时算起。不同龄期强度试验在下列时间里进行:24h±15min、48h±30min、72h±45min、7d±2h、>28d±8h。

1)抗折强度测定

取出试件擦干水分和砂粒,调整抗折机呈平衡状态。将试件一个侧面放在试验机支撑圆柱上,试件长轴垂直于支撑圆柱,以 50±10N/s 的速率均匀地将荷载垂直地加在棱柱体相对侧面上,直至折断。

抗折强度 R_f 按下式计算:

$$R_f = \frac{1.5F_f L}{b^3}$$

式中 F_f——折断时施加于棱柱体中部的荷载(N);
L——支撑圆柱之间的距离(mm);
b——棱柱体正方形截面的边长(mm)。

抗折强度以一组 3 个试件抗折强度测定值的算术平均值(精确至 0.1MPa)作为试验结果。当 3 个强度值中有超出平均值±10%时,应剔除后再取平均值作为抗折强度试验结果。

2)抗压强度测定

抗折试验后的六个断块试件应保持潮湿状态,并立即进行抗压强度测定。清除试件受压面与加压板间的砂粒杂物,以试件侧面作受压面,并将夹具置于压力机承压板中央。开动机器以 2400±200N/s 的速率均匀地加荷直至试件破坏。

抗压强度 R_c 按下式计算:

$$R_c = \frac{F_c}{A}$$

式中 F_c——破坏时的最大荷载(N);

A——受压部分面积（mm^2）（$40mm \times 40mm = 1600mm^2$）。

抗压强度以一组 3 个试件得到的 6 个抗压强度测定值的算术平均值（精确至 0.1MPa）作为试验结果。当 6 个测定值中有一个超出平均值的 $\pm 10\%$ 时，就应剔除这个结果，而以剩下五个的平均值作为试验结果；如果五个测定值中再有超过它们平均值 $\pm 10\%$ 的，则此组结果作废。

14.3 混凝土用砂、石试验

14.3.1 试验依据

《普通混凝土用砂、石质量及检验方法标准》JGJ 52—2006

14.3.2 取样方法及数量

砂或石的验收应按同产地、同规格分批进行。用大型工具（如火车、货船、汽车）运输的，以 400m³ 或 600t 为一验收批。用小型工具（如马车等）运输的，以 200m³ 或 300t 为一验收批。不足上述数量者以一批论。

在料堆上取样时，取样部分应均匀分布、取样前先将取样部位表层铲除。在砂料堆上，从各部位抽取大致相等的砂共 8 份，组成一组样品。在石料堆上，从不同部位抽取大致等量的石子 16 份组成一组样品。

从皮带运输机上取样时，应用与皮带等宽的接料器在皮带运输机机头出料处用全断面定时随机抽取大致等量的砂 4 份，石子为 8 份，组成一组试样。

试验时需按四分法分别缩取各项试验所需的数量。试样的缩分步骤是：将所取每组样品置于平板上，在潮湿状态下拌和均匀，并堆成厚度约为 20mm 的圆饼（砂）或圆锥体（石子），然后沿互相垂直的两条直径把圆饼或圆锥体分成大致相等的四份，取其对角的两份重新拌匀，再堆成圆饼或圆锥。重复上述过程，直至把样品缩分到试验所需量为止。

砂试样的缩分也可用分料器进行。将样品在潮湿状态下拌和均匀，然后通过分料器，取接料斗中的一份再次通过分料器。重复上述过程，直至把样品缩分到试验所需量为止。

14.3.3 砂的筛分析试验

1. 主要仪器

试验筛：公称直径分别为 10.0mm、5.00mm、2.50mm、1.25mm、$630\mu m$、$315\mu m$、$160\mu m$ 的方孔筛各一只，筛的底盘和盖各一只。

天平　称量 1000g，感量 1g。

鼓风烘箱　能使温度控制在 $105 \pm 5℃$。

摇筛机、浅盘和硬、软毛刷等。

2. 试验步骤

1）试样制备

试样先筛除公称粒径大于 10.0mm 的颗粒（并计算出其筛余百分率），分为每份不少于 550g 的两份，在 $105 \pm 5℃$ 下烘干至恒质量，冷却至室温后备用。

2）将套筛按孔径从大到小顺序叠合（附筛底），准确称取试样 500g，倒入最上面一只筛中，盖上筛盖。

3）将套筛置于摇筛机上（也可采用手摇），摇 10min 后取下。在洁净的浅盘上按筛孔从大到小顺序再逐个用手筛，筛至每分钟通过量小于试样总量的 0.1‰ 为止。通过的试样并入下一号筛中，并和下一号筛中的试样一起过筛，这样顺序进行，直至各号筛全部筛完为止。

4）试样在各筛上的筛余量均不得超过按下式计算出的剩留量，否则应将该筛的筛余试样分成两份或数份，再进行筛分，并以其筛余量之和作为该筛的筛余量。

$$m_r = \frac{A\sqrt{d}}{300}$$

式中　m_r——某一筛上的剩留量，g；

　　　A——筛的面积，mm^2；

　　　d——筛孔边长，mm。

5）称取各筛上的筛余量（精确至 1g），所有各筛的筛余量与筛底的量之和同原试样质量相比，相差不得超过 1%。

3. 结果计算与评定

1）分计筛余百分率：各号筛的筛余量除以试样总量的百分率（计算精确至 0.1%）。

2）累计筛余百分率：该号筛上的分计筛余百分率与大于该号筛的各筛上的分计筛余百分率之和（计算精确至 0.1%）。

3）根据各筛的累计筛余百分率，评定颗粒级配。

4）砂的细度模数按下式计算，精确至 0.01。

$$\mu_f = \frac{(\beta_2 + \beta_3 + \beta_4 + \beta_5 + \beta_6) - 5\beta_1}{100 - \beta_1'}$$

式中　　　　μ_f——砂的细度模数；

β_1、β_2、β_3、β_4、β_5、β_6——分别为公称直径 5.00mm、2.50mm、1.25mm、0.63mm、0.315mm、0.16mm 方孔筛上的累计筛余。

细度模数取两次试验结果的算术平均值，精确至 0.1；如两次试验的细度模数之差超过 0.20 时，须重新试验。

14.3.4 砂的表观密度试验

1. 主要仪器

天平、容量瓶、鼓风烘箱、干燥器、搪瓷盘、滴管、毛刷等。

2. 试验步骤

1）试样制备：将缩分至 650g 左右的试样在 105±5℃ 烘干至恒质量，在干燥器中冷却至室温。

2）称取试样 300g（精确至 1g）装入盛有半瓶冷开水的容量瓶，旋转摇动容量瓶，使砂样充分摇动，排除气泡，塞紧瓶盖，静置 24h。然后用滴管加水至瓶颈刻度线平齐，塞紧瓶塞，擦干瓶外水分，称出其质量（精确至 1g）。

3）倒出瓶内水和试样，洗净容量瓶，再向容量瓶内注入与上项温差不超过 2℃ 的冷开水至瓶颈刻度线，塞紧瓶塞，擦干瓶外水分，称出其质量（精确至 1g）。

3. 试验结果

砂的表观密度 ρ_0 按下式计算（精确至 $10kg/m^3$）：

$$\rho_0 = \left(\frac{m_0}{m_0 + m_2 - m_1}\right) \times \rho_水$$

式中 $\rho_\text{水}$——水的密度（$1000kg/m^3$）；

    m_0——烘干试样的质量（g）；

    m_1——试样、水及容量瓶的总质量（g）；

    m_2——水及容量瓶的总质量（g）。

表观密度取两次试验结果的算术平均值（精确至 $10kg/m^3$）；如两次试验结果之差大于 $20kg/m^3$，须重新试验。

14.3.5　砂的堆积密度试验

1. 主要仪器：

鼓风烘箱、天平、方孔筛（公称直径 5.00mm）、垫棒、直尺、漏斗或料勺、搪瓷盘、毛刷等。

容量筒：圆柱形金属筒，内径 108mm，净高 109mm，壁厚 2mm，筒底厚约 5mm，容积为 1L。

2. 试验步骤

1）试样制备

先用公称直径 5.00mm 的筛子过筛，然后取经缩分后的样品不少于 3L，装入浅盘，置于温度为（105±5）℃的烘箱中烘干至恒重，取出并冷却至室温，分成大致相等的两份备用。试样烘干后若有结块，应在试验前先予捏碎。

2）测定松散堆积密度

称取容量筒的质量 m_1（kg）。将试样通过漏斗，徐徐装入容量筒内（漏斗口距容量筒口 5cm），直到容器顶上形成锥形为止，用直尺将多余的材料沿容量筒口中心线向两个相反方向刮平，称取容量筒和材料总质量为 m_2（kg）。

3）测定紧密堆积密度

称取容量筒的质量 m_1（kg）。将试样分两层装入容量筒内。装完一层后，在筒底垫放一根直径为 10mm 钢筋，将筒按住，左右交替颠击地面各 25 下；然后再装入第二层，把所垫钢筋转 90°，同法颠实。加试样至超出容器口，用直尺沿容器口中心线向两个相反方向刮平，称取容器和材料总质量 m_2（kg）。

4）试验结果

松散堆积密度和紧密堆积密度 ρ'_0 均按下式计算（精确至 $10kg/m^3$）：

$$\rho'_0 = \frac{m_2 - m_1}{V'_0}$$

式中　m_1——容器质量（kg）；

    m_2——容器和试样总质量（kg）；

    V'_0——容器的容积（m^3）。

以两次试验结果的算术平均值作为松散堆积密度和紧密堆积密度测定的结果。

14.3.6　砂的含水率试验

1. 主要仪器

烘箱、天平、浅盘、烧杯等。

2. 试验步骤

由密封的样品中取各重 500g 的试样两份，分别放入已知质量的干燥容器（M_1）中称重，记下每盘试样与容器的总重（M_2）。将容器连同试样放入温度为（105±5）℃的烘箱中烘干至恒重，称量烘干后的试样与容器的总质量（M_3）。

3. 试验结果

砂的含水率按下式计算（精确至0.1%）：

$$w_{wc} = \frac{m_2 - m_1}{m_3 - m_1} \times 100\%$$

式中　w_{wc}——砂的含水率（%）；

m_1——容器质量（g）；

m_2——未烘干的试样与容器的总质量（g）；

m_3——烘干后的试样与容器的总质量（g）；

以两次试验结果的算术平均值作为测定值。

14.3.7　砂的含泥量试验

1. 主要仪器

鼓风烘箱　能使温度控制在105+5℃；

天平　称量1000g，感量0.1g；

方孔筛　筛孔公称直径为80μm及1.25mm的筛各一只；

容器　要求淘洗试样时，保持试样不溅出（深度大于250mm）；

搪瓷盘、毛刷等。

2. 试验步骤

1) 样品缩分至1100g，放在烘箱中于（105±5）℃下烘干至恒重，冷却至室温后，称取各为400g（m_0）的试样两份备用。

2) 取烘干的试样一份置于容器中，并注入饮用水，使水面高出砂面约150mm，充分拌匀后，浸泡2h；然后用手在水中淘洗试样，使尘屑、淤泥和黏土与砂粒分离，并使之悬浮或溶于水中。缓缓地将浑浊液倒入公称直径为1.25mm、0.08μm的方孔套筛（1.25mm筛放置于上面）上，滤去小于80μm的颗粒。试验前筛子的两面应预先用水润湿，在整个过程中应避免砂粒丢失。

3) 再次加水于容器中，重复上述过程，直到容器内洗出的水清澈为止。

4) 用水淋洗剩留在筛上的细粒，并将80μm筛放在水中（使水面略高出筛中砂粒的上表面）来回摇动，以充分洗除小于80μm的颗粒。然后将两只筛上剩留的颗粒和容器中已经洗净的试样一并装入浅盘，置于温度为（105±5）℃的烘箱中烘干至恒重，取出冷却至室温后，称取试样的质量（m_1）。

3. 结果计算与评定

砂中含泥量按下式计算，精确至0.1%：

$$\omega_c = \frac{m_0 - m_1}{m_0} \times 100\%$$

式中　ω_c——砂中含泥量（%）；

m_0——试验前的烘干试样质量（g）；

m_1——试验后的烘干试样质量（g）；

以两个试样结果的算术平均值作为测定值。两次结果之差大于0.5%时，应重新取样进行试验。

14.3.8 石子筛分析试验

1. 主要仪器

试验筛：公称直径分别为 100.0mm、80.0mm、63.0mm、50.0mm、40.0mm、31.5mm、25.0mm、20.0mm、16.0mm、10.0mm、5.00mm 和 2.50mm 的方孔筛各一只，筛的底盘和盖各一只。

台秤、鼓风烘箱、摇筛机、搪瓷盘、毛刷等。

2. 试验步骤

1）按规定取样，在烘箱中于（105±5）℃下烘干至恒重，待冷却至室温后备用。

2）将试样按筛孔大小顺序过筛，当每只筛上的筛余层厚度大于试样的最大粒径值时，应将该筛上的筛余试样分成两份，再次进行筛分，直至各筛每分钟的通过量不超过试样总量的0.1%；当筛余颗粒的粒径比公称粒径大 20mm 时，在筛分过程中允许用手指拨动颗粒。

3）称取各筛筛余的质量（精确至试样总质量的0.1%）；各筛的分计筛余量和筛底剩余量的总和与筛分前测定的试样总量相比，其相差不得超过1%。

3. 结果计算与评定

分计筛余百分率：各号筛的筛余量与试样总质量之比（计算精确至0.1%）。

累计筛余百分率：该号筛的分计筛余百分率加上该号筛以上各筛的分计筛余百分率之和（精确至1%）。如每号筛的筛余量与筛底的剩余量之和同原试样质量之差超过1%时，须重新试验。

根据各号筛的累计筛余百分率，评定该试样的颗粒级配。

14.3.9 石子的表观密度试验

1. 主要仪器

天平：称量5kg，感量5g，其型号及尺寸应能允许在臂上悬挂盛试样的吊篮，并在水中称重，如图 14-6 所示；

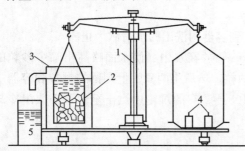

图 14-6 液体天平
1—5kg 天平；2—吊篮；3—带有溢流孔的
金属容器；4—砝码；5—容器

吊篮：直径和高度均为 150mm，由孔径为 1~2mm 的筛网或钻有 2~3mm 孔洞的耐锈蚀金属板制成；

盛水容器（有溢流孔）、烘箱、方孔筛（筛孔公称直径为 5.0mm）、温度计（0~100℃）、带盖容器、浅盘、刷子、毛巾等。

2. 试验步骤

1）试样制备：将试样筛除公称粒径 5.00mm 以下的颗粒，并缩分至规定的数量，冲洗干净后分成两份备用。

2）取试样一份装入吊篮，并浸入盛水的容器中，水面至少高出试样表面 50mm。

3）浸水 24h 后，移放到称量用的盛水容器中，并用上下升降吊篮的方法排除气泡（试样不得露出水面）。吊篮每升降一次约为 1s，升降高度为 30~50mm。

4）测定水温后（此时吊篮应全浸在水中），称取吊篮及试样在水中的质量 m_2（精确至 5g）。称量时盛水容器中水面的高度由容器的溢流孔控制。

5）提起吊篮，将试样置于浅盘中，在 $105\pm5℃$ 烘箱中烘干至恒质量。取出后放在带盖的容器中冷却至室温后，称其质量 m_0（精确至 5g）。

6）称量吊篮在同样温度的水中的质量 m_1（精确至 5g）。称量时盛水容器的水面高度仍应由溢流孔控制。

注：试验的各项称量可以在 $15\sim25℃$ 的温度范围内进行，但从试样加水静止的 2h 起至试验结束，其温度变化不应超过 2℃。

3. 试验结果

表观密度 ρ_0 按下式计算（精确至 $10kg/m^3$）：

$$\rho_0 = \left(\frac{m_0}{m_0+m_1-m_2}\right)\times \rho_水$$

式中　m_0——试样的烘干质量（g）；

　　　m_1——吊篮在水中的质量（g）；

　　　m_2——吊篮及试样在水中的质量（g）；

　　　$\rho_水$——水的密度，$1000kg/m^3$。

以两次试验结果的算术平均值作为测定值（精确至 $10kg/m^3$）。如两次结果之差值大于 $20kg/m^3$ 时，应重新取样进行试验。对颗粒材质不均匀的试样，如两次试验结果之差超过规定时，可取四次测定结果的算术平均值作为测定值。

14.3.10　石子的堆积密度试验

1. 主要仪器

磅秤、台秤、容量筒、垫棒、直尺、小铲等。

2. 试验步骤

1）试样制备

按规定的方法取样，烘干或风干后，拌匀分为大致相等的两份备用。

2）松散堆积密度

称取容量筒的质量 m_1（g）。取试样一份，置于平整干净的地板（或铁板）上，用平头铁锹铲起试样，使石子从容量筒口中心上方 50mm 处自由落入容量筒内。装满容量筒并除去凸出筒口表面的颗粒，并以合适的颗粒填入凹陷部分，使表面稍凸起部分和凹陷部分的体积大致相等，称取试样和容量筒的总质量 m_2（精确至 10g）。

3）紧密堆积密度

称量容量筒的质量 m_1（g）。取试样一份，分三层装入容量筒。装完一层后，在筒底垫放一根直径为 25mm 的圆钢，将筒按住并左右交替颠击地面各 25 次，再装入第二层。第二层装满后用同样方法颠实（但筒底所垫钢筋的方向与第一层放置方向垂直），然后装入第三层，如法颠实。再加试样直至超出筒口，用钢尺沿筒口边缘刮去高出的颗粒，并用合适的颗粒填平凹处，使表面稍凸起部分与凹陷部分的体积大致相等。称取试样和容量筒的总质量 m_2（精确至 10g）。

3. 试验结果

松散堆积密度或紧密堆积密度 ρ_0' 按下式计算（精确至 $10kg/m^3$）：

$$\rho'_0 = \frac{m_1 - m_2}{V'_0}$$

式中　m_1——容量筒和试样的总质量（g）；

　　　m_2——容量筒质量（g）；

　　　V'_0——容量筒的容积（L）。

堆积密度取两次试验结果的算术平均值（精确至 $10kg/m^3$）。

14.3.11　石子的含水率试验

1. 主要仪器

天平、烘箱、浅盘等。

2. 试验步骤

按规定数量取样，拌匀后分为大致相等的两份备用。

将试样置于干净的容器中，称取试样和容器的总质量（m_1），并在（105±5）℃的烘箱中烘干至恒重；取出试样，冷却后称取试样与容器的总质量（m_2），并称取容器的质量（m_3）。

3. 试验结果

含水率按下式计算，精确至 0.1%：

$$w_{wc} = \frac{m_1 - m_2}{m_2 - m_3} \times 100\%$$

式中　w_{wc}——含水率（%）；

　　　m_1——烘干前试样与容器的总质量（g）；

　　　m_2——烘干后试样与容器的总质量（g）；

　　　m_3——容器质量（g）。

以两次测定结果的算术平均值作为试验结果（精确至 0.1%）。

14.3.12　石子的含泥量试验

1. 主要仪器

鼓风烘箱　能使温度控制在 105+5℃；

台秤　称量 10kg，感量 1g；

方孔筛　筛孔公称直径为 1.25m 及 80μm 的筛各一只；

容器　要求淘洗试样时，保持试样不溅出；

搪瓷盘、毛刷等。

2. 试验步骤

1）将按规定方法抽取的试样缩分至略大于表 14-1 规定的数量，在烘箱中烘干至恒重，待冷却至室温后，分为大致相等的两份备用。

含泥量试验所需试样的最少质量　　　　　　　　　　表 14-1

最大公称粒径（mm）	10.0	16.0	20.0	25.0	31.5	40.0	63.0	80.0
试样最少质量（kg）	2.0	2.0	6.0	6.0	10.0	10.0	20.0	20.0

2）称取规定数量的干试样，倒入淘洗容器中，注入清水，使水面高于试样面约 150mm，充分搅拌后，浸泡 2h。

3）用手在水中淘洗试样，使尘屑、淤泥和黏土与石子颗粒分离，把浑水缓缓倒入公称直径为 1.25mm 及 80μm 的套筛上，滤去小于 80μm 的颗粒。

4）再向容器中注入清水，重复上一步骤，直到目测水清澈为止。

5）用水冲洗剩留在筛上的细粒，并将公称直径 80μm 的方孔筛放在水中（使水面略高出筛内颗粒）来回摇动，以充分洗除小于 80μm 的颗粒；然后将两只筛上剩留的颗粒和容器中已经洗净的试样一并装入浅盘，置于温度为（105±5）℃的烘箱中烘干至恒重。取出冷却至室温后，称取试样的质量。试验前筛子的两面应预先用水润湿，在整个过程中应避免大于 0.08mm 的颗粒丢失。

3. 结果计算与评定

含泥量按下式计算：

$$\omega_c = \frac{m_0 - m_1}{m_0} \times 100\%$$

式中　ω_c——含泥量（%）；

　　　m_0——试验前烘干试样的质量（g）；

　　　m_1——试验后烘干试样的质量（g）。

以两个试样试验结果的算术平均值作为测定值。两次结果之差大于 0.2% 时，应重新取样进行试验。

14.3.13　石子针片状颗粒含量试验

1. 主要仪器

针状规准仪与片状规准仪；

台秤：称量 10kg，感量 1g；

试验筛：筛孔公称直径分别为 5.00mm、10.0mm、20.0mm、25.0mm、31.5mm、40.0mm、63.0mm 和 80.0mm 的方孔筛各一只，根据需要选用。

2. 试验步骤

1）按规定取样，并将试样缩分至略大于表 14-2 规定的数量，烘干或风干后备用。

针状和片状颗粒的总含量试验所需试样的最少质量　　　　表 14-2

最大公称粒径（mm）	10.0	16.0	20.0	25.0	31.5	≥40.0
试样最少质量（kg）	0.3	1.0	2.0	3.0	5.0	10.0

2）称取上表规定数量的试样一份，精确至 1g，然后按表 14-3 规定的粒级进行筛分。

针状和片状颗粒的总含量试验的粒级划分及其相应的规准仪孔宽或间距　　　表 14-3

公称粒级（mm）	5.00~10.0	10.0~16.0	16.0~20.0	20.0~25.0	25.0~31.5	31.5~40.0
片状规准仪对应孔宽（mm）	2.8	5.1	7.0	9.1	11.6	13.8
针状规准仪对应间距（mm）	17.1	30.6	42.0	54.6	69.6	82.8

3）按上表规定的粒级分别用规准仪逐粒检验，凡颗粒长度大于针状规准仪上相应间距者，为针状颗粒；颗粒厚度小于片状规准仪上相应孔宽者，为片状颗粒。称出其质量，精确至 1g。

4）公称粒径大于 40mm 的碎石或卵石可用卡尺检验针片状颗粒。卡尺卡口的设定宽度应符合表 14-4 的规定。

公称粒径大于 40mm 用卡尺卡口的设定宽度　　　　表 14-4

公称粒级（mm）	40.0～63.0	63.0～80.0
片状颗粒的卡口宽度（mm）	18.1	27.6
针状颗粒的卡口宽度（mm）	108.6	165.6

3. 结果计算与评定

针片状颗粒含量按下式计算，精确至 1%：

$$\omega_P = \frac{m_1}{m_0} \times 100\%$$

式中　ω_P——针状和片状颗粒的总含量（%）；

m_0——试样总质量（g）；

m_1——试样中所含针状和片状颗粒的总质量（g）。

14.3.14　石子压碎指标值试验

1. 主要仪器

压力试验机　量程 300kN，示值相对误差 2%；

台秤　称量 10kg，感量 10g；

天平　称量 1kg，感量 1g；

试验筛：筛孔公称直径为 2.50mm、10.0mm 及 20.0mm 的方孔筛各一只。

受压试模、垫棒等。

2. 试验步骤

1）按规定取样，风干后筛除大于 20.0mm 及小于 10.0mm 的颗粒，并去除针片状颗粒，分为大致相等的三份备用。

2）称取试样 3000g，精确至 1g。将试样分两层装入圆模（置于底盘上）内，每装完一层试样后，在底盘下面垫放一直径为 10mm 的圆钢，将筒按住，左右交替颠击地面各 25 次，两层颠实后，平整模内试样表面，盖上压头。

3）把装有试样的模子置于压力机上，开动压力同，按 1kN/s 速度均匀加荷至 200kN 并稳荷 5s，然后卸荷。取下加压头，倒出试样，用公称直径 2.50mm 的筛筛除被压碎的细粒，称出留在筛上的试样质量，精确至 1g。

3. 结果计算与评定

压碎指标值按下式计算：

$$\delta_a = \frac{m_0 - m_1}{m_0} \times 100\%$$

式中　δ_a——压碎指标值（%）；

m_0——试样的质量（g）；

m_1——压碎试验后筛余的试样质量（g）。

压碎指标值取三次试验结果的算术平均值，精确至 1%。

<h1 style="text-align:center">14.4　普通混凝土性能试验</h1>

14.4.1　试验依据

《普通混凝土拌合物性能试验方法标准》（GB/T 50080—2002）。

《普通混凝土力学性能试验方法标准》(GB/T 50081—2002)。

14.4.2 混凝土拌合物取样及试样制备

1. 拌合物取样

混凝土拌合物试验用料应根据不同要求,从同一盘搅拌或同一车运送的混凝土中取出。取样量应多于试验所需量的 1.5 倍,且宜不小于 20L。

混凝土拌合物的取样应具有代表性。一般在同一盘混凝土或同一车混凝土中的约 1/4 处、1/2 处和 3/4 处之间分别取样,从第一次取样到最后一次取样不宜超过 15min,然后人工搅拌均匀。

从取样完毕到开始做各项性能试验不宜超过 5min。

2. 拌合物试样制备

在试验室制备混凝土拌合物时,试验室的温度应保持在 20±5℃,所用材料的温度应与试验室温度保持一致。

注:需要模拟施工条件下所用的混凝土时,所用原材料的温度宜与施工现场保持一致。

拌制混凝土的材料用量以质量计。称量精确度:水、水泥、掺合料、外加剂均为 ±0.5%,骨料为 ±1%。

按所定配合比备料,以全干状态为准。

主要仪器:搅拌机、磅秤、拌板、拌铲、量筒、天平、盛器等。

1) 人工拌合法

(1) 将拌板和拌铲用湿布润湿后,将砂倒在拌板上,然后加入水泥,用拌铲自拌板一端翻拌至另一端,然后再翻拌回来,如此反复,至充分混合,颜色均匀,再加上粗骨料,翻拌至混合均匀为止。

(2) 将干混合料堆成堆,在中间作一凹槽,将称量好的水,倒一半左右在凹槽中(勿使水流出),然后仔细翻拌,并徐徐加入剩余的水,继续翻拌,每翻拌一次,用铲在混合料上铲切一次,直至拌合均匀为止。

(3) 拌合时应动作敏捷,拌合时间从加水时算起,应大致符合下列规定:

拌合物体积为 30L 以下时,4~5min;

拌合物体积为 30~50L 时,5~9min;

拌合物体积为 51~75L 时,9~12min。

(4) 从试样制作完毕到开始做混凝土拌合物各项性能试验(不包括成型试件)不宜超过 5min。

2) 机械搅拌法

(1) 首先进行预拌。即用按配合比的水泥、砂和水组成的砂浆及少量石子,在搅拌机中进行涮膛,然后倒出并刮去多余的砂浆。目的是避免在正式拌合时影响拌合物的配合比。

(2) 开动搅拌机,依次加入石子、砂和水泥,先干拌均匀,再将水徐徐加入,全部加料时间不超过 2min,水全部加入后,继续拌合 2min。

(3) 将拌合物自搅拌机卸出,倾倒在拌板上,再经人工拌合 1~2min,应立即进行拌合物的各项性能试验。

14.4.3 混凝土拌合物和易性试验

1. 坍落度与坍落扩展度法

坍落度与坍落扩展度法适用于粗骨料最大粒径不大于 40mm、坍落度值不小于 10mm 的混凝土拌合物的和易性测定。

主要仪器：坍落度筒（如图 14-7*a*），捣棒（如图 14-7*b*），底板、钢尺、小铲等。

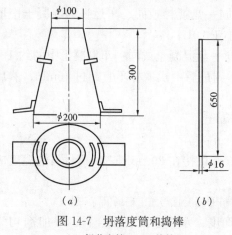

图 14-7　坍落度筒和捣棒
(*a*) 坍落度筒；(*b*) 捣棒

1）试验步骤

（1）湿润坍落度筒及其他用具，并把筒放在不吸水的刚性水平底板上。然后用脚踩住两边的脚踏板，使坍落度筒在装料时保持位置固定。

（2）把按要求取得或制备的混凝土试样用小铲分三层均匀地装入筒内，使捣实后每层高度为筒高的 1/3 左右。每层用捣棒插捣 25 次，插捣应沿螺旋方向由外向中心进行，各次插捣应在截面上均匀分布。插捣筒边混凝土时，捣棒可以稍稍倾斜。插捣时捣棒应贯穿本层至下一层的表面（或底面）。

浇灌顶层时，混凝土应灌到高出筒口。插捣过程中，如混凝土沉落到低于筒口，则应随时添加。顶层插捣完后，刮去多余的混凝土，并用抹刀抹平。

（3）清除筒边底板上的混凝土后，垂直平稳地提起坍落度筒。坍落度筒的提离过程应在 5～10s 内完成。

从开始装料到提坍落度筒的整个过程应不间断地进行，并应在 150s 内完成。

（4）提起坍落度筒后，测量筒高与坍落后混凝土试体最高点之间的高度差，即为该混凝土拌合物的坍落度值。

坍落度筒提离后，如混凝土发生崩坍或一边剪坏现象，则应重新取样另行测定。如第二次试验仍出现上述现象，则表示该混凝土和易性不好，应予记录备查。

（5）当混凝土拌合物的坍落度大于 220mm 时，用钢尺测量混凝土扩展后最终的最大直径和最小直径，若两个直径之差小于 50mm 时，取其算术平均值作为坍落扩展度值；否则，此次试验无效。

2）试验结果评定

（1）坍落度小于等于 220mm 时，拌合物和易性的评定：

① 稠度　用坍落度值表示（以"mm"为单位，结果表达精确至 5mm）。

② 黏聚性　用捣棒在已坍落的混凝土锥体侧面轻轻敲打，如锥体逐渐下沉，表示黏聚性良好；如锥体倒塌、部分崩裂或出现离析现象，则表示黏聚性不好。

③ 保水性　坍落度筒提起后如底部有较多稀浆析出，锥体部分的混凝土也因失浆而骨料外露，表明保水性不好；如无稀浆或仅有少量稀浆自底部析出，则表明保水性良好。

（2）坍落度大于 220mm 时，拌合物和易性的评定：

① 稠度　以坍落扩展度值表示（以"mm"为单位，结果表达精确至 5mm）。

② 抗离析性　提起坍落度筒后，如果拌合物在扩展的过程中，始终保持其匀质性，不论是扩展的中心还是边缘，粗骨料的分布都是均匀的，也无浆体从边缘析出，表明混凝土拌合物抗离析性良好；如果发现粗骨料在中央堆集或边缘有水泥浆析出，则表明混凝土

拌合物抗离析性不好。

2. 维勃稠度法

本方法适用于骨料最大粒径不大于 40mm，维勃稠度在 5～30s 之间的混凝土拌合物的稠度测定。

1）主要仪器

维勃稠度仪（如图 14-8），组成如下：

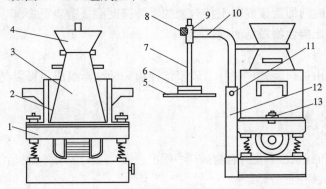

图 14-8　维勃稠度仪

1—振动台；2—容器；3—坍落度筒；4—喂料斗；5—透明圆盘；6—荷重；7—测杆；
8—测杆螺丝；9—套筒；10—旋转架；11—定位螺丝；12—支柱；13—固定螺丝

（1）振动台　台面长 380mm，宽 260mm，支承在四个减振器上。台面底部安有频率为 50±3Hz 的振动器。装有空容器时台面的振幅应为 0.5±0.1mm。

（2）容器　由钢板制成，内径为 240±5mm，高为 200±2mm，筒壁厚 3mm，筒底厚为 7.5mm。

（3）坍落度筒　同坍落度试验，但没有脚踏板。

（4）旋转架　与测杆及喂料斗相连。测杆下部安装有透明且水平的圆盘，并用测杆螺丝把测杆固定在套筒中。旋转架安装在支柱上，通过十字凹槽来固定方向，并用定位螺丝来固定其位置。就位后，测杆或喂料斗的轴线应与容器的轴线重合。

（5）透明圆盘　直径为 230±2mm，厚度为 10±2mm。荷重块直接固定在圆盘上。由测杆、圆盘及荷重块组成的滑动部分总质量应为 2750±50g。

捣棒、小铲、秒表等。

2）试验步骤

（1）把维勃稠度仪放置在坚实水平的地面上，用湿布把容器、坍落度筒、喂料斗内壁及其他用具润湿。

（2）将喂料斗提到坍落度筒上方扣紧，校正容器位置，使其中心与喂料斗中心重合，然后拧紧固定螺丝。

（3）把混凝土试样用小铲分三层经喂料斗均匀地装入筒内，装料及插捣的方法同坍落度试验。

（4）把喂料斗转离，垂直地提起坍落度筒，此时应注意不使混凝土试体产生横向扭动。

（5）把透明圆盘转到混凝土圆台体顶面，放松测杆螺丝，降下圆盘，使其轻轻接触到混凝土顶面。

（6）拧紧定位螺丝，并检查测杆螺丝是否已完全放松。

（7）在开启振动台的同时用秒表计时，当振动到透明圆盘的底面被水泥浆布满的瞬间停止计时，并关闭振动台。

3）试验结果

由秒表读出的时间即为该混凝土拌合物的维勃稠度值（精确至 1s）。

14.4.4　混凝土拌合物凝结时间试验

1. 主要仪器

贯入阻力仪　由加荷装置、测针、砂浆试样筒和标准筛组成。可以是手动的，也可以是自动的。

振动台、捣棒、秒表等。

2. 试验步骤

1）用 5mm 标准筛从混凝土拌合物试样中筛出砂浆，每次应筛净，然后将其拌合均匀。

2）制作三个试件：

将砂浆分别装入三个试样筒中。

坍落度不大于 70mm 的混凝土宜用振动台振实砂浆。振动应持续到表面出浆为止，不得过振。

坍落度大于 70mm 的混凝土宜用捣棒人工捣实。应沿螺旋方向由外向中心均匀插捣 25 次，然后用橡皮锤轻轻敲打筒壁，至插捣孔消失为止。

振实或插捣后，砂浆表面应低于试样筒口约 10mm；砂浆试样筒应立即加盖。

3）试样制备完毕，编号后应置于 20±2℃ 的环境中或施工现场同条件下待试，在整个测试过程中，环境条件不得改变，试样筒应始终加盖（吸取泌水或进行贯入试验除外）。

4）凝结时间的测定：

从水泥与水接触瞬间开始计时。

根据混凝土拌合物的性能，确定测针首次试验时间。一般情况下，基准混凝土在成型后 2~3h；掺早强剂的混凝土在 1~2h；掺缓凝剂的混凝土在 4~6h 后开始用测针测试。以后每隔 0.5h 测试一次，在临近初、终凝时可增加测定次数。

在每次测试前 2min，用一片 20mm 厚的垫块垫入筒底一侧使其倾斜，用吸管吸去表面的泌水，然后平稳地复原。

将试样筒置于贯入阻力仪上，使测针端部与砂浆表面轻轻接触，在 10±2s 内均匀地使测针贯入砂浆 25±2mm，记录贯入压力 P（精确至 10N）、测试时间（精确至 1min）、环境温度（精确至 0.5℃）。

测试在 0.2~28MPa 之间应至少进行 6 次，直至贯入阻力大于 28MPa 为止。

各测点的间距应大于测针直径的两倍且不小于 15mm，测点与试样筒壁的距离应不小于 25mm。

在测试过程中应根据贯入阻力，适时更换测针（表 14-5）。

测针选用规定表　　　　　　　　　　表 14-5

贯入阻力（MPa）	0.2~3.5	3.5~20	20~28	测针面积（mm²）	100	50	20

3. 试验结果

贯入阻力 f_{PR} 按下式计算（精确至 0.1MPa）：

$$f_{PR} = \frac{P}{A}$$

式中　P——贯入压力（N）；

　　　A——测针面积（mm^2）。

凝结时间宜通过线性回归方法确定（如图 14-9）。将贯入阻力 f_{PR} 和时间 t 分别取自然对数，然后把 $\ln(f_{PR})$ 当作自变量，$\ln(t)$ 当作因变量，得到回归方程式：

$$\ln(t) = A + B\ln(f_{PR})$$

式中　t——时间（min）；

　　　f_{PR}——贯入阻力（MPa）；

　A、B——线性回归系数。

据上式求得贯入阻力为 3.5MPa 时的时间为初凝时间，贯入阻力为 28MPa 时的时间为终凝时间：

$$t_s = e^{(A+B\ln3.5)}$$

$$t_e = e^{(A+B\ln28)}$$

式中　t_s——初凝时间（min）；

　　　t_e——终凝时间（min）；

　A、B——线性回归系数。

凝结时间也可用绘图法确定（如图 14-10）。以贯入阻力为纵坐标，时间为横坐标（精确至 1min），绘制出贯入阻力与时间之间的关系曲线。在 3.5MPa 和 28MPa 位置画两条横轴的平行线与曲线相交，两交点的横坐标即为混凝土拌合物的初凝时间和终凝时间。

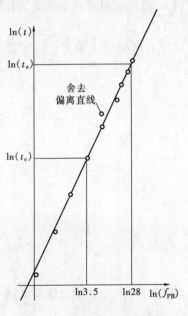

图 14-9　回归法确定凝结时间

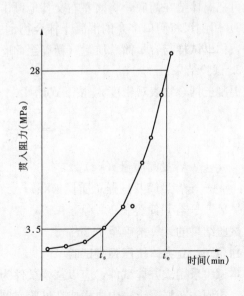

图 14-10　绘图法确定凝结时间

用三组试验结果的算术平均值作为此次试验的初凝时间和终凝时间。如果三个测值的最大值或最小值中有一个与中间值之差超过中间值的 10%，则以中间值为试验结果；如果最大值和最小值与中间值之差均超过中间值的 10%时，则此次试验无效。

14.4.5 混凝土拌合物表观密度试验

1. 主要仪器

容量筒 金属制成的圆筒，两旁装有手把。

对骨料最大粒径不大于 40mm 的拌合物采用容积为 5L 的容量筒，其内径与内高均为 186±2mm，筒壁厚为 3mm；骨料最大粒径大于 40mm 时，容量筒的内径与内高均应大于骨料最大粒径的 4 倍。

容量筒上缘及内壁应光滑平整，顶面与底面应平行并与圆柱体的轴垂直。

台秤 、振动台、捣棒等。

2. 试验步骤

1）用湿布把容量筒内外擦干净，称出筒的质量（精确至 50g）。

2）混凝土的装料及捣实方法：

（1）坍落度不大于 70mm 的混凝土，用振动台振实为宜。应一次将混凝土拌合物灌到高出容量筒口。装料过程中如混凝土沉落到低于筒口，则应随时添加混凝土，振动至表面出浆为止。

（2）坍落度大于 70mm 的混凝土用捣棒捣实为宜。采用捣棒捣实时，应根据容量筒的大小决定分层与插捣次数。

用 5L 容量筒时，混凝土拌合物应分两层装入，每层插捣次数应为 25 次；用大于 5L 的容量筒时，每层混凝土的高度不应大于 100mm，每层插捣次数应按每 10000mm^2 截面不小于 12 次计算。

各次插捣应由边缘向中心均匀地分布在每层截面上，捣棒应贯穿整层深度。每层插捣完后可把捣棒垫在筒底，将筒左右交替地颠击地面各 15 次。

3）用刮尺将筒口多余的混凝土拌合物刮去，表面如有凹陷应予填平。将容量筒外壁擦净，称出试样与容量筒总质量（精确至 50g）。

3. 试验结果

混凝土拌合物表观密度 ρ_{0h} 按下式计算：

$$\rho_{0h} = \frac{m_2 - m_1}{V_0} \times 1000$$

式中 m_1——容量筒质量（kg）；

m_2——容量筒及试样总质量（kg）；

V_0——容量筒容积（L）。

试验结果的计算精确至 10kg/m^3。

14.4.6 立方体抗压强度试验

本试验采用立方体试件，应以三个试件为一组，每组试件所用的拌合物应从同一盘混凝土（或同一车混凝土）中取样或在试验室制备。

混凝土试件的尺寸应根据骨料的最大粒径按表 14-6 选定。

混凝土试件尺寸选用表   表 14-6

试件尺寸 (mm)	骨料最大粒径 (mm)	抗压强度换算系数	试件尺寸 (mm)	骨料最大粒径 (mm)	抗压强度换算系数
100×100×100	31.5	0.95	200×200×200	63	1.05
150×150×150	40	1			

其中 150mm×150mm×150mm 的试件是标准试件，100mm×100mm×100mm 和 200mm×200mm×200mm 的试件是非标准试件。采用非标准试件在计算抗压强度时，应乘以换算系数。

1. 主要仪器

压力试验机　应符合《液压式压力试验机》（GB/T 3722）的规定。仪器的精度为 ±1%，其量程应能使试件的预期破坏荷载值在全量程的 20%～80% 范围内。试验机应具有加荷速度指示装置或控制装置，以确保试验机工作的准确性。

振动台、试模、捣棒、小铁铲、金属直尺、镘刀等。

2. 试件的制作

1）试件制作前，应在试模内表面涂一薄层矿物油或其他不与混凝土发生反应的脱模剂。

2）取样或试验室制作的混凝土应尽快成型，一般不宜超过 15min。成型前，应将混凝土拌合物至少用铁锹再来回翻拌三次。

3）试件成型方法根据混凝土拌合物的稠度而定。

（1）坍落度不大于 70mm 的混凝土宜采用振动台振实成型。

将混凝土拌合物一次装入试模，并使混凝土拌合物高出试模口，用抹刀沿试模壁插捣，固紧试模，开始振动，振动应持续到混凝土表面出浆为止，不得过振。振动结束后用镘刀沿试模边缘将多余的拌合物刮去，并随即用镘刀将表面抹平。

（2）坍落度大于 70mm 的混凝土宜采用捣棒人工捣实成型。

将混凝土拌合物分两层装入试模，每层插捣次数在每 10000mm² 截面积内不得少于 12 次；插捣应按螺旋方向从边缘向中心均匀进行。插捣底层时，捣棒应达到试模底部；插捣上层时，捣棒应贯穿上层后插入下层 20～30mm；插捣过程中捣棒应保持垂直，不得倾斜。然后应用抹刀沿试模内壁插拔数次。插捣后应用橡皮锤轻轻敲击试模四周，直至插捣棒留下的空洞消失为止。刮除试模上口多余的混凝土，用镘刀抹平。

3. 试件的养护

1）试件成型后应立即用不透水的薄膜覆盖表面，防止水分蒸发。

2）确定混凝土特征值、强度等级或进行材料性能研究时应采用标准养护。

采用标准养护的试件，应在 20±5℃ 的环境中静置一昼夜至二昼夜，然后编号、拆模。拆模后应立即放入温度 20±2℃，相对湿度 95% 以上的标准养护室中，试件应放在支架上，彼此间隔 10～20mm，试件表面应保持潮湿，并不得被水直接冲淋。标准养护龄期为 28d（从搅拌加水开始计时）。

3）检验现浇混凝土工程或预制构件中混凝土强度时应采用同条件养护。同条件养护试件的拆模时间可与实际构件的拆模时间相同，拆模后，试件仍需保持同条件养护。

4. 立方体抗压强度试验

1) 试验步骤

（1）试件自养护地点取出后应及时进行试验，以免试件内部的温度发生显著变化。

（2）将试件表面擦拭干净，检查其外观，测量尺寸（精确至 1mm），计算试件的承压面积 A（mm²）。如实测尺寸与公称尺寸之差不超过 1mm，可按公称尺寸计算。

（3）将试件安放在试验机的下压板上，试件的承压面应与成型时的顶面垂直。试件的中心应与试验机下压板中心对准。开动试验机，当上压板与试件接近时，调整球座，使接触均衡。

（4）连续、均匀地加荷，加荷速度应为：当混凝土强度等级低于 C30 时，取 $0.3 \sim 0.5$MPa/s；当混凝土强度等级在 C30～C60 范围内时，取 $0.5 \sim 0.8$MPa/s；当混凝土强度等级不低于 C60 时，取 $0.8 \sim 1.0$MPa/s。当试件接近破坏而开始迅速变形时，应停止调整试验机油门，直至试件破坏。记录破坏荷载 F（N）。

2) 试验结果

混凝土立方体抗压强度按下式计算：

$$f_{cu} = \frac{F}{A}$$

式中　f_{cu}——混凝土立方体试件抗压强度（MPa）；

　　　F——试件破坏荷载（N）；

　　　A——试件承压面积（mm²）。

计算精确至 0.1MPa。

以三个试件抗压强度测定值的算术平均值作为该组试件的抗压强度值。三个测定值中的最大值或最小值中如有一个与中间值的差值超过中间值的 15% 时，则取中间值作为该组试件的抗压强度值；如最大值和最小值与中间值的差值均超过中间值的 15%，则该组试件的试验结果无效。

14.4.7　混凝土劈裂抗拉强度试验

1. 主要仪器

压力试验机　要求同立方体抗压强度试验用压力试验机。

垫块　半径为 75mm 的钢制弧形垫块，其横截面尺寸如图 14-11，垫块的长度与试件相同。

垫条　三层胶合板制成，宽度为 $15 \sim 20$mm，厚度为 $3 \sim 4$mm，长度不小于试件长度，垫条不得重复使用。

钢支架　如图 14-12 所示。

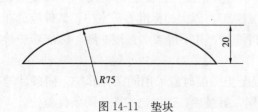

图 14-11　垫块

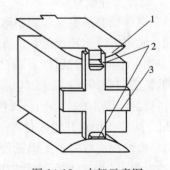

图 14-12　支架示意图

1—垫块；2—垫条；3—支架

2. 试验步骤

1) 试件从养护地点取出后应及时进行试验，在试验前试件应保持与原养护条件相似的干湿状态。

2) 将试件表面擦干净。在试件上划线定出劈裂面的位置，劈裂面应与试件的成型面垂直。测量劈裂面的边长（精确至 1mm），计算出劈裂面面积 A（mm²）。

3) 将试件放在试验机下压板的中心位置，在上、下压板与试件之间加垫块及垫条，垫块与垫条应与试件上、下面的中心线对准并与成型时的顶面垂直。宜把垫条及试件安装在定位架上使用，如图 14-12 所示。

4) 开动试验机，当上压板与垫块接近时，调整球座，使接触均衡。连续、均匀地加荷，当混凝土强度等级低于 C30 时，加荷速度取 0.02～0.05MPa/s；当混凝土强度等级在 C30～C60 之间时，取 0.05～0.08MPa/s；当混凝土强度等级不低于 C60 时，取 0.08～0.10MPa/s。至试件接近破坏时，应停止调整试验机油门，直至试件破坏，然后记录破坏荷载 F（N）。

3. 试验结果

混凝土劈裂抗拉强度按下式计算：

$$f_{ts} = \frac{2F}{\pi A} = 0.637 \frac{F}{A}$$

式中　f_{ts}——混凝土劈裂抗拉强度（MPa）；

　　　F——试件破坏荷载（N）；

　　　A——试件劈裂面积（mm²）。

混凝土劈裂抗拉强度计算精确至 0.01MPa。

以三个试件测定值的算术平均值作为该组试件的劈裂抗拉强度值。三个测定值中的最大值或最小值中如有一个与中间值的差值超过中间值的 15% 时，则取中间值作为该组试件的劈裂抗拉强度值；如最大值和最小值与中间值的差值均超过中间值的 15%，则该组试件的试验结果无效。

混凝土劈裂抗拉强度以 150mm×150mm×150mm 立方体试件的劈裂抗拉强度为标准值。采用 100mm×100mm×100mm 非标准试件测得的劈裂抗拉强度值，应乘以尺寸换算系数 0.85；当混凝土强度等级大于等于 C60 时，宜采用标准试件；采用非标准试件时，尺寸换算系数应由试验确定。

14.5　建　筑　砂　浆　试　验

14.5.1　试验依据

《建筑砂浆基本性能试验方法》JGJ/T 70—2009。

14.5.2　拌合物取样及试样制备

1. 取样方法

1) 建筑砂浆试验用料应从同一盘砂浆或同一车砂浆中取样。取样量应不少于试验所需量的 4 倍。

2) 施工中取样进行砂浆试验时，其取样方法和原则按相应的施工验收规范执行。一般在使用地点的砂浆槽、砂浆运送车或搅拌机出料口，至少从三个不同部位取样。现场取来的试样，试验前应人工搅拌均匀。

3）从取样完毕到开始进行各项性能试验不宜超过 15min。

2. 试验室制备方法

1）试验室制备砂浆拌合物时，所用材料应提前 24h 运入室内，拌合时试验室的温度应保持在 20±5℃。

注：需要模拟施工条件所用的砂浆时，试验室原材料的温度宜保持与施工现场一致。

2）试验所用原材料与现场使用材料一致。砂应通过公称粒径 5mm 筛。

3）试验室拌制砂浆时，材料用量应以质量计。称量精度：水泥、外加剂、掺合料等为±0.5%；砂为±1%。

4）在试验室搅拌砂浆时应采用机械搅拌，搅拌机应符合《试验用砂浆搅拌机》（JG/T 3033）的规定，搅拌的用量宜为搅拌机容量的 30%～70%，搅拌时间不应少于 120s。掺有掺合料和外加剂的砂浆，其搅拌时间不应少于 180s。

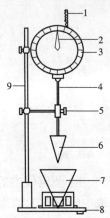

图 14-13　砂浆稠
度测定仪

1—齿条测杆；2—指针；
3—刻度盘；4—滑杆；
5—固定螺丝；6—试锥；
7—圆锥筒；8—底座；
9—支架

14.5.3　砂浆稠度试验

1. 主要仪器

砂浆稠度仪　由试锥、容器和支座三部分组成(图 14-13)。钢制捣棒、拌铲、抹刀、秒表等。

2. 试验步骤

1）盛浆容器和试锥表面用湿布擦干净，并用少量润滑油轻擦滑杆，然后将滑杆上多余的油用吸油纸擦净，使滑杆能自由滑动。

2）将砂浆拌合物一次装入容器，使砂浆表面低于容器口约 10mm 左右，用捣棒自容器中心向边缘插捣 25 次，然后轻轻地将容器摇动或敲击 5～6 下，使砂浆表面平整，随后将容器置于稠度测定仪的底座上。

3）拧开试锥滑杆的制动螺丝，向下移动滑杆，当试锥尖端与砂浆表面刚接触时，拧紧制动螺丝，使齿条测杆下端刚接触滑杆上端，读出刻度盘上的读数（精确至 1mm）。

4）拧开制动螺丝，同时计时间，10s 时立即拧紧固定螺丝，将齿条测杆下端接触滑杆上端，读出刻度盘上的读数（精确至 1mm），二次读数的差值即为砂浆的稠度值。

5）圆锥筒内的砂浆，只允许测定一次稠度，重复测定时，应重新取样测定。

3. 试验结果

1）稠度取两次试验结果的算术平均值，计算精确至 1mm。

2）两次试验值之差如大于 10mm，则应重新取样测定。

14.5.4　砂浆分层度试验

1. 主要仪器

砂浆分层度筒　内径为 150mm，上节无底高度为 200mm、下节带底净高为 100mm，用金属板制成，上、下层连接处需加宽 3～5mm，并设有橡胶垫圈（如图 14-14）。

振动台、稠度测定仪、捣棒、拌铲、抹刀、木锤等。

2. 试验步骤

1) 首先将砂浆拌合物按稠度试验方法测定稠度。

2) 将砂浆拌合物一次装入分层度筒内，待装满后，用木锤在容器周围距离大致相等的四个不同地方分别轻击1～2下，如砂浆沉落到低于筒口，应随时添加，然后刮去多余的砂浆并用抹刀抹平。

3) 静置 30min 后，去掉上节 200mm 砂浆，剩余的100mm 砂浆倒出放在拌合锅内拌 2min，再测定其稠度。前后测得的稠度之差即为该砂浆的分层度值。

3. 试验结果

1) 取两次试验结果的算术平均值作为该砂浆的分层度值。

2) 两次分层度试验值之差如大于 10mm，应重做试验。

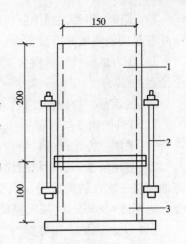

图 14-14　砂浆分层度筒
1—无底圆筒；2—连接螺栓；
3—有底圆筒

14.5.5　密度试验

1. 主要仪器

容量筒　金属制成，内径 108mm，净高 109mm，筒壁厚 2mm，容积为 1L；

托盘天平、钢制捣棒、砂浆稠度仪、振动台、秒表等。

2. 试验步骤

1) 首先测定拌好的砂浆的稠度。当砂浆稠度大于 50mm 时，宜采用插捣法；当砂浆稠度不大于 50mm 时，宜采用振动法。

2) 用湿布擦净容量筒的内表面，称出容量筒重(精确至 5g)，然后将容量筒的漏斗套上。

3) 采用插捣法时，将砂浆拌合物一次装满容量筒并略有富余，用捣棒均匀插捣 25次，插捣过程中如砂浆沉落到低于筒口，则应随时添加砂浆，再敲击 5～6 下。

4) 采用振动法时，将砂浆拌合物一次装满容量筒，连同漏斗在振动台上振 10s，振动过程中如砂浆下沉至低于筒口，则应及时地添加砂浆。

5) 捣实或振动后将筒口多余的砂浆拌合物刮去，使表面平整，然后将容量筒外壁擦净，称出砂浆与容量筒总重（精确至 5g）。

3. 试验结果

砂浆拌合物的质量密度按下式计算：

$$\rho = \frac{m_2 - m_1}{V} \times 1000$$

式中　ρ——砂浆拌合物的质量密度（kg/m³）；

　　　m_1——容量筒质量（kg）；

　　　m_2——容量筒及试样质量（kg）；

　　　V——容量筒容积（L）。

14.5.6　立方体抗压强度试验

1. 主要仪器

1) 试模　由铸铁或钢制成的立方体带底试模，尺寸为 70.7mm×70.7mm×70.7mm，应具有足够的刚度并拆装方便；

2) 压力试验机　精度为 1%，试件破坏荷载应不小于压力机量程的 20%，且不大于全量程的 80%。

3) 振动台、捣棒、垫板、刮刀等。

2. 试件的制备与养护

1) 采用立方体试件，每组试件 3 个。

2) 应用黄油等密封材料涂抹试模的外接缝，试模内涂刷薄层机油或脱模剂，将拌制好的砂浆一次性装满试模，成型方法根据稠度而定。当稠度≥50mm 时采用人工振捣成型，当稠度<50mm 时采用振动台振实成型。

（1）人工振捣：用捣棒均匀地由边缘向中心按螺旋方式插捣 25 次，插捣过程中如砂浆沉落低于试模口，应随时添加砂浆，可用油灰刀插捣数次，并用手将试模一边抬高 5～10mm 各振动 5 次，使砂浆高于试模顶面 6～8mm。

（2）机械振动：将砂浆一次装满试模，放置到振动台上，振动时试模不得跳动，振动 5～10s 或持续到表面出浆为止，不得过振。

3) 当表面水分稍干后，将高出试模部分的砂浆沿试模顶面刮去并抹平。

4) 试件制作后应在 20±5℃ 环境下静置 24±2h，当气温较低时，可适当延长时间，但不应超过两昼夜，然后对试件进行编号并拆模。试件拆模后，应立即放入 20±2℃，相对湿度 90% 以上的标准养护室养护。养护期间，试件彼此间隔不小于 10mm，混合砂浆试件上面应加以覆盖，以防有水滴在试件上。

3. 试验步骤

1) 试件从养护地点取出后，应及时进行试验。试验前先将试件擦拭干净，测量尺寸，并检查其外观。并据此计算试件的承压面积，如实测尺寸与公称尺寸之差不超过 1mm，可按公称尺寸进行计算。

2) 将试件安放在试验机的下压板（或下垫板）上，其承压面应与成型时的顶面垂直，试件中心应与试验机下压板（或下垫板）中心对准。

3) 开动试验机，当上压板与试件（或上垫板）接近时，调整球座，使接触面均衡受压。承压试验应连续而均匀地加荷，加荷速度应为 0.25～1.5kN/s（砂浆强度不大于 5MPa 时，宜取下限，砂浆强度大于 5MPa 时，宜取上限）。

4) 当试件接近破坏而开始迅速变形时，停止调整试验机油门，直至试件破坏，记录破坏荷载。

4. 试验结果

1) 砂浆立方体抗压强度应按下式计算，精确至 0.1MPa：

$$f_{m,cu} = \frac{N_u}{A}$$

式中　　$f_{m,cu}$——砂浆立方体试件抗压强度（MPa）；

N_u——试件极限破坏荷载（N）；

A——试件受压面积（mm²）。

2) 以三个试件测定值的算术平均值的 1.3 倍（f_2）作为该组试件的砂浆立方体试件

抗压强度平均值（精确至 0.1MPa）。

3）当三个测定值的最大值或最小值中如有一个与中间值的之差值超过中间值的 15％时，则把最大值及最小值一并去除，取中间值作为该组试件的抗压强度值；如两个测定值与中间值的差值均超过中间值的 15％时，则该组试件的试验结果无效。

14.6 钢 筋 性 能 试 验

14.6.1 试验依据

《金属材料室温拉伸试验方法》GB/T 228—2010。

《金属弯曲试验方法》GB/T 232—2010。

14.6.2 钢筋的验收

钢筋应成批验收，以同一牌号、同一炉罐号、同一等级、同一品种、同一尺寸且质量不大于 60t 的钢筋为一批。验收内容包括查对标牌、外观检查，并按有关规定抽取试样作机械性能试验，包括拉伸试验和冷弯试验两个项目，如两个项目中有一个项目不合格，该批钢筋即为不合格。

从每批钢筋中任意抽取两根，于每根距端部 500mm 处各取一组试样（两根试件），每组试样中一根做拉伸试验，另一根做冷弯试验。

任何检验如有某一项试验结果不符合标准要求，则从同一批中再任取双倍数量的试件进行该不合格项目的复验。复验结果（包括该项试验所要求的任一指标）即使有一个指标不合格，则整批不得交货。

14.6.3 拉伸试验

1. 试验温度

试验一般在室温 10～35℃ 范围内进行。对温度要求严格的试验，试验温度应为 23±5℃。

2. 主要仪器

试验机　应具有调速指示装置，试验时能在本标准规定的速度范围内灵活调节；应具有记录或显示装置，能满足测定力学性能的要求。量程选择最好是使试件达到最大荷载时，指针位于第三象限内，示值误差不大于 1％。

游标卡尺、千分尺等。

3. 试件制备

1）直径为 8～40mm 的钢筋可直接截取要求的长度作为试件（图 14-15）。

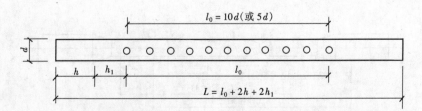

图 14-15　不经车削的试件

d—计算直径；l_0—标距长度；h_1—（0.5～1）d；h—夹头长度

2）若受试验机量程限制，直径为22～40mm的钢筋可经切削加工（图14-16）。

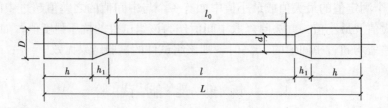

图14-16 车削试件

3）在试件表面沿轴向方向用一系列小冲点或细划线标出原始标距（标记不应影响试样断裂）。测量标距长度L_0（精确至0.1mm）。

4）原始横截面积测定：在标距的两端及中间处三处两个相互垂直的方向上测量直径（准确到±0.5mm），取其算术平均值，取三处测得的最小横截面积，按下式计算：

$$A_0 = \frac{1}{4}\pi d_0^2$$

式中 A_0——试件的横截面积（mm²）；

$\quad\quad d_0$——圆形试件原始横截面直径（mm）。

4. 试验步骤

1）调整试验机初始读数为零。

2）将试件固定在试验机夹头内，开动试验机加荷。试件屈服前，加荷速度为10MPa/s；屈服后，夹头移动速度不大于$0.5L_c$/min。L_c为试件平行长度，不经车削试件$L_c = l_0 + 2h_1$，车削试件$L_c = l_0$。

3）钢筋在拉伸试验过程中，读取荷载显示值首次回落前指示的恒定荷载或首次回落时指示的最小荷载，即为屈服点荷载F_s(N)。

4）继续加荷至试件拉断时的最大荷载，即为抗拉极限荷载F_b(N)。

5）将拉断的试件在断裂处对齐，并保持在同一轴线上，测量拉伸后标距两端点间的长度L_1（精确至0.1mm）。如拉断处形成缝隙，则此缝隙应计入该试件拉断后的标距内。

6）如试件拉断处到邻近的标距端点距离小于或等于$L_0/3$时，应按移位法确定L_1，如图14-17所示。在拉断长段上，从拉断处O取基本等于短段格数，得B点。接着再取

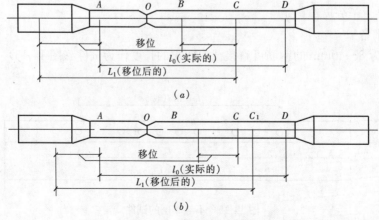

图14-17 移位法计算标距

等于长段所余格数（偶数）之半，得 C 点；或者所余格数（奇数）减 1 与加 1 之半，得 C 和 C_1 点。移位后的 L_1 如下式计算：

$$L_1 = AO + OB + 2BC$$

或

$$L_1 = AO + OB + BC + BC_1$$

如拉断后直接测量所得伸长率满足技术要求规定时，可不采用移位法。

5. 试验结果

1）钢筋屈服强度按下式计算：

$$\sigma_s = \frac{F_s}{A_0}$$

式中　σ_s——钢筋的屈服强度（MPa）；

　　　F_s——屈服点荷载（N）；

　　　A_0——试件原始截面积（mm^2）。

当 $\sigma_s > 1000$MPa 时，应计算至 10MPa；σ_s 为 200～1000MPa 时，计算至 5MPa；$\sigma_s \leqslant$ 200MPa 时，计算至 1MPa。

2）试件抗拉强度 σ_b 按下式计算：

$$\sigma_b = \frac{F_b}{A_0}$$

式中　σ_b——钢筋的抗拉强度（MPa）；

　　　F_b——最大荷载（N）；

　　　A_0——试件原始截面积（mm^2）。

σ_b 计算精度的要求同 σ_s。

3）伸长率 δ 按下式计算（精确至 1%）：

$$\delta_{10}（或 \delta_5） = \frac{L_1 - L_0}{L_0} \times 100\%$$

式中　δ_{10}、δ_5——分别表示长试件（$L_0 = 10d$）和短试件（$L_0 = 5d$）的伸长率；

　　　L_0——试件原标距长度（mm）；

　　　L_1——试件拉断后直接量出或用移位法确定的标距端点间的长度（mm）。

如拉断处位于标距之外，则断后伸长率无效，应重做试验。

当 $\delta > 10\%$ 时，应计算至 1%；$\delta \leqslant 10\%$ 时，应计算至 0.5%。

14.6.4 冷弯试验

1. 主要仪器

弯曲试验可在压力机或万能试验机上进行。

试验机应有足够硬度的支承辊，其长度应大于试样的宽度或直径，支辊间的距离可以调节。

试验机还应具有不同直径的弯心，弯心直径由有关标准规定，其宽度应大于试样的宽度或直径。弯心应有足够的硬度。

厚度不大于 4mm 的试样，可在虎钳上进行弯曲试验，弯心直径按有关标准规定。

2. 试验方法

1）冷弯试件长度

冷弯试件长度通常按下式确定：

$$L \approx 5a + 150\text{mm} \quad (a \text{ 为试件直径})$$

2）半导向弯曲

试件一端固定，绕弯心直径进行弯曲。试样弯曲到规定的弯曲角度或出现裂纹、裂缝或裂断为止。

3）导向弯曲

试件放在两个支点上（如图 14-18a），将一定直径的弯心在试样两个支点中间施加压力，使试样弯曲到规定角度（见图 14-18b、c）或出现裂纹、裂缝、裂断为止。

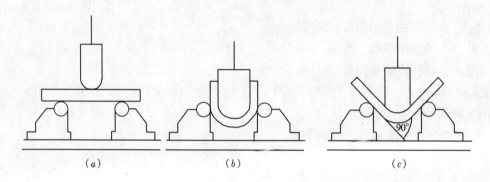

图 14-18　钢材冷弯试验装置

(a) 装好的试件；(b) 冷弯 180°；(c) 冷弯 90°

试验时应在平稳压力作用下，缓慢施加试验力。两支辊间距离为 $(d + 2.5a) \pm 0.5a$，并且在试验过程中不允许有变化。

试验应在 10～35℃下进行。在控制条件下，试验在 23±5℃进行。

3. 结果评定

弯曲后，按有关标准规定检查试样弯曲外表面，进行结果评定。

有关标准未作出具体规定时，检查试件弯曲外表面进行结果评定。若无裂纹、裂缝或裂断，则评定试样合格。

14.7　建 筑 涂 料 试 验

14.7.1　试验依据

《涂料黏度测定法》GB/T 1723。

《涂料细度测定法》GB/T 1724。

《色漆、清漆和塑料　不挥发物含量的测定》GB/T 1725—2007

《涂料遮盖力测定法》GB/T 1726。

《建筑涂料涂层耐洗刷性的测定》GB/T 9266。

14.7.2　黏度试验

1. 主要仪器

涂-4 黏度计　上部为圆柱形，下部为圆锥形，在锥底部有一个可更换的漏嘴，上部有一凹槽，供多余试样溢出使用（如图 14-19 所示）。黏度计置于带有调节水平螺钉的架上，由金属制成，内壁光洁度为 Δ8，容量为 $100+1$mL。漏嘴均由不锈钢制成，孔高 4 ± 0.02mm。锥体内部的角度为 $81°\pm15'$，总高度 72.5mm。两种黏度计以金属的为准。

2. 试验步骤

1) 试样和黏度计在 23 ± 1℃状态下放置 4h 以上。

2) 测试前，应用纱布蘸乙醇将黏度计内部擦干净，并干燥或吹干。调整水平螺丝，使黏度计处于水平，在黏度计漏嘴下面放置 150mL 的烧杯，黏度计流出孔离烧杯口 100mL。

3) 用手指堵住流出孔，将试样倒满黏度计，用玻璃杯将气泡和多余的试样刮入凹槽，然后松开手指，使试样流出。同时立即计时，靠近流出孔的流丝中断时，立即停止计时，精确到 1s。

3. 结果评定

取两次测试的平均值作为试验结果，两次测试值之差不应大于平均值的 3%，平均值符合标准规定为合格。

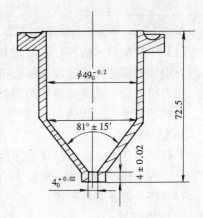

图 14-19 涂-4 黏度计

14.7.3 固含量的测定

1. 主要仪器

金属或玻璃的平底皿：直径为 75 ± 15mm，边缘高度至少为 5mm；

烘箱：应装有强制通风装置；

分析天平：能准确称量至 1mg。

2. 试验步骤

1) 为了提高测量精度，建议在烘箱中于规定或商定的温度下将皿干燥规定或商定的时间，然后放置在干燥器中直至使用。

2) 称量洁净干燥的皿的质量（m_0），待测样品加入皿中铺匀，称取质量（m_1）。

3) 加入稀释剂后将皿移至事先调节到规定或商定温度的烘箱中，保持规定或商定的加热时间。

4) 加热时间结束后，将皿移至干燥器中使之冷却至室温，或者放置在无灰尘的大气中冷却。

5) 称量皿和余物的质量（m_2），精确至 1mg。

3. 结果评定

固含量按下式计算：

$$w = \frac{m_2 - m_0}{m_1 - m_0} \times 100$$

式中　m_0——空皿的质量，单位为克（g）；

　　　m_1——皿和试样的质量，单位为克（g）；

　　　m_2——皿和剩余物的质量，单位为克（g）；

计算两个有效结果（两次测定）的平均值，报告其试验结果，准确至 0.1%。

14.7.4 细度的测定

1. 根据涂料细度的不同，应根据表 14-7 选用不同的刮板细度计。

细度计的选用	表 14-7
涂料的细度（μm）	刮板细度计（μm）
≤30μm	50μm
31～70μm	100μm
>70μm	150μm

2. 试验步骤

试验前用纱布蘸乙醇将刮板细度计擦洗干净，再将涂料试样用小调漆刀调匀，然后滴入刮板细度计的沟槽最深部位，以能充满沟槽且略有多余为宜。

以双手持刮刀，横置在磨光平板上端，使刮刀与磨光平板表面垂直接触。在 3s 内，将刮刀由沟槽深的部位向浅的部位拉过，使试样充满沟槽而平板上不留余料。

刮刀拉过后，立即使视线与沟槽平面成 15°～30°角，对光观察沟槽中颗粒均匀显露处，取两条该度线之间约 3mm 的条带内粒子数为 5～10 粒处的上限为细度读数。

3. 结果评定

平行试验三次，试验结果取两次相近读数的算术平均值，精确到整数位。两次读数的误差不应大于仪器的最小分度值。

14.7.5　遮盖力的测定

1. 主要仪器

天平　感量为 0.1g。

木板　100mm×100mm×（1.5～2.5）mm。

漆刷　宽 25～35mm。

玻璃板　符合《普通平板玻璃》GB 4871—1995 要求，尺寸为 100mm×100mm×（1.2～2）mm，100mm×250mm×（1.2～2）mm。

黑白格玻璃板（图 14-20）　将 100mm×250mm 的玻璃板的一端遮住 100mm×50mm（留作试验时手执使用），然后在剩余的 100mm×200mm 的面积上喷一层黑色硝基漆，干后用小刀间隔划去 25mm×25mm 的正方形，再在此处喷上白色硝基漆，即成具有 32 个正方形的黑白间隔的玻璃板，然后贴上一张光滑的牛皮纸，刮涂一环氧胶（防止溶剂渗入破坏黑白格漆膜），即制得牢固的黑白格板。

黑白格木板（图 14-21）　在木板上喷一层黑色硝基漆，待干后漆面贴一张同面积大小的白色光滑纸，然后用小刀仔细地间隔划去 25mm×25mm 的正方形，再喷上一层白色硝基漆，干后仔细揭去存留的间隔正方形纸，即得到具有 16 个正方形的黑白格间隔板。

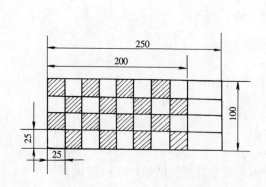

图 14-20　黑白格玻璃板

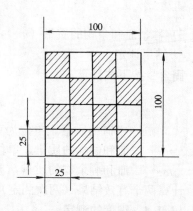

图 14-21　黑白格木板

木制暗箱(图 14-22) 尺寸为 600mm ×500mm×400mm，其内用 3mm 厚的磨砂玻璃将箱分成上下两部分，磨砂玻璃的磨面向下。暗箱上部均匀的平行装置为 15W 日光灯 2 支，前面安一挡光板，下部正面敞开用于检验，内壁涂上无光黑漆。

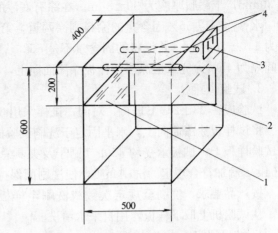

图 14-22 木制暗箱
1—磨砂玻璃；2—挡光板；3—电源开关；4—15W 日光灯

2. 试验步骤

根据产品标准规定的黏度，在天平上称出盛有涂料的杯子和漆刷的总质量，用漆刷均匀地将涂料刷于黑白格板上，放于暗箱内，距离磨砂玻璃片 150～200mm，有黑白格的一端与平面倾斜成 30°～45°交角，在日光灯下观察，以都看不到黑白格为终点，然后将盛有剩余涂料的杯子和漆刷称重，求出黑白格板上涂料质量。涂刷时应快速均匀，不应刷在板的边缘上。

3. 试验结果

遮盖力按下式计算：

$$X = \frac{W_1 - W_2}{A} \times 10^4 = 50(W_1 - W_2)$$

式中 X——涂料的遮盖力（g/m²）；

W_1——未涂刷前盛涂料的杯子和漆刷的总质量（g）；

W_2——涂刷后盛有剩余涂料的杯子和漆刷的总质量（g）；

A——黑白格板涂漆的面积（cm²）。

平行测定两次，结果相差不大于平均值的 5%，则取其平均值，否则重新试验。

14.7.6 耐洗刷性的测定

1. 主要仪器

洗刷试验机(图 14-23) 刷子在试验样板的涂层表面作直线往复运动，对其进行洗刷。刷子每分钟往返循环运动（37±2）次，每个过程刷子运动距离为 300mm，在中间 100mm 区间大致为匀速运动。

洗刷介质 将洗衣粉溶于蒸馏水中，配成 0.5%（按质量计）洗液，pH 值为 9.5～11.0。

2. 试样

底板采用 430mm × 150mm × 3mm 的石棉水泥板，在其上单面喷涂一道 C06-1 铁红醇酸底漆或 X04-83 白色醇酸无光磁漆，在 105±2℃下烘

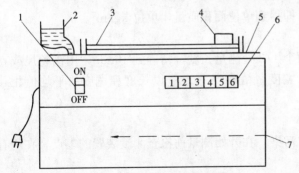

图 14-23 洗刷试验机构造示意图
1—电源开关；2—滴加洗刷介质的容器；3—滑动架；4—刷子及夹具；5—试验台板；6—往复次数显示器；7—电动机

烤30min，干漆膜厚度为30±3μm。在涂有底漆的板上，施涂待测的涂料。

水性涂料以55％固含量的涂料刷涂两道。第一道涂布量为150±20g/m²；第二道涂布量为110±20g/m²（若涂料的固含量不是55％，可换算成等量的成膜物质进行涂布）。施涂间隔为4h，涂完末道涂层使样板涂漆面向上，在试验标准条件下干燥7d。

3. 试验步骤

试验应在23±2℃下进行，对同一试样采用3块样板进行平行试验。

将试样板涂漆面向上，水平固定于洗刷试验机的试验台板上，将预先处理过的刷子置于试验样板上，试板承受约450g（刷子及夹具总质量）的负荷，往复摩擦涂膜，同时以0.04g/s滴加符合规定的洗刷介质，使洗刷面保持润湿。

按产品要求，洗刷至规定次数或洗刷至样板长度的中间100mm区域露出底漆颜色后，从试验机上取下样板，用自来水清洗。

4. 结果评定

洗刷至规定次数，3块试板中至少有两块涂膜无破损，不露出底漆颜色，则认为其耐洗刷性合格。

14.8　弹性体改性沥青防水卷材（SBS卷材）试验

14.8.1　试验依据

《弹性体改性沥青防水卷材》GB 18242—2008

《建筑防水卷材试验方法》GB/T 328—2007

14.8.2　取样

以同一类型、同一规格10000m²为一批，不足10000m²时亦可作为一批。在每批产品中随机抽取5卷进行单位面积质量、面积、厚度及外观检查。从单位面积质量、面积、厚度及外观合格的卷材中随机抽取1卷进行物理力学性能试验。

14.8.3　试验方法

1. 单位面积质量、面积、厚度及外观试验

1）单位面积质量

称量每卷卷材质量，除以其面积，即得到单位面积质量，单位kg/m²。

2）面积

用钢卷尺在整卷卷材宽度方向的两个1/3处测量长度，精确到10mm；用钢卷尺或直尺在距卷材两端头各1±0.01m处测量宽度，精确到1mm；以长度和宽度的平均值相乘得到卷材的面积。

3）厚度

保证卷材和测量装置的测量面没有污染，在开始测量前检查测量装置的零点，在所有测量结束后再检查一次。

在测量厚度时，测量装置下足慢慢落下避免使试件变形，在卷材宽度方向均匀分布10点测量并记录厚度，最边的测量点应距卷材边缘100mm。

结果取10点厚度的平均值，修约到0.1mm。

对于细砂面防水卷材，去除测量处表面的砂粒再测量卷材厚度；对矿物粒料防水卷

材，在卷材留边处，距边缘60mm处，去除砂粒后在长度1m范围内测量卷材的厚度。

4）外观

抽取成卷卷材放在平面上，小心地展开卷材，用肉眼检查整个卷材上、下表面有无气泡、裂纹、孔洞或裸露斑、疙瘩或任何其他能观察到的缺陷存在。

5）试验结果

在抽取的5卷样品中，上述各项检查结果均符合规定时，判定其单位面积质量、面积、厚度与外观合格。若其中一项不符合规定，允许在该批产品中另取5卷样品，对不合格项进行复查，如全部达到标准规定时则判为合格；若仍不符合标准，则判该产品不合格。

2. 物理力学性能试验

1）试件制作

将取样卷材切除距外层卷头2500mm后，取1m长的卷材按规定的取样方法均匀分布裁取试件，卷材性能试件的尺寸和数量按表14-8裁取。

试件尺寸和数量表

表14-8

试验项目	试件尺寸（纵向×横向）（mm）	数量（个）
可溶物含量	100×100	3
拉力和延伸率	(250～320)×50	纵横向各5
不透水性	150×150	3
耐热性	125×100	纵向3
低温柔性	150×25	纵向10
钉杆撕裂强度	200×100	纵向5

2）拉力及最大拉力时延伸率试验

（1）主要仪器

拉伸试验机　有连续记录力和对应距离的装置，能按规定的速度均匀地移动夹具，有足够的量程（至少2000N）和夹具移动速度100±10mm/min，夹具宽度不小于50mm。

量尺　精确度为1mm。

（2）试验步骤

试验应在23±2℃的条件下进行，将试件放置在试验温度和相对湿度（30～70）％的条件下不少于20h。

将试件紧紧地夹在拉伸试验机的夹具中，注意试件长度方向的中线与试验机夹具中心在一条线上。夹具间距离为200±2mm，为防止试件从夹具中滑移应作标记。

开动试验机使受拉试件受拉，夹具移动的恒定速度为100±10mm/min。

连续记录拉力和对应的夹具间距离。

（3）结果评定

延伸率E（％）按下式计算：

$$E = \frac{L_1 - L_0}{L} \times 100\%$$

式中　E——最大拉力时延伸率（％）；

L_1——试件最大拉力时的标距（mm）；

L_0——试件初始标距（mm）；

L——夹具间距离（mm）。

分别计算纵向或横向 5 个试件最大拉力时延伸率的算术平均值作为卷材纵向或横向延伸率，单位 N/50mm，平均值达到标准规定的指标时判为合格。

3）不透水性试验

（1）主要仪器设备

组成设备的装置见图 14-24 和图 14-25，产生的压力作用于试件的一面。试件用 7 孔圆盘盖上，孔的尺寸形状符合图 14-26 的规定。

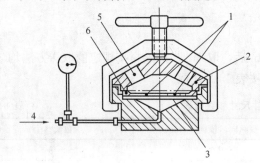

图 14-24 高压力不透水性用压力试验装置

1—狭缝；2—封盖；3—试件；4—静压力；

5—观测孔；6—开缝盘

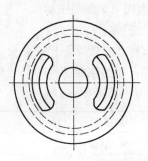

图 14-25 狭缝压力试验装置
封盖草图

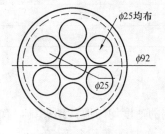

图 14-26 7 孔圆盘

（2）试验步骤

① 卷材上表面作为迎水面，上表面为砂面、矿物粒料时，下表面作为迎水面，下表面也为细砂时，试验前，将下表面的细砂沿密封圈一圈除去，然后涂一圈 60～100 号热沥青，涂平待冷却 1h 后检测不透水性。

② 将图 14-24 装置中充水直到满出，彻底排出水管中的空气。

③ 将试件的迎水面朝下放置在透水盘上，盖上规定的 7 孔圆盘，放上封盖，慢慢夹紧直到试件夹紧在盘上，用布或压缩空气干燥试件的非迎水面，慢慢加压到规定的压力。

④ 达到规定压力后，保持压力 30±2min。观察试件的不透水性（水压突然下降或试件的非迎水面有水）。

（3）结果评定

三个试件在规定的时间不透水认为不透水性试验通过。

4）耐热性试验

（1）主要仪器

鼓风烘箱、热电偶、悬挂装置、光学测量装置等。

（2）试验步骤

① 将烘箱预热到规定试验温度，温度通过与试件中心同一位置的热电偶控制。整个

试验期间，试验区域的温度波动不超过±2℃。

② 将制备好的一组三个试件露出的胎体处用悬挂装置夹住，涂盖层不要夹到。

③ 将试件垂直悬挂在烘箱的相同高度，间隔至少 30mm。此时烘箱的温度不能下降太多，开关烘箱门放入试件的时间不超过 30s。放入试件后加热时间为 120±2min。

④ 加热周期一结束，将试件和悬挂装置一起从烘箱中取出，相互间不要接触，在 23±2℃ 自由悬挂冷却至少 2h。然后除去悬挂装置，在试件两面画第二个标记，用光学测量装置在每个试件的两面测量两个标记底部间最大距离，精确到 0.1mm。

（3）结果评定

计算卷材每个面三个试件的滑动值的平均值，精确到 0.1mm；上表面和下表面的滑动值平均值不超过 2.0mm 认为合格。

5）低温柔性试验

（1）主要仪器设备

试验装置操作的示意和方法见图 14-27（a）、（b）。该装置由两个直径 20±0.1mm 不旋转的圆筒，一个直径 30±0.1mm 的圆筒或半圆筒弯曲轴组成，该轴在两个圆筒中间，能上下移动。两个圆筒间的距离可以调节，即圆筒和弯曲轴间的距离能调节为卷材的厚度。

整个装置浸入能控制在 +20℃～−40℃、精度 0.5℃温度条件的冷冻液中。冷冻液用任一混合物：

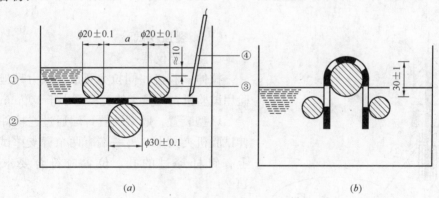

图 14-27　试验装置原理和弯曲过程

(a) 开始弯曲；(b) 弯曲结束

①—冷冻液；②—弯曲轴；③—固定圆筒；④—半导体温度计

——丙烯乙二醇/水溶液（体积比 1:1）低至 −25℃，或

——低于 −20℃的乙醇/水混合物（体积比 2:1）。

用一支测量精度 0.5℃的半导体温度计检查试验温度，放入试验液体中与试验试件在同一水平面。

试件在试验液体中的位置应平放且完全浸入，用可移动的装置支撑，该支撑装置应至少能放一组五个试件。

试验时，弯曲轴从下面顶着试件以 360mm/min 的速度升起，这样试件能弯曲 180°，电动控制系统能保证在每个试验过程和试验温度的移动速度保持在 360±40mm/min。裂缝通过目测检查，在试验过程中不应有任何人为的影响。为了准确评价，试件移动路径是在试验结束时，试件应露出冷冻液，移动部分通过设置适当的极限开关控制限定位置。

（2）试验方法与步骤

① 按照试件厚度调节两个圆筒间的距离，即弯曲轴直径＋2mm＋两倍试件的厚度。然后将装置放入已冷却的液体中，圆筒的上端在冷冻液面下约10mm，弯曲轴在下面的位置。

② 冷冻液达到规定的试验温度，试件放于支撑装置上，且在圆筒的上端，保证冷冻液完全浸没试件。试件放入冷冻液达到规定温度后，开始保持在该温度1h±5min。半导体温度计的位置靠近试件，检查冷冻液温度。

③ 两组各5个试件，一组是上表面试验，另一组是下表面试验。试件放置在圆筒和弯曲轴之间，试验面朝上，然后设置弯曲轴以360±40mm/min速度顶着试件向上移动，试件同时绕轴弯曲。轴移动的终点在圆筒上面30±1mm处（见图14-27）。试件的表面明显露出冷冻液，同时液面也因此下降。

④ 在完成弯曲过程10s内，在适宜的光源下用肉眼检查试件有无裂纹，必要时，用辅助光学装置帮助。假若有一条或更多的裂纹从涂盖层深入到胎体层，或完全贯穿无增强卷材，即存在裂缝。

（3）结果评定

一个试验面5个试件在规定温度至少4个无裂缝为通过，上表面和下表面的试验结果要分别记录。

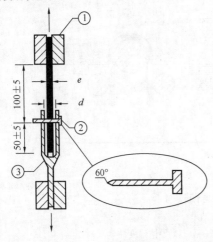

图 14-28　钉杆撕裂试验

①—夹具；②—钉杆（直径2.5±0.1）；

③—U型头

e—样品厚度；d—U型头间隙（$e+1{\leqslant}d{\leqslant}e+2$）

6）撕裂强度试验

（1）主要仪器

拉伸试验机　同拉力及最大拉力时延伸率试验用试验机，夹具夹持宽度不小于100mm。

U型装置　U型装置一端通过连接件连在拉伸试验机夹具上，另一端有两个臂支撑试件。臂上有钉杆穿过的孔，位置应符合要求，见图14-28。

（2）试验步骤

① 试件放入打开的U型头的两臂中，用一直径2.5±0.1mm的尖钉穿过U型头的孔位置，同时钉杆位置在试件的中心线上，距U型头中的试件一端50±5mm，见图14-28。钉杆距上夹具的距离是100±5mm。

② 把该装置试件一端的夹具和另一端的U型头放入拉伸试验机，开动试验机使穿过材料面的钉杆直到材料的末端，拉伸速度100±10mm/min。

③ 连续记录穿过试件钉杆的撕裂力。

（3）结果评定

每个试件分别列出试验的最大拉力值，计算平均值，精确到5N。

3. 材料性能试验结果判定

材料性能各项试验结果均符合标准规定时，判该批产品材料性能合格。若有一项指标不符合标准规定，允许在该批产品中再随机抽取 5 卷，并从中任取 1 卷对不合格项进行单项复验。达到标准规定时，则判该批产品材料性能合格。

14.8.4 结果总评

单位面积质量、面积、厚度、外观与材料性能均符合标准规定的全部技术要求时，则判该批产品合格。

主 要 参 考 文 献

[1] 范文昭. 建筑材料(第四版)[M]. 北京：中国建筑工业出版社，2013.

[2] 宋岩丽. 建筑材料与检测(第二版)[M]. 上海：同济大学出版社，2013.

[3] 全国二级建造师执业资格考试用书编写委员会. 建筑工程管理与实务(第三版)[M]. 北京：中国建筑工业出版社，2011.

[4] 中国建材检验认证集团西安有限公司，新疆城建(集团)股份有限公司等. GB/T 13545—2014 烧结空心砖和空心砌块[S]. 北京：中国标准出版社，2015.

[5] 中华人民共和国工业和信息化部. JC/T 239—2014 蒸压粉煤灰砖[S]. 北京：建材工业出版社，2015.

[6] 中国建筑科学研究院. JGJ 55—2011 普通混凝土配合比设计规程[S]. 北京：中国建筑工业出版社，2011.

[7] 中国建筑科学研究院，北京中关村开发建设股份有限公司. GB 50164—2011 混凝土质量控制标准[S]. 北京：中国建筑工业出版社，2012.

[8] 中国建筑科学研究院. GB/T 50107—2010 混凝土强度检验评定标准[S]. 北京：中国建筑工业出版社，2010.

[9] 山西建筑工程(集团)总公司，浙江省长城建设集团股份有限公司，北京市建筑工程研究院，浙江工业大学，太原理工大学，中国建筑科学研究院，中国建筑材料科学研究总院苏州防水研究院. GB 50345—2012 屋面工程技术规范[S]. 北京：中国建筑工业出版社，2012.

[10] 苏州中石钙化物工程技术有限公司. JC/T 481—2013 建筑消石灰[S]. 北京：建材工业出版社，2013.

[11] 苏州中石钙化物工程技术有限公司. JC/T 479—2013 建筑生石灰[S]. 北京：建材工业出版社，2013.

[12] 中国建材检验认证集团西安有限公司，新疆城建(集团)股份有限公司. GB/T 13545—2014 烧结空心砖和空心砌块[S]. 北京：中国标准出版社，2015.

[13] 河南建筑材料研究设计院有限公司，洛阳中冶重工机械有限公司. GB 26541—2011 蒸压粉煤灰多孔砖[S]. 北京：中国标准出版社，2012.

[14] 西安墙体材料研究设计院，浙江省建筑材料科技有限公司，南京市产品质量监督检验院，辽宁省产品质量监督检验院. GB 13544—2011 烧结多孔砖和多孔砌块[S]. 北京：中国标准出版社，2012.

[15] 中国建筑科学研究院. JGJ 52—2006 普通混凝土用砂、石质量及检验方法标准.[S]. 北京：中国建筑工业出版社，2007.

[16] 陕西省建筑科学研究院，山河建设集团有限公司. JGJ/T 70—2009[S]. 北京：中国建筑工业出版社，2009.

[17] 国家建筑钢材质量监督检测中心，昆明钢铁股份有限公司，冶金工业信息标准研究院等. GB 1499.1—2008 钢筋混凝土用钢第1部分：热轧光圆钢筋[S]. 北京：中国标准出版社，2008.

[18] 中冶集团建筑研究总院. GB 1499.2—2007 钢筋混凝土用钢第2部分：热轧带肋钢筋[S]. 北京：中国标准出版社，2008.

［19］ 中国石油大学（华东）重质油研究所 . GB/T 494—2010 建筑石油沥青［S］. 北京：中国标准出版
社，2011.

［20］ 北京市化工产品质量监督检验站，胜利油田大明新型建筑防水材料有限责任公司，常熟市三恒建
材有限责任公司，沈阳星辰化工有限公司 . GB 18173.1—2012 高分子防水卷材［S］. 北京：中国标
准出版社，2013.